CÓMO FUNCIONA LA CIENCIA

DK

CÓMO FUNCIONA LA CIENCIA

Penguin
Random
House

Consultores editoriales
Robert Dinwiddie, Hilary Lamb, Professor
Donald R. Franceschetti, Professor Mark Viney

Colaboradores
Derek Harvey, Tom Jackson, Ginny Smith,
Alison Sturgeon, John Woodward

Edición del proyecto de arte
Francis Wong, Mik Gates, Clare Joyce,
Duncan Turner, Steve Woosnam-Savage

Edición sénior
Peter Frances,
Rob Houston

Diseño
Gregory McCarthy

Edición del proyecto
Lili Bryant, Martyn Page, Miezan van Zyl

Ilustración
Edwood Burn, Dominic Clifford,
Mark Clifton, Phil Gamble, Gus Scott

Edición
Claire Gell, Nathan Joyce,
Francesco Piscitelli

Edición ejecutiva de arte
Michael Duffy

Edición ejecutiva
Angeles Gavira Guerrero

Diseño de cubierta
Suhita Dharamjit

Edición de cubierta
Claire Gell

Diseño de cubierta sénior
Mark Cavanagh

**Dirección de desarrollo
del diseño de cubierta**
Sophia MTT

Diseño sénior DTP
Harish Aggarwal

Coordinación editorial de cubiertas
Priyanka Sharma

Edición ejecutiva de cubierta
Saloni Singh

Producción, preproducción
David Almond

Producción
Anna Vallarino

Producción sénior
Alex Bell

Dirección editorial
Liz Wheeler

Dirección de arte
Karen Self

Dirección general editorial
Jonathan Metcalf

De la edición española

Servicios editoriales
Tinta Simpàtica

Traducción
Ismael Belda y Ruben Giró i Anglada

Publicado originalmente en Gran Bretaña en 2018
por Dorling Kindersley Ltd, 80 Strand, Londres, WC2R 0RL
Parte de Penguin Random House

Copyright © 2018 Dorling Kindersley Limited
© Traducción española: 2019 Dorling Kindersley Ltd

Título original: *How Science Works*
Primera edición: 2019

ISBN: 978-1-4654-8880-0

Impreso en China

UN MUNDO DE IDEAS
www.dkespañol.com

CONTENIDOS

LA MATERIA

ENERGÍA Y FUERZAS

LA VIDA

EL ESPACIO

LA TIERRA

¿Por qué la ciencia es especial?

La ciencia no es solo una serie de hechos, es una forma sistemática de pensar basada en la evidencia y la lógica. Aunque no es perfecta, es la mejor forma que tenemos de entender nuestro universo.

¿Qué es la ciencia?

La ciencia es una forma de investigar y comprender el mundo natural y social, y de aplicar la información así obtenida. Actualiza continuamente su información y cambia nuestra comprensión del mundo. Se basa en evidencias mesurables y debe seguir pasos lógicos para generalizar esa evidencia y usarla en otras predicciones. La misma palabra *ciencia* también se emplea para designar el corpus de conocimiento que hemos acumulado mediante este proceso.

El método científico

El método científico varía según la disciplina, pero por lo común consiste en generar una hipótesis, ponerla a prueba, usar los datos obtenidos para actualizar y refinar esa hipótesis y, en el mejor de los casos, formular una teoría general que explique por qué la hipótesis es válida. Para que los datos sean fiables, es importante repetir los experimentos, preferiblemente en laboratorios diferentes. Si la segunda vez los resultados difieren, quizá el resultado no es tan fiable ni susceptible de generalización como se había pensado en un principio.

Un proceso continuo

La ciencia nunca termina del todo. Continuamente se generan nuevos datos y las teorías deben refinarse para incluirlos. Los científicos saben que su trabajo probablemente será superado por experimentos futuros.

INVESTIGACIÓN

3

Estudiar el tema puede mostrar si otros se han hecho antes las mismas preguntas (y si las han respondido). Investigaciones relacionadas pueden darnos ideas: quizá alguien ha estudiado la maduración de otras frutas distintas.

PREGUNTA

2

Estas observaciones se convierten en preguntas: un científico puede querer descubrir por qué cierta bacteria crece mejor en un medio que en otro, o por qué los melocotones se estropean antes en el frutero.

OBSERVACIÓN

1

La ciencia a menudo comienza a partir de observaciones, ya sea de fenómenos raros que solo pueden estudiarse en un laboratorio o de efectos cotidianos, como por ejemplo darse cuenta de que los melocotones se pudren antes en un frutero que en el frigorífico.

PUBLICACIÓN DE REVISIÓN POR PARES

10

Los estudios que escriben los científicos sobre sus hallazgos son analizados por otros expertos, que buscan problemas en el método del experimento o en las conclusiones del mismo. Si el estudio se acepta, se publica y queda disponible para otros.

4 — FORMULAR HIPÓTESIS

El siguiente paso es crear una hipótesis comprobable: una predicción sobre qué es lo que causa el fenómeno. Una hipótesis podría ser: «La temperatura más fría de la nevera evita que se pudran los melocotones».

5 — PREDICCIONES COMPROBABLES

Las predicciones deben partir de forma lógica de una hipótesis, ser específicas y comprobables experimentalmente. Por ejemplo: «Si la temperatura afecta a la maduración, un melocotón a 22 °C se pudrirá antes que otro a 8 °C».

6 — RECOGER DATOS EXPERIMENTALES

Se recogen datos para ver si estos se corresponden con la hipótesis. Los experimentos deben diseñarse con cuidado para asegurarse de que no existe una explicación del resultado distinta de la que nos interesa.

7 — ANALIZAR LOS DATOS

Los hallazgos de un experimento deben analizarse estadísticamente para comprobar que no son el resultado de fluctuaciones casuales. Para estar más seguros, los experimentos deben valerse de una muestra lo más grande posible.

8 — ¿ESTÁ CORROBORADA LA HIPÓTESIS?

Si los resultados concuerdan con las predicciones, crece la confianza en la hipótesis. Nunca se puede probar una hipótesis, pues experimentos futuros pueden refutarla, pero cuanto mayor sea la corroboración experimental, más fiable será esta.

9 — REFINAR, ALTERAR O RECHAZAR

Si el resultado inicial del experimento no concuerda del todo con las predicciones, quizá se puede encontrar algún indicativo de por qué ocurre eso y comenzar de nuevo el proceso refinando la hipótesis, alterándola o bien rechazándola y formulando una nueva.

TÉRMINOS IMPORTANTES

HIPÓTESIS
Una hipótesis es una explicación potencial de un fenómeno basada en nuestro conocimiento actual. Para ser científica, ha de ser falsable.

TEORÍA
Las teorías son modos de explicar hechos conocidos. Se desarrollan a partir de diversas hipótesis relacionadas y están corroboradas por la evidencia.

LEY
Una ley no explica, solo describe algo que se ha comprobado cada vez que se ha testado.

HIPÓTESIS: CARACTERÍSTICAS

ALCANCE
Las hipótesis de amplio alcance explican diversos fenómenos; las de alcance reducido explican solo un ejemplo específico.

COMPROBABLE
Debe poderse comprobar una hipótesis. A no ser que pueda ser corroborada por la evidencia, hay que rechazarla.

FALSABLE
Debe poderse probar que una hipótesis es errónea. «Los fantasmas existen» no es científico, pues ningún experimento puede falsarlo.

LA MATERIA

¿Qué es la materia?

En general, materia es todo aquello que ocupa espacio y tiene masa. Eso significa que es diferente de la energía, la luz o el sonido, que no cumplen ninguna de esas dos propiedades.

La estructura de la materia

En su nivel más fundamental, la materia está compuesta de partículas elementales, como quarks y electrones. Las combinaciones de partículas elementales forman átomos, que a veces se unen unos con otros en moléculas. Los tipos de átomos que componen la materia determinan sus propiedades. Si los átomos o moléculas forman enlaces fuertes unos con otros, el material es sólido a temperatura ambiente. Los enlaces más débiles forman líquidos o gases.

ELECTRÓN

QUARK **GLUON**

Partículas elementales
Los protones y neutrones de los átomos están compuestos por unas partículas elementales conocidas como quarks. Los gluones mantienen unidos los quarks en el núcleo. Toda la materia conocida está hecha solo de electrones, quarks y gluones.

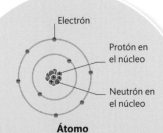

Electrón

Protón en el núcleo

Neutrón en el núcleo

Átomo
Los núcleos de los átomos se componen de protones y neutrones y tienen electrones que orbitan a su alrededor. Los átomos de diferentes elementos tienen un número distinto de protones en el núcleo.

Átomo de hidrógeno

Átomo de oxígeno

Enlace

Molécula
Las moléculas pueden estar hechas de átomos diferentes –como el agua, que consiste en dos átomos de hidrógeno y uno de oxígeno–, o de átomos idénticos –como una molécula de oxígeno, que consta de dos átomos de oxígeno.

Estados de la materia

Los principales estados de la materia son el sólido, el líquido y el gaseoso. En frío o calor extremos se producen otros estados menos habituales. La materia puede cambiar de un estado a otro dependiendo de cuánta energía tenga y de los enlaces entre los átomos o las moléculas que la constituyen. Por ejemplo, el aluminio posee un punto de fusión más bajo que el cobre porque los enlaces entre sus átomos son más débiles.

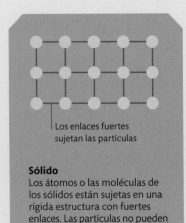

Los enlaces fuertes sujetan las partículas

Sólido
Los átomos o las moléculas de los sólidos están sujetas en una rígida estructura con fuertes enlaces. Las partículas no pueden moverse, por eso los sólidos son duros y mantienen su forma.

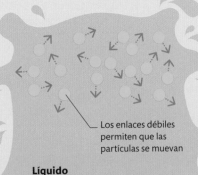

Los enlaces débiles permiten que las partículas se muevan

Líquido
Los átomos o las moléculas de los líquidos tienen enlaces débiles, por lo que pueden moverse. Eso significa que los líquidos pueden fluir pero, como las partículas están muy juntas, no pueden comprimirse.

Mezclas y compuestos

Los átomos se combinan en una enorme variedad de formas para formar distintos tipos de materia. Cuando se unen químicamente, forman compuestos, como por ejemplo el agua, un compuesto de oxígeno e hidrógeno. Sin embargo, hay átomos y moléculas que no forman enlaces fácilmente, por lo que al combinarse con otros no cambian químicamente: eso recibe el nombre de mezcla. Ejemplos de mezclas son la arena, la sal o el aire, que es una mezcla de gases.

CASI **EL 99 %**
DE LA MATERIA DEL
UNIVERSO SE HALLA
EN FORMA DE **PLASMA**

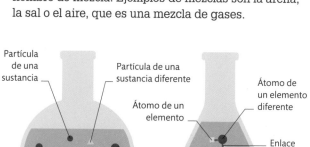

Mezcla
En las mezclas, las sustancias originales no cambian, por lo que pueden separarse físicamente, colándolas, filtrándolas o destilándolas.

Compuesto
Cuando los átomos o las moléculas reaccionan, forman un nuevo compuesto. Ya no pueden volver a su forma física original, y para separarlos haría falta romper sus enlaces químicos.

LA CONSERVACIÓN DE LA MASA

En las reacciones químicas o cambios físicos ordinarios (como al arder una vela), la masa de los productos es igual a la masa de los reactivos. No se pierde ni se gana materia. No obstante, esta «ley» se rompe en condiciones extremas, como en las reacciones nucleares de fusión (ver p. 37), en las que la masa se transforma en energía.

Vela sin arder
Humo y gas
Vela que ha ardido

ESTADOS A ALTA Y BAJA TEMPERATURA

A temperaturas muy altas, los átomos de gas se dividen en iones (ver p. 40) y electrones, convirtiéndose así en plasma, que conduce la electricidad. A temperaturas muy bajas, pueden formarse condensados de Bose-Einstein (ver p. 22), cambiando radicalmente las propiedades de la materia. En ese estado, los átomos empiezan a actuar de forma extraña, como si fueran uno solo.

CONDENSADO DE BOSE-EINSTEIN

PLASMA

Gas
Entre los átomos o moléculas de un gas no hay enlaces, así que pueden extenderse y llenar cualquier recipiente. Además, las partículas están alejadas entre sí, por eso un gas puede comprimirse, aunque hacerlo aumenta su presión.

Las partículas no tienen enlaces entre ellas

Sólidos

Un sólido es la forma más ordenada de la materia. Todos los átomos o moléculas de un sólido están interconectados para formar un objeto con una forma y un volumen fijos (aunque se pueda alterar la forma aplicando fuerza). Sin embargo, los sólidos abarcan un grupo diverso de materiales con propiedades que pueden variar en gran medida según el sólido.

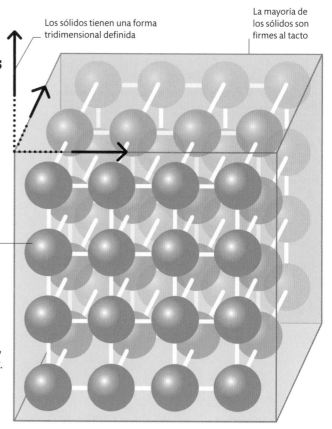

Los sólidos tienen una forma tridimensional definida

La mayoría de los sólidos son firmes al tacto

Los átomos o las moléculas pueden vibrar en su lugar pero no se pueden mover libremente

¿Qué es un sólido?

Los sólidos son firmes al tacto y tienen forma definida; no adoptan la forma de su recipiente, como los líquidos y los gases. Los átomos de los sólidos están muy apretados, por lo que no pueden comprimirse en un volumen menor. Algunos sólidos, como las esponjas, pueden aplastarse, pero eso es porque al hacerlo sale aire de los huecos del material: el solido en sí mismo no cambia de tamaño.

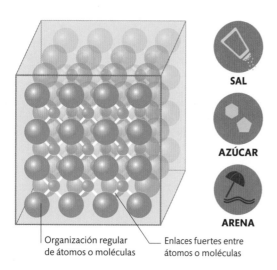

SAL

AZÚCAR

ARENA

Organización regular de átomos o moléculas

Enlaces fuertes entre átomos o moléculas

Sólidos cristalinos
Los átomos o las moléculas de los sólidos cristalinos están dispuestos en una estructura regular. Algunas sustancias, como el diamante (una forma cristalina del carbono), producen un solo cristal grande. Con todo, la mayoría están compuestos de multitud de cristales más pequeños.

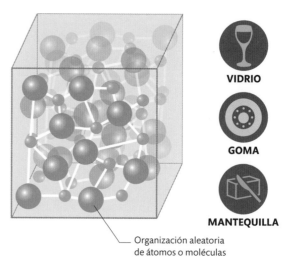

VIDRIO

GOMA

MANTEQUILLA

Organización aleatoria de átomos o moléculas

Sólidos amorfos
A diferencia de lo que ocurre con los sólidos cristalinos, los átomos o moléculas de que están compuestos los sólidos amorfos no están dispuestos en una estructura regular. Por el contrario, están organizados como los de un líquido, aunque son incapaces de moverse.

Propiedades de los sólidos

Los sólidos poseen una amplia variedad de propiedades; por ejemplo, pueden ser fuertes o débiles, duros o relativamente blandos, regresar a su forma original tras ser sometidos a presión o bien quedar deformados permanentemente. Las propiedades de un material sólido dependen de los átomos y las moléculas que lo componen, de que sea cristalino o amorfo y de que haya o no defectos en el material.

LA LONSDALEÍTA, UNA RARA FORMA DE **DIAMANTE,** ES EL **SÓLIDO MÁS DURO CONOCIDO,** CASI UN **60 % MÁS** QUE LOS DIAMANTES NORMALES

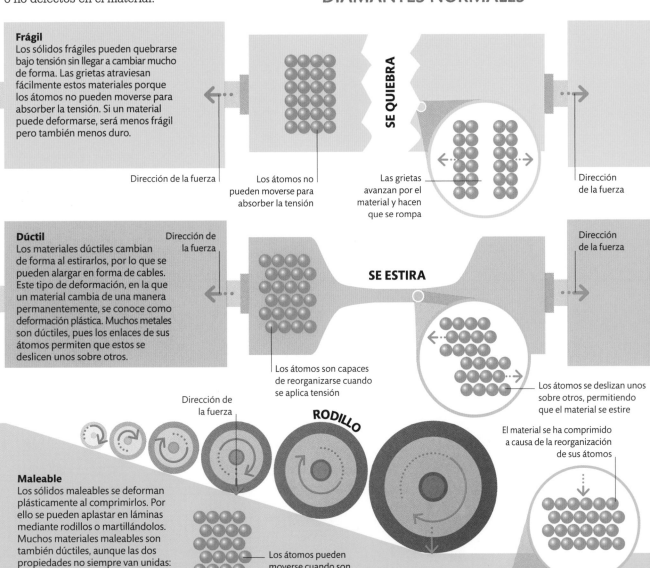

Frágil
Los sólidos frágiles pueden quebrarse bajo tensión sin llegar a cambiar mucho de forma. Las grietas atraviesan fácilmente estos materiales porque los átomos no pueden moverse para absorber la tensión. Si un material puede deformarse, será menos frágil pero también menos duro.

Dirección de la fuerza

Los átomos no pueden moverse para absorber la tensión

SE QUIEBRA

Las grietas avanzan por el material y hacen que se rompa

Dirección de la fuerza

Dúctil
Los materiales dúctiles cambian de forma al estirarlos, por lo que se pueden alargar en forma de cables. Este tipo de deformación, en la que un material cambia de una manera permanentemente, se conoce como deformación plástica. Muchos metales son dúctiles, pues los enlaces de sus átomos permiten que estos se deslicen unos sobre otros.

Dirección de la fuerza

SE ESTIRA

Dirección de la fuerza

Los átomos son capaces de reorganizarse cuando se aplica tensión

Los átomos se deslizan unos sobre otros, permitiendo que el material se estire

Dirección de la fuerza

RODILLO

El material se ha comprimido a causa de la reorganización de sus átomos

Maleable
Los sólidos maleables se deforman plásticamente al comprimirlos. Por ello se pueden aplastar en láminas mediante rodillos o martillándolos. Muchos materiales maleables son también dúctiles, aunque las dos propiedades no siempre van unidas: por ejemplo, el plomo es altamente maleable pero tiene baja ductilidad.

Los átomos pueden moverse cuando son comprimidos

Mojabilidad

La mojabilidad es el grado en que un líquido mantiene contacto con una superficie sólida. El que un líquido moje una superficie depende de las fuerzas de atracción del líquido en relación con la atracción entre el líquido y la superficie.

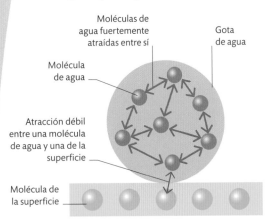

Moléculas de agua fuertemente atraídas entre sí

Gota de agua

Molécula de agua

Atracción débil entre una molécula de agua y una de la superficie

Molécula de la superficie

No mojabilidad
En las superficies impermeables, el agua forma gotas porque las moléculas de agua están menos atraídas por las moléculas de la superficie que entre sí mismas.

¿CUÁL ES EL LÍQUIDO MÁS VISCOSO?

El asfalto, que se usa para hacer carreteras, es el líquido más viscoso conocido. Es unos 20 000 millones de veces más viscoso que el agua a la misma temperatura.

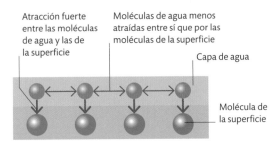

Atracción fuerte entre las moléculas de agua y las de la superficie

Moléculas de agua menos atraídas entre sí que por las moléculas de la superficie

Capa de agua

Molécula de la superficie

Mojado
El agua moja una superficie –formando una capa sobre ella– cuando las moléculas de agua están más atraídas por las moléculas de la superficie que por otras moléculas de agua.

Líquidos

En los líquidos, los átomos o moléculas están muy juntos. Los enlaces son más fuertes que en los gases pero más débiles que en los sólidos, lo que permite que las partículas se muevan libremente.

Las partículas, juntas, se mueven libremente

Flujo libre
Los líquidos fluyen y adoptan la forma de su recipiente. Sus átomos o moléculas están muy unidos, lo que implica que no se pueden comprimir. La densidad de los líquidos es mayor que la de los gases y suele ser similar o ligeramente inferior a la de los sólidos, excepto en el caso del agua (ver pp. 56-57).

Moléculas de líquidos
A diferencia de los sólidos, los átomos o moléculas de los líquidos están dispuestos de manera aleatoria. Los enlaces son débiles y continuamente se rompen y reconstituyen al moverse las partículas unas junto a otras.

AGUA

ACEITE DE OLIVA

MIEL

La viscosidad se mide en unidades llamadas centipoises. El agua posee una viscosidad de 1 centipoise a 21 °C

El aceite de oliva tiene una viscosidad de unos 85 centipoises a 21 °C

La miel tiene una viscosidad de unos 10 000 centipoises a 21 °C

BAJA VISCOSIDAD

Los enlaces entre moléculas son débiles

Molécula de agua

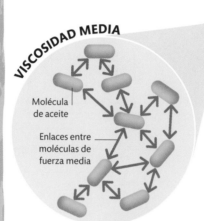

VISCOSIDAD MEDIA

Molécula de aceite

Enlaces entre moléculas de fuerza media

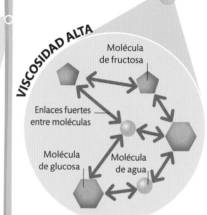

VISCOSIDAD ALTA

Molécula de fructosa

Enlaces fuertes entre moléculas

Molécula de glucosa

Molécula de agua

Los líquidos fluyen
Los líquidos con baja viscosidad, como el agua, fluyen fácilmente porque los enlaces entre sus moléculas son débiles. Por contra, la miel fluye con mucha menos facilidad a la misma temperatura debido a la fuerza de sus enlaces intermoleculares.

Viscosidad
La viscosidad es la medida de la facilidad con que fluye un líquido. Un líquido con baja viscosidad fluye con facilidad y se lo suele calificar de «diluido», mientras que un líquido «espeso», altamente viscoso, fluye con menor facilidad. La viscosidad está determinada por los enlaces entre las moléculas: cuanto más fuertes sean los enlaces, más viscoso será el líquido. Incrementar la temperatura de un líquido disminuye su viscosidad, pues las moléculas tienen más energía para vencer los enlaces intermoleculares.

LÍQUIDOS NO NEWTONIANOS

A diferencia de los líquidos newtonianos, como el agua, la viscosidad de los fluidos no newtonianos varía según la fuerza que se aplique. Por ejemplo, una mezcla de harina de maíz y agua se hace más consistente al aplicársele una gran fuerza, y por eso una pelota arrojada desde una gran altura rebota en la superficie, mientras que otra arrojada desde baja altura se hunde.

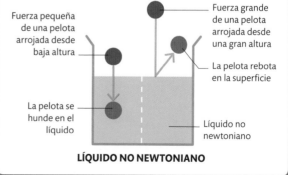

Fuerza pequeña de una pelota arrojada desde baja altura

Fuerza grande de una pelota arrojada desde una gran altura

La pelota rebota en la superficie

La pelota se hunde en el líquido

Líquido no newtoniano

LÍQUIDO NO NEWTONIANO

Gases

Los gases están por todas partes y no solemos prestarles atención. Sin embargo, junto con los sólidos y los líquidos, son uno de los principales estados de la materia, y son vitales para la vida en la Tierra. Así, para respirar, aumentamos el volumen de los pulmones, lo que reduce la presión en su interior y hace que el aire entre.

Las partículas se mueven libremente, por lo que un gas no tiene ni forma ni volumen fijos

Las partículas no tienen enlaces entre sí

El espacio entre las partículas permite comprimir los gases

PARTÍCULAS DE GAS (ÁTOMOS O MOLÉCULAS)

¿Qué es un gas?

Los gases están compuestos de átomos individuales, de moléculas o de dos o más átomos. Estas partículas tienen mucha energía y se mueven deprisa, llenando su recipiente y adoptando su forma. Hay mucho espacio entre las partículas, por eso pueden comprimirse.

1700 km/h:
VELOCIDAD A LA QUE SE MUEVEN LAS MOLÉCULAS DE OXÍGENO A TEMPERATURA AMBIENTE

Cómo se comportan

El comportamiento de un gas se describe mediante tres leyes. Estas relacionan el volumen, la presión y la temperatura de un gas y muestran cómo estos parámetros cambian cuando lo hacen los demás. Estas leyes asumen el comportamiento de un gas «ideal» en el que no hay interacciones entre las partículas individuales de gas y estas se mueven de forma aleatoria y sin ocupar espacio. A pesar de que ningún gas posee esas características, estas leyes describen el comportamiento de la mayoría de los gases a temperatura y presión normales.

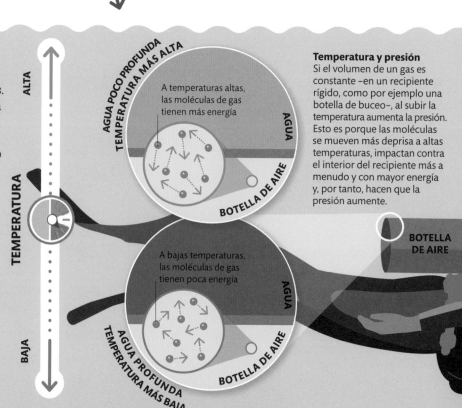

ALTA

TEMPERATURA

BAJA

AGUA POCO PROFUNDA TEMPERATURA MÁS ALTA

A temperaturas altas, las moléculas de gas tienen más energía

AGUA

BOTELLA DE AIRE

A bajas temperaturas, las moléculas de gas tienen poca energía

AGUA

BOTELLA DE AIRE

AGUA PROFUNDA TEMPERATURA MÁS BAJA

BOTELLA DE AIRE

Temperatura y presión

Si el volumen de un gas es constante –en un recipiente rígido, como por ejemplo una botella de buceo–, al subir la temperatura aumenta la presión. Esto es porque las moléculas se mueven más deprisa a altas temperaturas, impactan contra el interior del recipiente más a menudo y con mayor energía y, por tanto, hacen que la presión aumente.

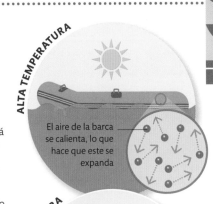

LEY DE AVOGADRO

La ley de Avogadro determina que, a presión y temperatura iguales, el mismo volumen de cualquier gas contiene el mismo número de moléculas. Por ejemplo, aunque las moléculas de gas de cloro tienen más o menos el doble de masa que las de oxígeno, en recipientes del mismo tamaño y a la misma temperatura y presión hay el mismo número de ambas.

Las moléculas de cloro pesan más o menos el doble que las de oxígeno

Las dos botellas son del mismo volumen, así que contienen igual número de moléculas de gas

GAS DE CLORO

GAS DE OXÍGENO

Temperatura y volumen
Si el volumen de un gas no está restringido (a diferencia de lo que ocurre en un recipiente rígido, por ejemplo), el gas se expande a medida que se calienta y sus moléculas adquieren más energía. Cuanto más alta sea la temperatura del gas, mayor será su volumen. Por ejemplo, si el aire de una barca hinchable se calienta por el sol, se expandirá e hinchará más el bote.

ALTA TEMPERATURA

El aire de la barca se calienta, lo que hace que este se expanda

BAJA TEMPERATURA

El aire de la barca hinchable está frío, por lo que ocupa menos espacio

BARCA HINCHABLE

Presión y volumen
Si la temperatura de un gas permanece constante, incrementar la presión del gas reduce su volumen. Por el contrario, reducir la presión de un gas hace que aumente su volumen. Por eso las burbujas se expanden al ascender hacia la superficie de un líquido.

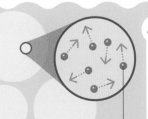

BAJA

A una presión baja, el gas se expande y hace crecer la burbuja

PRESIÓN

A presiones más altas, las moléculas de gas se aprietan unas con otras en un volumen más pequeño

ALTA

¿POR QUÉ NO VEMOS EL AIRE?

Algo es visible solo si afecta a la luz, por ejemplo al reflejarla. El aire afecta a la luz solo de forma leve, así que suele ser invisible. Sin embargo, grandes cantidades de aire dispersan luz azul de forma perceptible, por eso el cielo es azul.

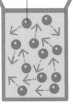

Estados extraños

Sólidos, líquidos y gases son los estados más habituales de la materia, pero no son los únicos. Los gases supercalentados pueden convertirse en plasmas, cuyas partículas, cargadas de alta energía, conducen la electricidad. A temperaturas muy bajas, algunas sustancias se convierten en superconductores o superfluidos y adquieren extrañas propiedades, como resistencia eléctrica cero o viscosidad cero.

Dónde encontrar plasma

El plasma abunda en el Sol. El plasma natural es raro en la Tierra, aunque ocurre en los rayos y en las auroras boreales. Se puede crear plasma de forma artificial haciendo pasar electricidad a través de un gas, como ocurre en la soldadura por arco eléctrico y en las luces de neón, por ejemplo.

Estrellas
En las estrellas, como el Sol, la temperatura es tan alta que el hidrógeno y el helio de su masa se ionizan y se convierten en plasma.

Rayos
Los relámpagos son líneas visibles de plasma que deja el paso de una corriente eléctrica desde una nube de tormenta hasta el suelo.

Aurora boreal
Cuando plasma del Sol llega a la Tierra, interactúa con la atmósfera y crea espectáculos de luz en las regiones polares.

Luces de neón
La electricidad calienta el neón de la lámpara y lo transforma en plasma. Este, excitado por la electricidad, emite luz.

Soldadura por arco de plasma
Se usa electricidad para crear un chorro de plasma, que puede alcanzar unos 28 000 °C, suficientes para fundir el metal.

Plasma

A temperatura y presión normales, los gases existen en forma de átomos (compuestos de un núcleo de protones y neutrones orbitado por electrones) o de moléculas. Los plasmas se crean al dividir los átomos o las moléculas en electrones de carga negativa y núcleos de carga positiva o iones (ver p. 40). Esto se logra calentando un gas hasta que alcanza una temperatura muy alta o haciendo que lo atraviese una corriente eléctrica.

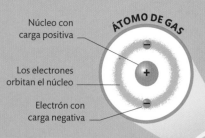

ÁTOMO DE GAS

Núcleo con carga positiva

Los electrones orbitan el núcleo

Electrón con carga negativa

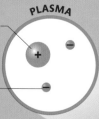

PLASMA

El núcleo solo se convierte en un ion de carga positiva

Electrón no ligado al núcleo que se mueve libremente

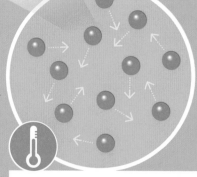

1 Gas a temperatura ambiente
En un gas a temperatura ambiente normal, hay electrones de carga negativa que orbitan en torno al núcleo de cada átomo y equilibran la carga positiva de los protones. A consecuencia de ello, los átomos tienen carga neutra.

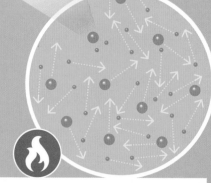

2 Plasma cargado
En el plasma, los electrones se han separado de los átomos, y hay solo electrones de carga negativa y núcleos de carga positiva (iones). Electrones e iones se mueven libres, por eso el plasma es conductor de electricidad.

Superconductores y superfluidos

A temperaturas inferiores a 130 K (-143 °C), algunos materiales se convierten en superconductores: permiten que la electricidad los atraviese sin ofrecer resistencia. A temperaturas más bajas aún, el isótopo (ver p. 34) más común de helio, el helio-4, se convierte en un superfluido. Su viscosidad desciende a cero y fluye sin resistencia. A temperaturas cercanas al cero absoluto (0 K/ -273,15 °C), algunas sustancias forman un extraño estado que se conoce como condensado de Bose-Einstein (ver p. 22). Cada átomo de una sustancia suele comportarse de manera independiente, pero en un condensado Bose-Einstein todos los átomos actúan como un solo átomo gigante.

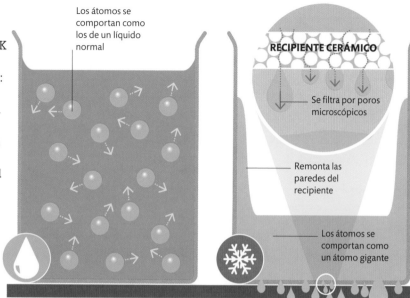

Los átomos se comportan como los de un líquido normal

RECIPIENTE CERÁMICO

Se filtra por poros microscópicos

Remonta las paredes del recipiente

Los átomos se comportan como un átomo gigante

1 Helio líquido
A presión atmosférica normal, el helio-4 se hace líquido a 4 K (-269 °C). A esa temperatura, se comporta como cualquier otro líquido: fluye hasta llenar un recipiente y se queda en el recipiente.

2 Helio líquido superfluido
A unos 2 K (-271 °C), el helio-4 se convierte en un superfluido. Muestra comportamientos extraños, como fluir por poros microscópicos de los objetos sólidos y trepar por las paredes de su recipiente.

Usos de los superconductores

Los superconductores se usan para fabricar electroimanes muy potentes, que tienen aplicaciones como los aparatos de imagen por resonancia magnética (IRM), los trenes de levitación magnética y los aceleradores de partículas, que se usan para investigar la estructura de la materia.

Escáner IRM
En los escáneres IRM se usan superconductores para producir imágenes detalladas de los tejidos, como el cerebro.

Aceleradores de partículas
Algunos aceleradores de partículas usan potentes imanes superconductores para guiar a las partículas.

Bomba electromagnética
Los superconductores se usan en las bombas electromagnéticas para producir una pulsación electromagnética que inutiliza los aparatos electrónicos.

Trenes de levitación magnética
En los trenes de levitación magnética de alta velocidad imanes superconductores los hacen levitar y los propulsan hacia delante.

EFECTO MEISSNER

Los superconductores no permiten pasar a través de ellos ningún campo magnético, sino que los repelen, en un fenómeno que se conoce como efecto Meissner. Si se pone un imán sobre un material superconductor enfriado a su temperatura crítica (aquella a la que se convierte en superconductor), este repele el imán y hace que levite.

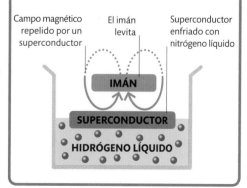

Campo magnético repelido por un superconductor

El imán levita

Superconductor enfriado con nitrógeno líquido

IMÁN

SUPERCONDUCTOR

HIDRÓGENO LÍQUIDO

SI REMOVIÉRAMOS EL HELIO **SUPERFLUIDO**, ESTE **GIRARÍA PARA SIEMPRE**

Transformar la materia

Sólido, líquido, gas y plasma son los estados más conocidos de la materia, pero hay otro estado extraño conocido como condensado de Bose-Einstein. Transformar la materia de un estado a otro conlleva añadir o sustraer energía.

Obtener energía

Cuando una sustancia obtiene energía, sus partículas (átomos o moléculas) pueden vibrar y moverse más libremente. Si se añade la suficiente energía, los enlaces entre las partículas en sólidos y líquidos pueden romperse, cambiando así el estado de la sustancia. En un gas, la energía puede separar los electrones de las partículas y formar plasma.

0,01 °C ES EL **PUNTO TRIPLE DEL AGUA,** AQUELLA TEMPERATURA A LA CUAL PUEDE SER **SÓLIDA, LÍQUIDA Y GASEOSA** AL MISMO TIEMPO

SUBLIMACIÓN

Algunos sólidos, como el dióxido de carbono congelado («hielo seco»), pasan de la fase sólida a la gaseosa directamente. Toda sustancia puede sublimarse en las condiciones adecuadas de temperatura y presión, pero es algo relativamente raro en condiciones normales.

FUSIÓN

A medida que aumenta la energía de una sustancia sólida, los enlaces que sujetan las partículas vibran más. Finalmente, estos se rompen y la sustancia se vuelve líquida. Sus partículas todavía se atraen unas a otras, pero ahora pueden moverse más libremente.

LÍQUIDO

En un líquido, los átomos o moléculas están unidos de forma menos rígida que en un sólido y, en consecuencia, pueden fluir.

NIVEL DE ENERGÍA

SÓLIDO

En un sólido, los átomos o las moléculas están firmemente unidas en una forma rígida.

BAJO

CONDENSADO BOSE-EINSTEIN

Un extraño estado de la materia en el que los átomos tienen tan poca energía que actúan como si todos ellos estuvieran en todas partes a la vez, como un solo átomo. La mayoría de las sustancias no pueden formar condensados Bose-Einstein.

CONGELACIÓN

Cuando un líquido pierde energía, sus átomos o moléculas se ralentizan y las fuerzas de atracción entre estas las unen más estrechamente. Las partículas se organizan de forma ordenada, formando un cristal, o de forma aleatoria, formando un sólido amorfo.

SOBREFUSIÓN

Enfriar las formas gaseosas de ciertas sustancias a unas pocas millonésimas de grado sobre el cero absoluto (0 K/ -273,15 °C) reduce tanto la energía de los átomos que estos se quedan casi inmóviles y se apelotonan todos juntos.

EVAPORACIÓN

A baja temperatura, hay partículas en la superficie de un líquido que escapan en forma de vapor. A más energía, más evaporación. En el punto de ebullición de una sustancia, incluso las partículas alejadas de la superficie tienen energía suficiente para evaporarse.

IONIZACIÓN

Con alta energía, los electrones se separan de sus átomos y producen plasma: electrones de carga negativa e iones (átomos o moléculas que han perdido sus electrones) de carga positiva. El plasma está en las estrellas, las luces de neón y las pantallas de plasma.

PLASMA

El plasma, a veces llamado el cuarto estado de la materia, consiste en una nube de electrones libres y de iones de carga positiva.

GAS

En un gas, los átomos o las moléculas se mueven libremente porque no hay enlaces entre ellos.

ALTO

RECOMBINACIÓN

En la recombinación, el plasma se convierte de nuevo en gas. Cuando el nivel de energía del plasma desciende, los iones positivos recapturan los electrones libres y la sustancia vuelve a ser un gas, como ocurre cuando se apaga una luz de neón.

CONDENSACIÓN

La condensación, el proceso opuesto a la evaporación, ocurre cuando la temperatura desciende y los átomos o las moléculas de gas dispersan energía. Las partículas se mueven más despacio y el gas se condensa y toma la forma de un líquido.

DEPOSICIÓN

El proceso opuesto a la sublimación, la deposición, tiene lugar cuando un gas se convierte directamente en sólido sin pasar por la fase líquida. La escarcha es un ejemplo común: el vapor de agua se solidifica en las superficies a temperaturas muy frías.

Perder energía

Cuando una sustancia pierde energía, sus átomos o moléculas se mueven más despacio. Si pierde mucha, puede cambiar de estado, generalmente de plasma a gas, de gas a líquido y de líquido a sólido. En ciertas condiciones, algunas sustancias se saltan estados, como cuando el vapor de agua se deposita como escarcha.

CALOR LATENTE

El calor latente es la energía que libera o absorbe una sustancia cuando cambia de fase. El sudor nos refresca porque su evaporación absorbe calor de la piel.

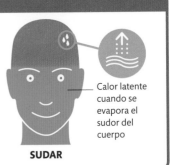

Calor latente cuando se evapora el sudor del cuerpo

SUDAR

En un átomo

Durante mucho tiempo se pensó que los átomos eran indivisibles, pero sabemos que están compuestos de protones, neutrones y electrones. El número de estas partículas determina el tipo de átomo y sus propiedades químicas y físicas.

Estructura de un átomo

Un átomo consiste en un núcleo central que está rodeado de uno o más electrones. El núcleo contiene protones, de carga positiva, y, salvo en el caso del hidrógeno, neutrones, de carga neutra. La mayor parte de la masa de un átomo está en su núcleo. En torno a este, orbitan los diminutos electrones, de carga negativa, sujetos por la atracción de los protones. Un átomo siempre tiene igual número de protones que de electrones, por lo que las cargas positivas y negativas se neutralizan y los átomos son eléctricamente neutros.

Estructura de un átomo de helio
Cada átomo de helio tiene dos protones y dos neutrones en su núcleo orbitado por electrones.

Protón en el núcleo

Neutrón en el núcleo

Atracción entre los electrones, de carga negativa, y los protones del núcleo, de carga positiva

Región en la que es menos probable hallar electrones

TAMAÑOS ATÓMICOS

El elemento que tiene el átomo más pequeño es el hidrógeno, que solo tiene un protón y un electrón. Su diámetro es de unos 106 picómetros (billonésima parte de un metro). El cesio es uno de los átomos más grandes: 55 electrones orbitan su núcleo y mide unos 596 picómetros de diámetro, por lo que es unas seis veces más ancho que el de hidrógeno.

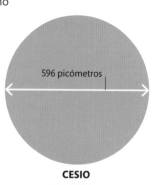

596 picómetros

106 picómetros

HIDRÓGENO

CESIO

EL **99 %** DE UN **ÁTOMO** DE **HIDRÓGENO** ES SOLO **ESPACIO VACÍO**

Orbitales de los electrones

Los electrones no orbitan el núcleo como los planetas alrededor del Sol.
A causa de los efectos cuánticos (ver p. 30), es imposible localizar
exactamente un electrón. Sin embargo, estos se encuentran en
regiones llamadas orbitales: áreas en torno al núcleo en las que es
más probable encontrarlos. Hay cuatro tipos principales de orbitales:
orbitales s, que son esféricos; orbitales p, que tienen forma de
mancuerna; y orbitales d y f, que tienen formas más complejas.
Los orbitales pueden contener cada uno hasta dos electrones y
están colocados en orden, empezando por el más cercano al núcleo.

Orbitales del flúor

Los átomos de flúor tienen
nueve protones en el núcleo
y nueve electrones. Los primeros
cuatro electrones ocupan dos
orbitales s, dos electrones en
cada uno. Los cinco restantes se
reparten entre tres orbitales p.

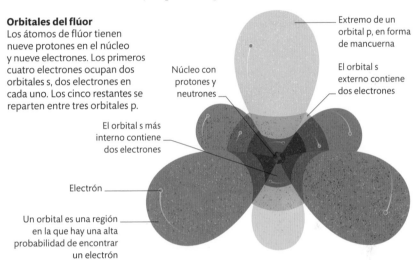

Extremo de un
orbital p, en forma
de mancuerna

El orbital s
externo contiene
dos electrones

Núcleo con
protones y
neutrones

El orbital s más
interno contiene
dos electrones

Electrón

Un orbital es una región
en la que hay una alta
probabilidad de encontrar
un electrón

Número atómico y masa atómica

Los científicos se valen de números y medidas para cuantificar las
propiedades de los átomos, como por ejemplo el número atómico y
varias mediciones de la masa del átomo.

Cantidad	Definición
Número atómico	Número de protones que hay en un átomo. Un elemento se define por su número atómico, pues todos los átomos de un elemento tienen el mismo número de protones. Por ejemplo, todos los átomos con ocho protones son átomos de oxígeno.
Masa atómica	Masa sumada de los protones, neutrones y electrones de un átomo. El número de neutrones en los átomos de un elemento determinado puede variar, lo que produce los diferentes isótopos de ese elemento (ver p. 34). Cada isótopo tiene diferente masa atómica. La masa atómica se mide en unidades de masa atómica (uma): una uma equivale a una doceava parte de la masa de un átomo de carbono 12, un isótopo común del carbono.
Masa atómica relativa	La masa media de los isótopos de un elemento.
Número másico	El número total de protones y neutrones que hay en un átomo.

Electrón

Región en la que es
más probable hallar
electrones

¿CUÁL ES LA MASA DE UN ELECTRÓN?

Un electrón pesa muy
poco: su masa es de dos
milésimas partes de la
masa de un protón.

El mundo subatómico

Los átomos están hechos de unidades más pequeñas llamadas partículas subatómicas. Existen dos tipos: las que forman la materia y las portadoras de fuerzas. Ambas se combinan para formar otras partículas y fuerzas, algunas con propiedades exóticas.

Estructura subatómica

Los electrones de un átomo no pueden dividirse, pero los protones y los neutrones sí. Cada uno se compone de tres quarks, partículas subatómicas de una familia denominada fermiones. Los fermiones son partículas de materia. Toda la materia está hecha de quarks (en combinaciones de sus «sabores», o tipos) y leptones (otra clase de fermiones que incluye a los electrones). A cada fermión le corresponde una antipartícula con igual masa pero carga opuesta. Las antipartículas de los electrones son los positrones. La antimateria se compone de combinaciones de antipartículas.

Partículas elementales
Durante mucho tiempo, los científicos creyeron que los protones y los neutrones eran partículas elementales que no podían dividirse, pero ahora sabemos que están hechos de quarks. Sin embargo, según parece, los electrones y los quarks sí son elementales.

EL TÉRMINO *QUARK* PROVIENE DE LA NOVELA DE JOYCE *FINNEGANS WAKE*

¿HAY UNA PARTÍCULA DE LA GRAVEDAD?

Los científicos creen que la fuerza de la gravedad puede estar producida por una partícula que se conoce como gravitón. La existencia de los gravitones aún no se ha confirmado experimentalmente.

Orbital atómico, donde hay una alta probabilidad de encontrar un electrón

ELECTRÓN

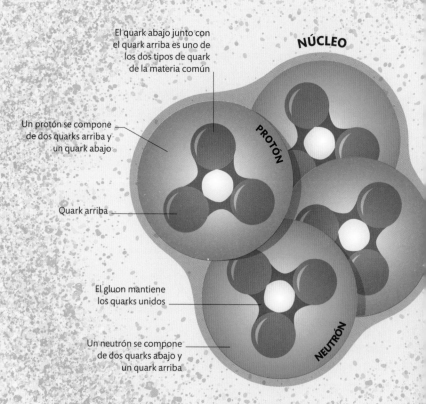

El quark abajo junto con el quark arriba es uno de los dos tipos de quark de la materia común

NÚCLEO

Un protón se compone de dos quarks arriba y un quark abajo

PROTÓN

Quark arriba

El gluon mantiene los quarks unidos

Un neutrón se compone de dos quarks abajo y un quark arriba

NEUTRÓN

PARTÍCULAS SUBATÓMICAS

LOS FERMIONES son partículas de materia. Son los elementos constituyentes de los componentes materiales de los átomos, como protones, neutrones y electrones.

LOS BOSONES son partículas portadoras de fuerzas. Actúan como mensajeros, transmitiendo fuerzas entre otras partículas.

LOS FERMIONES ELEMENTALES son partículas de materia que no están compuestas por otras partículas.

LOS HADRONES son partículas compuestas de varios quarks.

LOS BOSONES ELEMENTALES son partículas portadoras de fuerzas que no están hechas de otras partículas.

Quarks

- Arriba
- Abajo
- Encantado
- Extraño
- Cima
- Fondo

Leptones

- Electrón
- Neutrino electrónico
- Muon
- Neutrino muónico
- Tau
- Neutrino tauónico

Los bariones son fermiones compuestos de tres quarks.

- **Protón**
  Dos quarks arriba + un quark abajo + tres gluones
- **Neutrón**
  Dos quarks abajo + un quark arriba + tres gluones
- **Partícula lambda**
  Un quark abajo + un quark arriba + un quark extraño + tres gluones
- **Muchas otras**

Los mesones son bosones compuestos de un quark y un antiquark.

- **Pion positivo**
  Un quark arriba + un antiquark abajo
- **Kaón negativo**
  Un quark extraño + un antiquark arriba
- **Muchas otras**

- Fotón
- Gluon
- Bosón W-
- Bosón W+
- Bosón Z
- Bosón de Higgs

Fuerza electromagnética

La fuerza electromagnética mantiene los electrones en órbita alrededor del núcleo

Las interacciones entre partículas con carga las llevan a cabo los fotones, partículas sin masa que se mueven a la velocidad de la luz.

Protón

La fuerza nuclear fuerte sujeta las partículas del núcleo

Neutrón

Fuerza nuclear fuerte

La fuerza nuclear fuerte mantiene juntos los quarks, oponiéndose a la repulsión electromagnética del interior de protones y neutrones. Actúa en distancias cortas y la portan los gluones.

Fuerzas fundamentales

En lugar de simples empujones y tirones, las fuerzas en el mundo subatómico las provocan las partículas. Imagina a dos patinadores tirándose una pelota en una pista de hielo; la pelota transmite energía del primer patinador y ejerce una fuerza sobre el segundo, por lo que este se mueve cuando agarra la pelota.

Electrón

La fuerza nuclear débil causa la desintegración radiactiva

Núcleo

Fuerza nuclear débil

Durante la desintegración nuclear, las partículas son expulsadas del núcleo cuando los quarks cambian de tipo. Esto es causado por los bosones W y Z, que portan la fuerza nuclear débil.

La fuerza de la gravedad mantiene los planetas en órbita alrededor del Sol

Sol → Planeta

Gravedad

La gravedad es una fuerza de atracción que actúa en una distancia infinita, por lo que su partícula, que aún no se ha descubierto, debe de viajar a la velocidad de la luz.

Ondas y partículas

Las ondas y las partículas parecen muy diferentes: la luz es una onda y los átomos son partículas. Sin embargo, a veces las ondas, como por ejemplo la luz, se comportan como partículas y las partículas, como los electrones, se comportan como ondas. A esto se lo llama dualidad onda-partícula.

La luz como ondas

El experimento de la doble ranura es un modo simple de mostrar que la luz puede actuar como una onda. Se proyecta luz a través de dos pantallas, la primera de las cuales tiene una ranura para dejar pasar un estrecho rayo de luz y la segunda dos ranuras para dividir ese rayo en dos. La luz, tras ser dividida, se proyecta sobre la pantalla de visualización, en la que produce una serie de franjas alternas de luz y oscuridad. Si la luz se comportase como partículas, el resultado sería muy diferente.

¿ACTÚAN TODAS LAS PARTÍCULAS COMO ONDAS?

Según parece, no solo las partículas pequeñas, como los electrones, se comportan como ondas. Algunas moléculas grandes con más de 800 átomos se comportan como ondas en los experimentos de doble ranura, aunque no se sabe si todas las moléculas de gran tamaño se comportan así.

Partículas de luz

Si la luz se comportase como partículas (como granos de arena), algunas partículas pasarían por una ranura y otras pasarían por la otra, produciendo solo dos claras franjas de luz en la pantalla de proyección. No obstante, lo que ocurre cuando la luz atraviesa las dos ranuras es diferente (ver abajo).

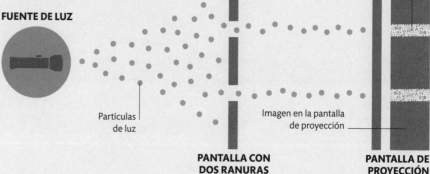

FUENTE DE LUZ

Partículas de luz

PANTALLA CON DOS RANURAS

Franja de luz bien definida

Imagen en la pantalla de proyección

PANTALLA DE PROYECCIÓN

Ondas de luz

Tras pasar por las ranuras, las ondas forman patrones de turbulencia, como al tirar una piedra a un estanque. Las turbulencias interactúan, produciendo en la pantalla unas franjas de luz y oscuridad –un patrón de interferencia.

Ondas de luz

FUENTE DE LUZ

PANTALLA CON UNA RANURA

PANTALLA CON DOS RANURAS

 EN **2015**, SE OBTUVO LA **PRIMERA FOTO** DE LA **LUZ** COMPORTÁNDOSE COMO **ONDA** Y COMO **PARTÍCULA**

La luz como partículas

Los metales, al ser iluminados, emiten electrones, pero solo si la luz posee la adecuada longitud de onda (o color). Este efecto –llamado efecto fotoeléctrico– ocurre porque la luz se comporta como partículas. Los fotones (partículas) de la luz roja, que posee una amplia longitud de onda, tienen menos energía que los fotones de menor longitud de onda (como la del verde o de la luz ultravioleta) y no permiten que escapen los electrones.

Fotón de baja energía de luz roja

Superficie de metal

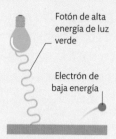

Fotón de alta energía de luz verde

Electrón de baja energía

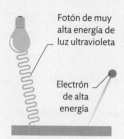

Fotón de muy alta energía de luz ultravioleta

Electrón de alta energía

Luz roja
Los fotones de luz roja tienen muy poca energía y no logran que la mayoría de los metales emitan electrones, por muy brillante que sea la luz.

Luz verde
Los fotones de luz verde tienen más energía que los de luz roja, y logran que escapen electrones de la superficie del metal.

Luz ultravioleta
Los fotones ultravioleta tienen mucha energía y estimulan la liberación de electrones de alta energía de la superficie del metal.

Dualidad onda-partícula

Cuando se hace el experimento de la doble ranura con partículas, como electrones o átomos, se producen patrones de interferencias en forma de franjas de luz y oscuridad, igual que con las ondas. Esto significa que las partículas se están comportando como ondas: eso es la dualidad onda-partícula. Si se disparan electrones uno a uno, se produce el mismo patrón de interferencia, pues la naturaleza ondulante de las partículas hace que interfieran con sí mismas.

CAÑÓN DE ELECTRONES

Los electrones se envían de uno en uno

Patrón de interferencia en la pantalla de proyección

PANTALLA CON DOS RANURAS

PANTALLA DE PROYECCIÓN

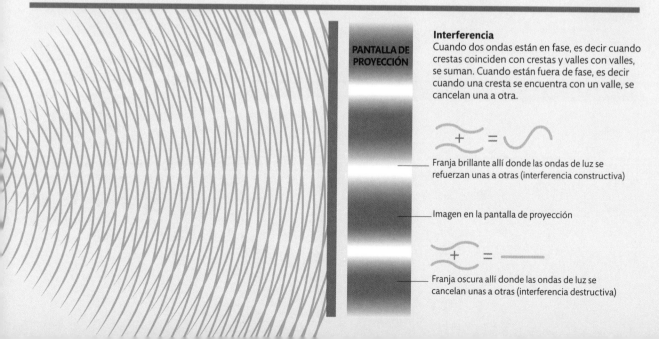

PANTALLA DE PROYECCIÓN

Interferencia
Cuando dos ondas están en fase, es decir cuando crestas coinciden con crestas y valles con valles, se suman. Cuando están fuera de fase, es decir cuando una cresta se encuentra con un valle, se cancelan una a otra.

Franja brillante allí donde las ondas de luz se refuerzan unas a otras (interferencia constructiva)

Imagen en la pantalla de proyección

Franja oscura allí donde las ondas de luz se cancelan unas a otras (interferencia destructiva)

El mundo cuántico

A nivel subatómico, las cosas no se comportan como en la vida diaria. Las partículas se comportan a la vez como ondas y como partículas, los cambios de energía ocurren a saltos –llamados saltos cuánticos– y las partículas permanecen en un estado intermedio hasta que son observadas.

Paquetes de energía

Un cuanto es la cantidad más pequeña de cualquier propiedad física, energía o materia. Por ejemplo, la mínima cantidad de radiación electromagnética, como la luz, es un fotón. Los cuantos son indivisibles y solo existen como múltiplos enteros de un solo cuanto.

Salto cuántico

Los electrones de un átomo solo pueden saltar directamente de un nivel de energía, o capa electrónica, a otro: un «salto cuántico». No pueden ocupar un nivel intermedio de energía. Al moverse entre niveles, los electrones absorben o emiten energía.

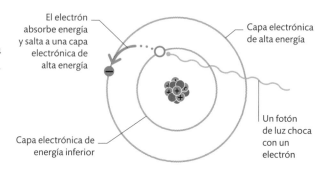

El electrón absorbe energía y salta a una capa electrónica de alta energía

Capa electrónica de alta energía

Capa electrónica de energía inferior

Un fotón de luz choca con un electrón

El principio de incertidumbre

En el mundo cuántico, es imposible saber al mismo tiempo la posición exacta y la velocidad exacta de una partícula subatómica como un electrón o un fotón. Este efecto, conocido como principio de incertidumbre, ocurre porque medir una partícula la perturba, lo cual hace que las otras mediciones sean inexactas.

¿Posición o velocidad?

La posición y la velocidad de un electrón no pueden conocerse de forma exacta. Cuanto más exactamente se conoce su posición, más incierta es su velocidad, y viceversa.

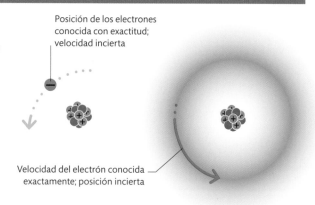

Posición de los electrones conocida con exactitud; velocidad incierta

Velocidad del electrón conocida exactamente; posición incierta

ENTRELAZAMIENTO CUÁNTICO

El entrelazamiento cuántico es un extraño fenómeno en el que una pareja de partículas subatómicas (por ejemplo, electrones), quedan entrelazadas y conectadas incluso cuando se encuentran a enorme distancia (por ejemplo, en galaxias diferentes). A consecuencia de esto, manipular una partícula altera instantáneamente a su pareja. De manera similar, medir las propiedades de una partícula proporciona de inmediato información sobre la otra.

Partículas entrelazadas incluso tras ser separadas

Pareja de partículas entrelazadas alejándose en direcciones diferentes

PARTÍCULA A

PARTÍCULA B

¿ES POSIBLE LA TELETRANSPORTACIÓN?

Con el entrelazamiento cuántico, los investigadores han conseguido teletransportar información a una distancia de unos 1200 km. Sin embargo, la teletransportación de los objetos físicos sigue siendo ciencia ficción.

El limbo cuántico

En el mundo cuántico, las partículas existen en una especie de limbo hasta que son observadas. Por ejemplo, un átomo radiactivo puede estar en un estado indeterminado en el que se ha desintegrado y ha liberado radiación y, al mismo tiempo, no se ha desintegrado. Este estado intermedio se conoce como superposición. Solo cuando una partícula se observa o se mide, esta «decide» qué opción adoptar o, en términos más técnicos: su superposición se derrumba. La superposición implica que los eventos subatómicos nunca se deciden hasta que son observados, idea que llevó al físico Erwin Schrödinger a inventar su famoso experimento imaginario conocido como el gato de Schrödinger.

El gato de Schrödinger

En una caja hay un gato encerrado con una botella de veneno y con material radiactivo. Si el material radiactivo se desintegra y emite radiación, un contador Geiger detecta la radiación, lo cual pone en movimiento un martillo que rompe la botella de veneno, matando así al gato. Sin embargo, la desintegración radiactiva es aleatoria, por lo que es imposible determinar si el gato está vivo o muerto sin mirar dentro de la caja: en realidad, el gato está a la vez vivo y muerto hasta que se abre la caja.

HAY UN **CRÁTER** EN LA LUNA BAUTIZADO EN HONOR DE ERWIN SCHRÖDINGER

Botella de veneno

Martillo accionado por el contador Geiger

El gato en uno de los dos estados posibles (vivo)

El gato en el otro estado posible (muerto)

El contador Geiger detecta radiactividad

Material radiactivo

Aceleradores de partículas

Los aceleradores de partículas son dispositivos que lanzan partículas subatómicas a una velocidad cercana a la de la luz para investigar cuestiones sobre la materia, la energía y el universo.

Cómo funcionan los aceleradores

Los aceleradores de partículas usan campos eléctricos de alto voltaje y potentes campos magnéticos para generar un rayo de partículas subatómicas de alta energía, como protones o electrones, que se hacen chocar unas con otras o se disparan a un objetivo metálico. Muchos aceleradores de partículas son circulares, para que así las partículas puedan dar muchas vueltas, incrementando su energía en cada una hasta finalmente colisionar.

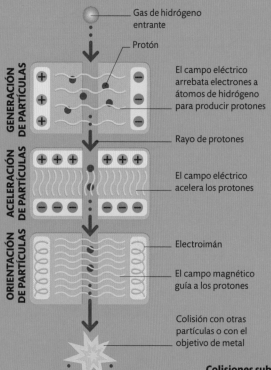

Gas de hidrógeno entrante

Protón

GENERACIÓN DE PARTÍCULAS

El campo eléctrico arrebata electrones a átomos de hidrógeno para producir protones

Rayo de protones

ACELERACIÓN DE PARTÍCULAS

El campo eléctrico acelera los protones

ORIENTACIÓN DE PARTÍCULAS

Electroimán

El campo magnético guía a los protones

Colisión con otras partículas o con el objetivo de metal

DETECTOR DE RADIACIÓN

DETECTOR DE PARTÍCULAS

Colisiones subatómicas

Los rápidos protones se generan haciendo pasar gas de hidrógeno a través de campos eléctricos. Los protones, guiados por campos magnéticos, colisionan con otras partículas subatómicas o átomos en una pieza de metal. Los detectores capturan la radiación de las partículas resultante de la colisión.

Estudiar el mundo subatómico

Los aceleradores de partículas se utilizan sobre todo para estudiar la materia y la energía a nivel subatómico y para investigar la materia oscura (ver p. 206) y las condiciones inmediatamente posteriores al Big Bang (ver p. 202). Además de descubrir el bosón de Higgs, han servido para descubrir otras exóticas partículas subatómicas, como los pentaquarks, unas partículas compuestas de cuatro quarks y un antiquark que quizá existen en las supernovas.

CMS

El CMS –siglas en inglés de solenoide compacto de muones– es un detector de partículas que se ocupa de buscar aquellas partículas que componen la materia oscura. Junto con el ATLAS, el CMS también ayudó a descubrir el bosón de Higgs

Rayo de partículas que se mueven en una dirección

Rayo de partículas que se mueven en la dirección opuesta

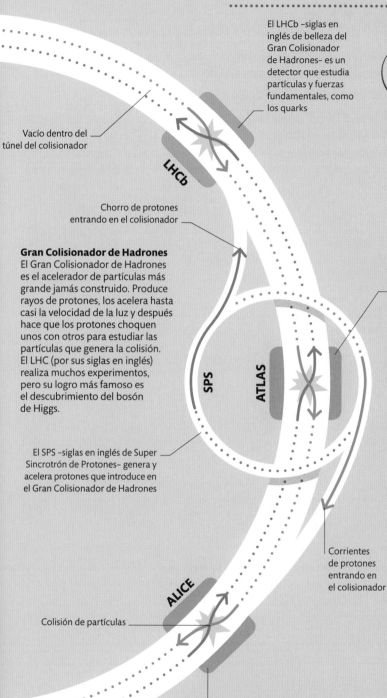

El LHCb –siglas en inglés de belleza del Gran Colisionador de Hadrones– es un detector que estudia partículas y fuerzas fundamentales, como los quarks

Vacío dentro del túnel del colisionador

LHCb

Chorro de protones entrando en el colisionador

Gran Colisionador de Hadrones
El Gran Colisionador de Hadrones es el acelerador de partículas más grande jamás construido. Produce rayos de protones, los acelera hasta casi la velocidad de la luz y después hace que los protones choquen unos con otros para estudiar las partículas que genera la colisión. El LHC (por sus siglas en inglés) realiza muchos experimentos, pero su logro más famoso es el descubrimiento del bosón de Higgs.

El SPS –siglas en inglés de Super Sincrotrón de Protones– genera y acelera protones que introduce en el Gran Colisionador de Hadrones

SPS

ATLAS

ALICE

Colisión de partículas

El ALICE –siglas en inglés de Gran Experimento del Colisionador de Iones– es el detector que estudia el estado de la materia que quizá existió inmediatamente después del Big Bang

Corrientes de protones entrando en el colisionador

LAS PARTÍCULAS RECORREN EL ANILLO DE 27 KM DEL LHC MÁS DE 11 000 VECES POR SEGUNDO

El ATLAS –siglas en inglés de aparato toroidal LHC– es el detector de partículas de alta energía que, junto con el CMS, ayudó a descubrir el bosón de Higgs

EL BOSÓN DE HIGGS

El bosón de Higgs es un aspecto del llamado campo de Higgs que crea masa al interactuar con partículas como fotones y electrones. El bosón de Higgs puede imaginarse como un copo de nieve en un campo nevado. El campo nevado –campo de Higgs– interactúa de forma distinta con distintos objetos: si el objeto interactúa fuertemente con el campo (si se hunde en la nieve), es que tiene una gran masa; si interactúa débilmente (si permanece en la superficie de la nieve), es que tiene una masa pequeña; y si no interactúa con el campo, es que no tiene masa.

Las partículas que interactúan de forma significativa con el campo de Higgs tienen una gran masa

Las partículas que no interactúan con el campo de Higgs (como los fotones) no tienen masa

CAMPO DE HIGGS

El campo de Higgs se compone de bosones de Higgs, como un campo nevado se compone de copos de nieve

Las partículas que interactúan de manera leve con el campo de Higgs tienen una masa pequeña

Los elementos

Los elementos contienen solo un tipo de átomo, por lo que no pueden descomponerse químicamente en partes más pequeñas. Los átomos se diferencian unos de otros en el número de protones, neutrones y electrones que contienen, pero son los protones los que los definen. La tabla periódica organiza los elementos según el número de protones que tiene el núcleo de cada átomo.

La tabla periódica

En la tabla periódica, los elementos están organizados por su número atómico: su número de protones. En cada fila, el número atómico se incrementa de izquierda a derecha. La posición de un elemento en la tabla también añade información: por ejemplo, los elementos de la misma columna poseen reacciones parecidas.

Masa atómica relativa: la masa atómica media (ver p. 25) de los isótopos de un elemento; el número entre paréntesis es la masa atómica del isótopo más estable de un elemento radiactivo

Número atómico: número de protones en el núcleo de un átomo (ver p. 25)

1	1,008
H	
HIDRÓGENO	

Símbolo químico: abreviatura del nombre del elemento

Nombre de un elemento

Períodos: filas, numeradas del 1 al 7; todos los elementos de un período tienen el mismo número de capas electrónicas

Grupos: columnas, numeradas del 1 al 18; los elementos de un grupo tienen el mismo número de electrones en su capa exterior, así como propiedades químicas similares

ISÓTOPOS

Los isótopos de un elemento tienen el mismo número de protones y distinto número de neutrones, por lo que su masa atómica es distinta. Así, hay isótopos de carbono con 6, 7 u 8 neutrones. Los isótopos reaccionan químicamente de la misma manera pero se comportan de forma diferente en otros aspectos. Por ejemplo, algunos son radiactivos.

CARBONO-12
6 neutrones + 6 protones = 12

CARBONO-13
7 neutrones + 6 protones = 13

CARBONO-14
8 neutrones + 6 protones = 14

Organización de los elementos
Al leerlos de izquierda a derecha y hacia abajo, los elementos van aumentando de número atómico. Los metales están en la parte izquierda de la tabla y los no metales, en la derecha.

Tabla periódica

Grupo 1

| 1 1,008 H HIDRÓGENO |
| 3 6,94 Li LITIO |
| 11 22,990 Na SODIO |
| 19 39,098 K POTASIO |
| 37 85,468 Rb RUBIDIO |
| 55 132,91 Cs CESIO |
| 87 (223) Fr FRANCIO |

Grupo 2

| 4 9,0122 Be BERILO |
| 12 24,305 Mg MAGNESIO |
| 20 40,078 Ca CALCIO |
| 38 87,62 Sr ESTRONCIO |
| 56 137,33 Ba BARIO |
| 88 (226) Ra RADIO |

Grupos 3–7

3	4	5	6	7
21 44,956 **Sc** ESCANDIO	22 47,867 **Ti** TITANIO	23 50,942 **V** VANADIO	24 51,996 **Cr** CROMO	25 54,938 **Mn** MANGANESO
39 88,906 **Y** ITRIO	40 91,224 **Zr** CIRCONIO	41 92,906 **Nb** NIOBIO	42 95,95 **Mo** MOLIBDENO	43 (98) **Tc** TECNECIO
72 178,49 **Hf** HAFNIO	73 180,95 **Ta** TANTALIO	74 183,84 **W** TUNGSTENO	75 186,21 **Re** RENIO
104 (267) **Rf** RUTHERFORDIO	105 (268) **Db** DUBNIO	106 (269) **Sg** SEABORGIO	107 (270) **Bh** BOHRIO

57-71

89-103

57 138,91 **La** LANTANO	58 140,12 **Ce** CERIO	59 140,91 **Pr** PRASEODIMIO	60 144,24 **Nd** NEODIMIO
89 (227) **Ac** ACTINIO	90 232,04 **Th** TORIO	91 231,04 **Pa** PROTACTINIO	92 238,03 **U** URANIO

CLAVE

■ **Hidrógeno**: gas reactivo

METALES REACTIVOS

■ **Metales alcalinos**: metales blandos y muy reactivos

■ **Metales alcalinotérreos**: metales moderadamente reactivos

ELEMENTOS DE TRANSICIÓN

■ **Metales de transición**: variado grupo de metales, muchos con valiosas propiedades

PRINCIPALMENTE NO METALES

■ **Metaloides**: elementos con propiedades a medio camino entre los metales y los no metales

■ **Otros metales**: la mayoría metales blandos con puntos de fusión bajos

■ Carbono y otros no metales

■ **Halógenos**: no metales muy reactivos

■ **Gases nobles**: incoloros, muy poco reactivos

TIERRAS RARAS

■ También llamados lantánidos y actínidos, son metales reactivos, algunos muy raros o sintéticos

Períodos, grupos y bloques

Todos los elementos de una fila, o período, tienen el mismo número de orbitales de electrones (ver p. 25). Las columnas de la tabla periódica, llamadas grupos, contienen elementos con el mismo número de electrones en sus capas electrónicas exteriores y que, por tanto, reaccionan de formas similares. Cuatro «bloques» principales (ver izquierda) agrupan elementos con propiedades parecidas, como los elementos de transición, que suelen ser metales duros y brillantes. El hidrógeno tiene un conjunto de propiedades único y por eso está en un grupo aparte.

					18
13	14	15	16	17	2 4,0026 **He** HELIO
5 10,81 **B** BORO	6 12,011 **C** CARBONO	7 14,007 **N** NITRÓGENO	8 15,999 **O** OXÍGENO	9 18,998 **F** FLÚOR	10 20,180 **Ne** NEÓN
13 26,982 **Al** ALUMINIO	14 28,085 **Si** SILICIO	15 30,974 **P** FÓSFORO	16 32,06 **S** AZUFRE	17 35,45 **Cl** CLORO	18 39,948 **Ar** ARGÓN

8	9	10	11	12	13	14	15	16	17	18
26 55,845 **Fe** HIERRO	27 58,933 **Co** COBALTO	28 58,693 **Ni** NÍQUEL	29 63,546 **Cu** COBRE	30 65,38 **Zn** CINC	31 69,723 **Ga** GALIO	32 72,63 **Ge** GERMANIO	33 74,922 **As** ARSÉNICO	34 78,97 **Se** SELENIO	35 79,904 **Br** BROMO	36 83,80 **Kr** KRIPTÓN
44 101,07 **Ru** RUTENIO	45 102,91 **Rh** RODIO	46 106,42 **Pd** PALADIO	47 107,87 **Ag** PLATA	48 112,41 **Cd** CADMIO	49 114,82 **In** INDIO	50 118,71 **Sn** ESTAÑO	51 121,76 **Sb** ANTIMONIO	52 127,60 **Te** TELURIO	53 126,90 **I** YODO	54 131,29 **Xe** XENÓN
76 190,23 **Os** OSMIO	77 192,22 **Ir** IRIDIO	78 195,08 **Pt** PLATINO	79 196,97 **Au** ORO	80 200,59 **Hg** MERCURIO	81 204,38 **Tl** TALIO	82 207,2 **Pb** PLOMO	83 208,98 **Bi** BISMUTO	84 (209) **Po** POLONIO	85 (210) **At** ASTATO	86 (222) **Rn** RADÓN
108 (277) **Hs** HASSIO	109 (278) **Mt** MEITNERIO	110 (281) **Ds** DARMSTATIO	111 (282) **Rg** ROENTGENIO	112 (285) **Cn** COPERNICIO	113 (286) **Nh** NIHONIO	114 (289) **Fl** FLEROVIO	115 (289) **Mc** MOSCOVIO	116 (293) **Lv** LIVERMORIO	117 (294) **Ts** TENESO	118 (294) **Og** OGANESÓN

61 (145) **Pm** PROMETIO	62 150,36 **Sm** SAMARIO	63 151,96 **Eu** EUROPIO	64 157,25 **Gd** GADOLINIO	65 158,93 **Tb** TERBIO	66 162,50 **Dy** DISPROSIO	67 164,93 **Ho** HOLMIO	68 167,26 **Er** ERBIO	69 168,93 **Tm** TULIO	70 173,05 **Yb** ITERBIO	71 174,97 **Lu** LUTECIO
93 (237) **Np** NEPTUNIO	94 (244) **Pu** PLUTONIO	95 (243) **Am** AMERICIO	96 (247) **Cm** CURIO	97 (247) **Bk** BERKELIO	98 (251) **Cf** CALIFORNIO	99 (252) **Es** EINSTENIO	100 (257) **Fm** FERMIO	101 (258) **Md** MENDELEVIO	102 (259) **No** NOBELIO	103 (262) **Lr** LAWRENCIO

Radiactividad

Los materiales radiactivos tienen núcleos inestables que liberan energía, o radiación. La radiactividad es peligrosa si no se maneja de forma adecuada. Sin embargo, reduce nuestra dependencia de los contaminantes combustibles fósiles.

¿Qué es la radiación?

La radiación consiste en corrientes de ondas o partículas energéticas que pueden arrebatar electrones de otros átomos. En grandes cantidades, la radiación puede dañar el ADN de las células. Además, puede crear en el cuerpo radicales libres, muy reactivos, lo cual también daña las células.

Tipos de radiación

Una partícula alfa está compuesta por dos neutrones y dos protones (un núcleo de helio). Una partícula beta es un electrón o un positrón. Los rayos gamma son ondas electromagnéticas de gran intensidad.

ÁTOMO RADIACTIVO

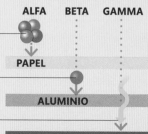

Las partículas alfa pueden bloquearse con una hoja de papel

Las partículas beta pueden bloquearse con una fina hoja de aluminio

Los rayos gamma penetran más, pero pueden bloquearse con unos centímetros de plomo

Un núcleo de uranio inestable se divide en dos partes

Gran cantidad de energía calorífica emitida cuando el núcleo se divide

Energía nuclear

Cuando los átomos se dividen o fusionan, se libera energía nuclear, que aparece en forma de calor, y puede usarse para hervir agua y propulsar así una turbina, como en los generadores eléctricos propulsados por combustibles fósiles (ver p. 84).

Neutrón

Reacciones de fisión

En las reacciones de fisión, los núcleos atómicos se dividen para liberar energía. En una central nuclear, este proceso está cuidadosamente controlado para evitar una reacción en cadena.

Núcleo de átomo de uranio

Otros núcleos de uranio son impactados por neutrones, comenzando más reacciones de fisión

Neutrón de alta energía de un material nuclear

1 **Un neutrón impacta un núcleo**
El material radiactivo (normalmente uranio) es bombardeado con neutrones, algunos de los cuales impactan el núcleo de un átomo y lo desestabilizan.

2 **El núcleo se divide**
El núcleo inestable se parte en dos. Esta fisión libera una gran cantidad de energía, así como otros neutrones.

3 **Reacción en cadena**
Los neutrones adicionales liberados alcanzan otros átomos, que a su vez se dividen y liberan más neutrones aún, iniciando una reacción en cadena.

SEMIDESINTEGRACIÓN Y DESINTEGRACIÓN

El período de semidesintegración de una sustancia radiactiva es lo que tarda en desintegrarse la mitad del material original. Hay sustancias que se desintegran muy deprisa, pero otras tardan millones de años. El período de semidesintegración del uranio-235, de los reactores de fisión, es de unos 704 millones de años, lo que hace que sea problemático deshacerse de los residuos nucleares.

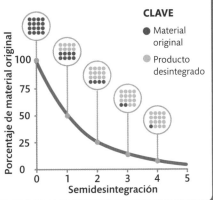

CLAVE
- ● Material original
- ● Producto desintegrado

¿ES SEGURA LA FUSIÓN NUCLEAR?

En un reactor de fusión no hay peligro de que ocurra una fusión de núcleo (al contrario que en un reactor de fisión), pues un fallo solo enfriaría el plasma y detendría la reacción.

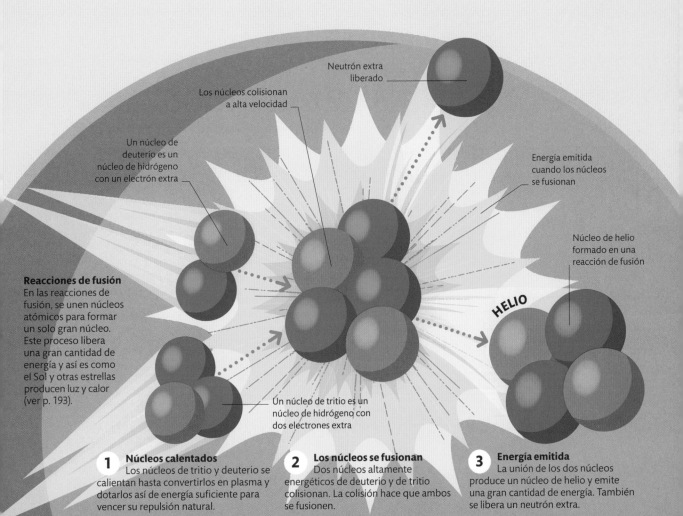

Neutrón extra liberado

Los núcleos colisionan a alta velocidad

Un núcleo de deuterio es un núcleo de hidrógeno con un electrón extra

Energía emitida cuando los núcleos se fusionan

Núcleo de helio formado en una reacción de fusión

HELIO

Reacciones de fusión
En las reacciones de fusión, se unen núcleos atómicos para formar un solo gran núcleo. Este proceso libera una gran cantidad de energía y así es como el Sol y otras estrellas producen luz y calor (ver p. 193).

Un núcleo de tritio es un núcleo de hidrógeno con dos electrones extra

1 Núcleos calentados
Los núcleos de tritio y deuterio se calientan hasta convertirlos en plasma y dotarlos así de energía suficiente para vencer su repulsión natural.

2 Los núcleos se fusionan
Dos núcleos altamente energéticos de deuterio y de tritio colisionan. La colisión hace que ambos se fusionen.

3 Energía emitida
La unión de los dos núcleos produce un núcleo de helio y emite una gran cantidad de energía. También se libera un neutrón extra.

Mezclas y compuestos

Cuando se mezclan sustancias diferentes, pueden pasar dos cosas: o reaccionan para formar una nueva sustancia –un compuesto– o bien siguen siendo sustancias individuales pero mezcladas.

Compuestos

Los compuestos contienen átomos de dos o más elementos enlazados químicamente. Las propiedades de un elemento pueden ser muy diferentes a las de sus elementos constitutivos. Por ejemplo, el hidrógeno y el oxígeno son ambos gases, pero combinados forman agua líquida.

Enlace químico entre átomos de diferentes elementos

Mezclas

Muchas sustancias, al mezclarse, no reaccionan sino que permanecen iguales químicamente, como por ejemplo en una mezcla de sal y arena. Las sustancias pueden ser átomos individuales, moléculas de un elemento o moléculas con más de un elemento (compuestos).

Partícula de una sustancia

Partícula de una sustancia diferente

Papel de filtro

Partículas atrapadas por un filtro de papel

Líquido que se filtra (filtrado)

Separar mezclas

Las mezclas pueden separarse con métodos físicos porque sus componentes no están enlazados químicamente. El método adecuado de separación depende del tipo de mezcla en cuestión. Por ejemplo, las mezclas en las que solo se disuelve uno de los componentes pueden separarse mediante filtración. Otros tipos de mezclas requieren métodos más complejos, como cromatografía, destilación o centrifugado.

Filtración

Los filtros solo permiten el paso de partículas muy pequeñas o solubles y atrapan las más grandes o insolubles. Por ejemplo, una solución de sal pasa por el filtro, pero este atrapa la arena que haya en la mezcla.

Tipos de mezcla

Hay diferentes tipos de mezclas, según la solubilidad de sus componentes individuales y el tamaño de sus partículas. Las soluciones se forman cuando una sustancia se disuelve, como el azúcar en el agua (ver pp. 62-63). En los coloides y las suspensiones, las partículas de los componentes no se disuelven, sino que se dispersan unas en otras.

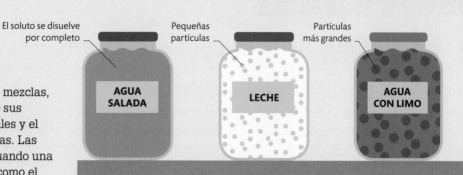

El soluto se disuelve por completo

AGUA SALADA

Pequeñas partículas

LECHE

Partículas más grandes

AGUA CON LIMO

Soluciones verdaderas

En las soluciones verdaderas, como la sal disuelta en agua, todos los componentes están en el mismo estado de la materia (líquido en este caso).

Coloides

Un coloide tiene partículas diminutas distribuidas de forma regular en la mezcla. Son invisibles a simple vista y no se precipitan.

Suspensiones

Las suspensiones contienen partículas dispersas del tamaño de motas de polvo. Son visibles a simple vista y pueden precipitarse.

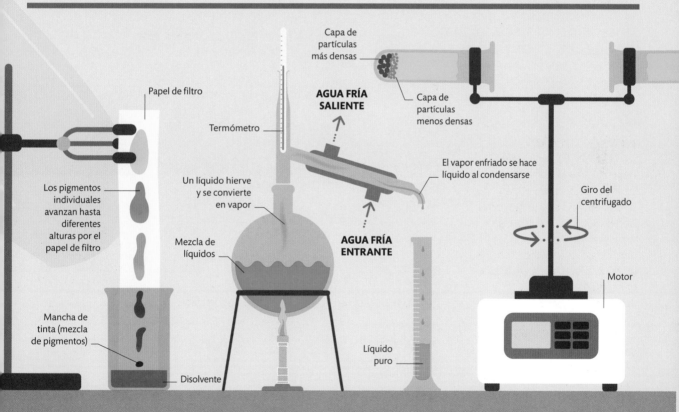

Papel de filtro

Los pigmentos individuales avanzan hasta diferentes alturas por el papel de filtro

Mancha de tinta (mezcla de pigmentos)

Disolvente

Termómetro

Un líquido hierve y se convierte en vapor

Mezcla de líquidos

Capa de partículas más densas

AGUA FRÍA SALIENTE

Capa de partículas menos densas

El vapor enfriado se hace líquido al condensarse

AGUA FRÍA ENTRANTE

Líquido puro

Giro del centrifugado

Motor

Cromatografía

A veces, los componentes de una mezcla pueden separarse mediante cromatografía. Los componentes individuales son llevados a diferentes alturas por el disolvente a medida que este avanza por el papel de filtro.

Destilación

Las mezclas de líquidos con diferentes puntos de ebullición pueden separarse por destilación. Al calentarse, los componentes hierven uno por uno. Al cesar la ebullición, cada componente se condensa de nuevo en forma de líquido.

Centrifugado

Una mezcla de partículas con diferentes densidades o de partículas suspendidas en un líquido puede dividirse centrifugándola. Las partículas más densas o suspendidas forman las capas más bajas.

Moléculas e iones

Una molécula se compone de dos o más átomos enlazados. Los átomos pueden ser del mismo elemento o de elementos diferentes. Los une la atracción entre sus partículas con carga, atracción creada por los electrones transferidos o compartidos.

Capas electrónicas

Los electrones orbitan los núcleos en diferentes niveles de energía llamados capas electrónicas. Cada capa puede albergar un número máximo de electrones: la primera, dos; la segunda y la tercera, ocho. Los átomos buscan el orden más estable energéticamente, lo que conlleva tener capas exteriores llenas.

El núcleo contiene 12 protones, que equilibran la carga de los electrones y hacen que el átomo sea neutro

La primera capa contiene dos electrones

La segunda capa contiene ocho electrones

La tercera capa tiene dos electrones

Aunque las capas se representan como círculos, sus formas reales son más complejas

Capas electrónicas del magnesio
Un átomo de magnesio tiene 12 electrones y solo dos de ellos están en su capa exterior. Esos dos electrones solitarios hacen que el magnesio sea reactivo: los entrega rápidamente para hacerse más estable.

ÁTOMO DE MAGNESIO: Mg

¿Qué es un ion?

Un átomo es eléctricamente neutro, pues la carga positiva de los protones del núcleo queda equilibrada por la carga negativa de los electrones. A menudo, los átomos adquieren una carga eléctrica en su esfuerzo por lograr una ordenación estable de electrones. Un átomo (o una molécula) con carga recibe el nombre de ion. Algunos átomos se ionizan obteniendo electrones para llenar huecos en su capa externa. Otros –por ejemplo los metales del grupo I (alcalinos), como el sodio (ver p. 34)– ceden sus escasos electrones externos. Ambas opciones dotan al átomo de carga, pues ya no tiene el mismo número de electrones y de protones.

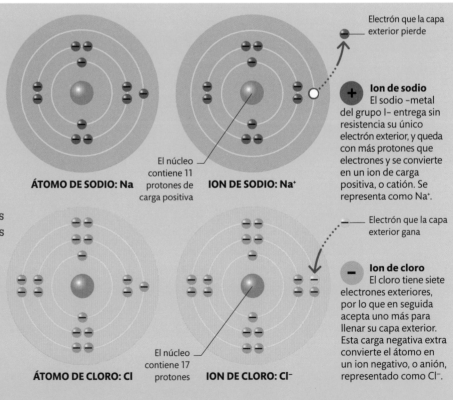

ÁTOMO DE SODIO: Na

El núcleo contiene 11 protones de carga positiva

ION DE SODIO: Na⁺

Electrón que la capa exterior pierde

+ Ion de sodio
El sodio –metal del grupo I– entrega sin resistencia su único electrón exterior, y queda con más protones que electrones y se convierte en un ion de carga positiva, o catión. Se representa como Na⁺.

Electrón que la capa exterior gana

− Ion de cloro
El cloro tiene siete electrones exteriores, por lo que en seguida acepta uno más para llenar su capa exterior. Esta carga negativa extra convierte el átomo en un ion negativo, o anión, representado como Cl⁻.

ÁTOMO DE CLORO: Cl

El núcleo contiene 17 protones

ION DE CLORO: Cl⁻

Compartir electrones

Para algunas parejas de átomos, el modo más fácil de estabilizar sus electrones es compartirlos. Al hacerlo, quedan unidos por fuerzas llamadas enlaces covalentes. Estos enlaces son comunes entre dos átomos del mismo elemento o entre dos elementos cercanos en la tabla periódica.

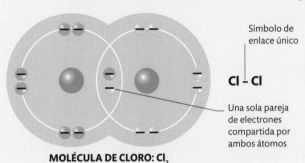

Símbolo de
enlace único

Cl – Cl

Una sola pareja
de electrones
compartida por
ambos átomos

MOLÉCULA DE CLORO: Cl$_2$

Enlace único

El cloro tiene siete electrones externos, por lo que las parejas de átomos comparten un electrón para así lograr capas electrónicas externas llenas. Estos enlaces únicos forman moléculas de Cl$_2$.

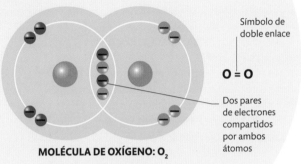

Símbolo de
doble enlace

O = O

Dos pares
de electrones
compartidos
por ambos
átomos

MOLÉCULA DE OXÍGENO: O$_2$

Enlace doble

El oxígeno tiene solo seis electrones exteriores, por lo que para ser estable debe compartir dos parejas. Esto se conoce como doble enlace.

Transferencia de electrones

Cuando un átomo con uno o con escasos electrones externos se encuentra con un átomo con huecos en su capa exterior, le dona su electrón o electrones externos, formando así un ion positivo y uno negativo. Como las cargas diferentes se atraen, estos dos iones quedan ligados electrostáticamente y forman un compuesto iónico.

La transferencia de electrones
permite que el sodio y el cloro
tengan sus capas externas llenas

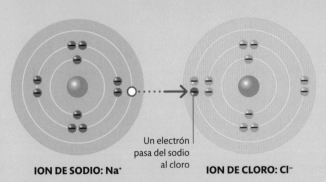

Un electrón
pasa del sodio
al cloro

ION DE SODIO: Na$^+$

ION DE CLORO: Cl$^-$

COMPUESTO DE CLORURO DE SODIO: NaCl

1 **Transferencia de electrones**
Los electrones exteriores del sodio se transfieren al cloro para obtener capas externas completas en ambos átomos, los cuales se ionizan como un catión de sodio y un anión de cloro. En otras parejas, pueden moverse dos, tres o más electrones.

2 **Enlace iónico formado**
El catión y el anión se atraen uno al otro y forman un compuesto llamado cloruro de sodio (sal). Las cargas están equilibradas, y el compuesto es neutro. Los compuestos iónicos tienden a seguir enlazándose y a formar redes gigantes, a menudo en forma de cristales (ver p. 60).

Reacciones

Las reacciones químicas son procesos que cambian las sustancias rompiendo sus enlaces químicos y creando otros nuevos. Muchas reacciones tienen lugar dentro de nuestro cuerpo y son vitales para nuestra supervivencia.

¿Qué es una reacción?

Al reaccionar, los átomos de las sustancias químicas se reorganizan. Son como piezas de Lego: encajan unos con otros de distintas formas, pero el número y el tipo de piezas son siempre los mismos. La forma exacta en que se reorganizan los átomos depende de con qué reaccionen. Las sustancias que reaccionan se llaman reactantes y las nuevas sustancias que se forman se llaman productos.

Reacciones irreversibles

La mayoría de las reacciones son irreversibles, es decir, que solo ocurren en un sentido, como cuando se mezcla ácido clorhídrico (HCl) con hidróxido de sodio (NaOH) y se crea cloruro sódico (NaCl) y agua (H_2O).

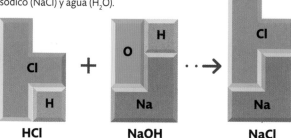

| HCl | NaOH | NaCl | H_2O |

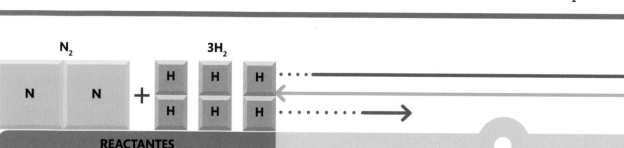

N_2 $3H_2$

REACTANTES

Equilibrio dinámico

En las reacciones reversibles, la reacción empieza cuando los reactantes se mezclan y forman productos (en este caso, amoníaco). Sin embargo, si no se añade o se sustrae nada más, la cantidad de producto deja de aumentar. Las reacciones aún tienen lugar en ambos sentidos, pero se equilibran unas a otras. Esto se conoce como equilibrio dinámico.

Las reacciones se neutralizan unas a otras

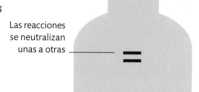

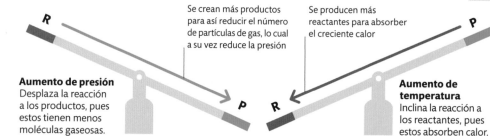

Se crean más productos para así reducir el número de partículas de gas, lo cual a su vez reduce la presión

Se producen más reactantes para absorber el creciente calor

Aumento de presión
Desplaza la reacción a los productos, pues estos tienen menos moléculas gaseosas.

Aumento de temperatura
Inclina la reacción a los reactantes, pues estos absorben calor.

Aumento de concentración de reactantes
Lleva a la formación de más productos para contrarrestar el aumento de reactantes.

CLAVE

- ■ Oxígeno (O)
- ■ Cloro (Cl)
- ■ Hidrógeno (H)
- ■ Sodio (Na)
- ■ Nitrógeno (N)

Reacciones reversibles

En ellas los reactantes se reconstituyen a partir de los productos, como al crear amoníaco (NH_3) con nitrógeno (N_2) e hidrógeno (H_2).

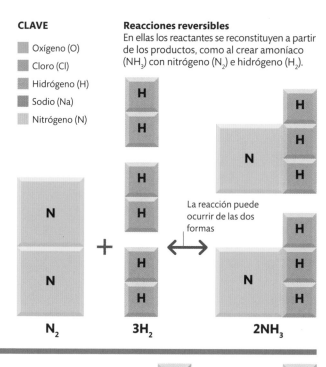

La reacción puede ocurrir de las dos formas

N_2 + $3H_2$ ⟷ $2NH_3$

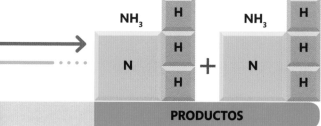

PRODUCTOS

Inclinar la balanza

Si se cambia algo mientras las reacciones están equilibradas, el equilibrio puede desplazarse para contrarrestar ese cambio. Los cuatro ejemplos de abajo muestran qué ocurre al alterarse cuatro factores distintos durante la creación de amoníaco.

EN NUESTROS **37,2 BILLONES DE CÉLULAS** SE DAN **REACCIONES CONTINUAS**

Aumento de concentración de productos

Lleva a la formación de más reactantes para contrarrestar el aumento de productos.

Tipos comunes de reacción

Las reacciones químicas son de varios tipos. Algunas combinan moléculas y otras las dividen en moléculas más simples. En otras reacciones, los átomos cambian de posición y crean nuevas moléculas. La combustión (ver pp. 54-55) es otro tipo de reacción, que tiene lugar cuando el oxígeno reacciona con otra sustancia y crea suficiente calor y luz como para entrar en ignición.

Tipo de reacción	Definición	Ecuación
Síntesis	Dos o más elementos o compuestos se combinan para formar una sustancia más compleja	A + B ↓ AB
Descomposición	Los compuestos se descomponen en sustancias más simples	AB ↓ A + B
Reacción de desplazamiento simple	Ocurre cuando un elemento desplaza a otro en un compuesto	AB + C ↓ AC + B
Doble desplazamiento	Ocurre cuando átomos diferentes en dos compuestos intercambian sus lugares	AB + CD ↓ AC + BD

FUEGOS ARTIFICIALES

Al encender fuegos artificiales, tiene lugar una rápida reacción química que libera gas, el cual estalla hacia arriba en forma de chispas de colores. Los colores dependen del tipo de metal usado. El carbonato de estroncio, por ejemplo, produce fuegos artificiales rojos.

Reacciones y energía

Una reacción solo ocurre si los átomos tienen energía suficiente para romper y modificar sus enlaces. Las sustancias muy reactivas necesitan poca energía extra para desencadenar reacciones, pero otras, por la fuerza de sus enlaces, hay que calentarlas a altas temperaturas para que reaccionen.

¿PUEDE DESCONTROLARSE UNA REACCIÓN?

Si no se supervisa, la velocidad de las reacciones exotérmicas puede aumentar peligrosamente al incrementarse la temperatura. Esto puede causar explosiones y liberar sustancias químicas tóxicas, como ocurrió en Bhopal, la India, en 1984.

Energía de activación

Para producir una reacción, hay que introducir energía: la energía de activación. El proceso se parece a una colina que una esquiadora tiene que ascender para poder deslizarse ladera abajo. Algunas reacciones comienzan en cuanto se combinan los reactantes. Estas reacciones —por ejemplo, entre ácido fuerte y base— tienen una baja energía de activación.

Cuando llega a la cima, la esquiadora ya puede deslizarse ladera abajo; de igual modo, los reactantes ya tienen energía para reaccionar y formar productos, que emiten energía

El hecho de subir la colina la esquiadora es como la energía de activación necesaria para iniciar la reacción

ENERGÍA DE ACTIVACIÓN

Energía emitida o absorbida
Si se libera más energía de la que se obtiene, los productos tienen menos energía que los reactantes y, por tanto, la reacción es exotérmica. Si se absorbe más energía de la que se emite, los reactantes tienen menos energía que los productos y la reacción es endotérmica.

ENERGÍA

ENERGÍA EMITIDA

ÓXIDO DE CALCIO   +   AGUA

=   HIDRÓXIDO DE CALCIO   +   CALOR

Emisión neta de energía
Mezclar óxido de calcio con agua es un ejemplo de reacción exotérmica, porque durante la reacción se libera más energía (en forma de calor) de la que se absorbe. El resultado de la reacción es la emisión neta de energía.

Esta vez, la esquiadora tiene que subir una colina más alta, que simboliza una energía de activación mayor

REACCIÓN EXOTÉRMICA

COMPRIMIDO EFERVESCENTE

Cuando la saliva entra en contacto con el ácido cítrico y el bicarbonato de sodio de un comprimido efervescente, estos se disuelven y reaccionan, produciendo burbujas de dióxido de carbono. Como la reacción absorbe calor, la mezcla disuelta produce una sensación fresca en la lengua.

La esquiadora desciende una ladera más baja que la que ha ascendido; de la misma forma, la reacción libera una energía menor que la energía de activación que hizo falta para ponerla en marcha

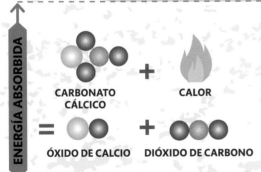

EL CESIO ES TAN REACTIVO QUE **ESTALLA EN LLAMAS** AL CONTACTO CON EL AIRE

ENERGÍA DE ACTIVACIÓN

ENERGÍA ABSORBIDA

CARBONATO CÁLCICO + CALOR

= ÓXIDO DE CALCIO + DIÓXIDO DE CARBONO

Absorción de energía neta

Calentar el carbonato de calcio es un ejemplo de reacción endotérmica, porque durante la reacción se absorbe más energía (en forma de calor) de la que se libera. El resultado de la reacción, por tanto, es la absorción de energía neta.

REACCIÓN ENDOTÉRMICA

Velocidades de reacción

Las reacciones ocurren solo cuando los átomos de los reactantes colisionan con suficiente energía. Incrementar la temperatura, la concentración o el área de superficie de los reactantes, o reducir el volumen del recipiente, aumenta el número de colisiones y acelera la velocidad de reacción.

Incrementar la concentración
Al haber más reactantes, hay más colisiones entre átomos y la velocidad de reacción aumenta.

ANTES · DESPUÉS

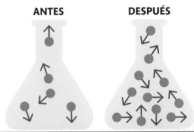

GASES Y LÍQUIDOS

Incrementar la temperatura
Esto hace que los átomos se muevan con mayor rapidez, colisionando más a menudo y con más energía.

ANTES · DESPUÉS

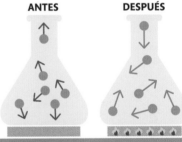

GASES, LÍQUIDOS Y SÓLIDOS

Reducir el volumen
En un recipiente más pequeño, los átomos están más apretados, lo que hace que colisionen más a menudo.

ANTES · DESPUÉS

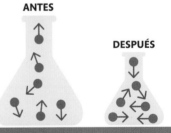

SOLO GASES

Aumentar el área de superficie de un reactante
Las colisiones en sólidos solo tienen lugar en la superficie; aumentar esa área incrementa la velocidad de reacción.

ANTES · DESPUÉS

SOLO SÓLIDOS

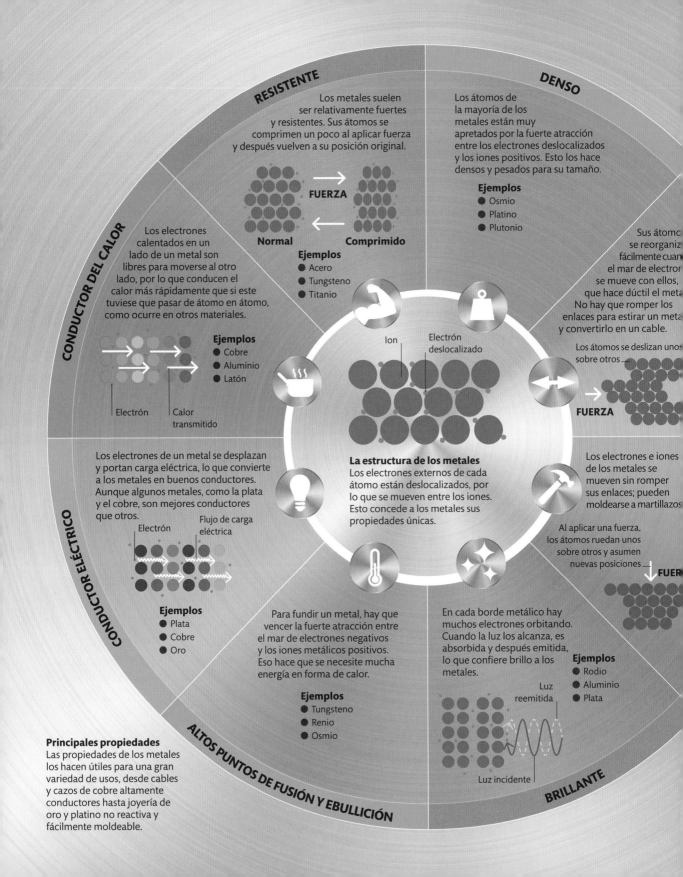

RESISTENTE

Los metales suelen ser relativamente fuertes y resistentes. Sus átomos se comprimen un poco al aplicar fuerza y después vuelven a su posición original.

FUERZA

Normal **Comprimido**

Ejemplos
- Acero
- Tungsteno
- Titanio

DENSO

Los átomos de la mayoría de los metales están muy apretados por la fuerte atracción entre los electrones deslocalizados y los iones positivos. Esto los hace densos y pesados para su tamaño.

Ejemplos
- Osmio
- Platino
- Plutonio

CONDUCTOR DEL CALOR

Los electrones calentados en un lado de un metal son libres para moverse al otro lado, por lo que conducen el calor más rápidamente que si este tuviese que pasar de átomo en átomo, como ocurre en otros materiales.

Ejemplos
- Cobre
- Aluminio
- Latón

Electrón | Calor transmitido

Sus átomo se reorganiz fácilmente cuan el mar de electror se mueve con ellos, que hace dúctil el metal No hay que romper los enlaces para estirar un meta y convertirlo en un cable.

Los átomos se deslizan unos sobre otros

FUERZA

Ion | Electrón deslocalizado

La estructura de los metales
Los electrones externos de cada átomo están deslocalizados, por lo que se mueven entre los iones. Esto concede a los metales sus propiedades únicas.

Los electrones de un metal se desplazan y portan carga eléctrica, lo que convierte a los metales en buenos conductores. Aunque algunos metales, como la plata y el cobre, son mejores conductores que otros.

Electrón | Flujo de carga eléctrica

CONDUCTOR ELÉCTRICO

Ejemplos
- Plata
- Cobre
- Oro

Los electrones e iones de los metales se mueven sin romper sus enlaces; pueden moldearse a martillazos

Al aplicar una fuerza, los átomos ruedan unos sobre otros y asumen nuevas posiciones

FUER

Para fundir un metal, hay que vencer la fuerte atracción entre el mar de electrones negativos y los iones metálicos positivos. Eso hace que se necesite mucha energía en forma de calor.

Ejemplos
- Tungsteno
- Renio
- Osmio

En cada borde metálico hay muchos electrones orbitando. Cuando la luz los alcanza, es absorbida y después emitida, lo que confiere brillo a los metales.

Ejemplos
- Rodio
- Aluminio
- Plata

Luz reemitida

Luz incidente

BRILLANTE

Principales propiedades
Las propiedades de los metales los hacen útiles para una gran variedad de usos, desde cables y cazos de cobre altamente conductores hasta joyería de oro y platino no reactiva y fácilmente moldeable.

ALTOS PUNTOS DE FUSIÓN Y EBULLICIÓN

Metales

Los metales constituyen las tres cuartas partes de los elementos naturales de la Tierra y varían enormemente en cuanto a apariencia y comportamiento. Hay ciertas propiedades básicas, sin embargo, que la mayoría de ellos comparten.

Propiedades de los metales

Los metales son sustancias cristalinas, por lo que tienden a ser duros, brillantes y buenos conductores de la electricidad y el calor. Son densos, con puntos de fusión y ebullición altos, pero es fácil moldearlos con distintos métodos. No obstante, hay excepciones. El mercurio es líquido a temperatura ambiente porque sus electrones externos son muy estables, por lo que no tiende a enlazarse con otros átomos.

HERRUMBRE

Muchos metales son altamente reactivos, sobre todo los del grupo 1 (ver pp. 34-35). La mayoría forman óxidos al combinarse con oxígeno. Por ejemplo, el hierro forma óxido de hierro –la herrumbre– cuando se expone al oxígeno del aire o del agua.

Aleaciones

La mayoría de los metales puros son demasiado blandos, frágiles o reactivos para su uso práctico. Combinarlos o mezclarlos con no metales da lugar a aleaciones, a veces con propiedades mejoradas. Variar las proporciones y los metales cambia las propiedades de las aleaciones. Una aleación común es el acero, una mezcla de hierro, carbono y otros elementos. Añadir más carbono lo vuelve más duro, lo cual es útil para la construcción. Añadir cromo lo hace inoxidable. También puede mezclarse con otros elementos para incrementar su resistencia al calor, su durabilidad o su dureza y así poder usarlo para piezas de automóvil o para taladros.

¿SON DE VERDAD DE ORO LAS MEDALLAS OLÍMPICAS?

En las medallas actuales, solo es de oro la capa exterior, que pesa unos 6 gramos. La última medalla olímpica de oro macizo se entregó en 1912.

Composición de las aleaciones
El cobre forma dos aleaciones comunes: el bronce (se le añade estaño para aumentar su dureza) y el latón (el cinc mejora la maleabilidad y durabilidad de la aleación). El acero inoxidable, otra aleación frecuente, tiene distintas composiciones.

COBRE 88%
ESTAÑO 12%

BRONCE

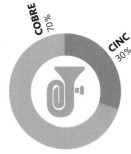

COBRE 70%
CINC 30%

LATÓN

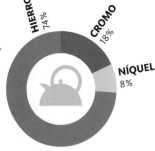

HIERRO 74%
CROMO 18%
NÍQUEL 8%

ACERO INOXIDABLE TÍPICO

DÚCTIL

mplos
Platino
Plata
Hierro

MALEABLE

mplos
Platino
Plata
Hierro

Hidrógeno

Se cree que el 90 por ciento del universo visible está hecho del elemento hidrógeno. Es vital para la vida en la Tierra, pues juega un papel crucial en la formación del agua y de los compuestos orgánicos llamados hidrocarburos. También tiene potencial como fuente de energía limpia para el futuro.

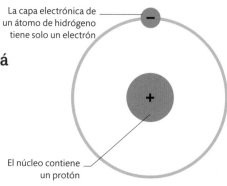

La capa electrónica de un átomo de hidrógeno tiene solo un electrón

El núcleo contiene un protón

¿Qué es el hidrógeno?

El hidrógeno es el principal componente de las estrellas y de Júpiter, Saturno y Urano. En la Tierra, a presión y temperatura normales, es un gas incoloro, inodoro y sin sabor. Es altamente combustible y bastante reactivo, por lo que en la Tierra existe sobre todo en formas moleculares como el agua, combinado con oxígeno. El hidrógeno y el carbono forman millones de compuestos orgánicos llamados hidrocarburos, que constituyen la base de muchos seres vivos.

El elemento más simple

El hidrógeno, que consta solo de un protón y un electrón, es el elemento más pequeño, ligero y simple de la tabla periódica (ver pp. 34-35). Pero puede reaccionar de formas complejas, formando diferentes tipos de enlaces atómicos y permitiendo interacciones entre ácidos y bases.

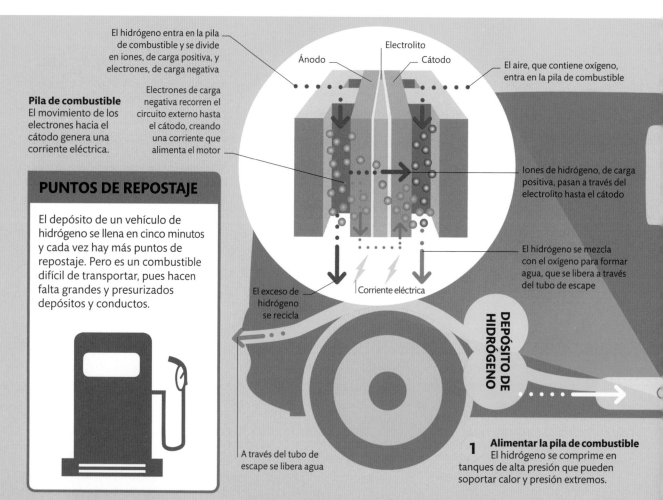

El hidrógeno entra en la pila de combustible y se divide en iones, de carga positiva, y electrones, de carga negativa

Ánodo

Electrolito

Cátodo

El aire, que contiene oxígeno, entra en la pila de combustible

Pila de combustible
El movimiento de los electrones hacia el cátodo genera una corriente eléctrica.

Electrones de carga negativa recorren el circuito externo hasta el cátodo, creando una corriente que alimenta el motor

Iones de hidrógeno, de carga positiva, pasan a través del electrolito hasta el cátodo

El hidrógeno se mezcla con el oxígeno para formar agua, que se libera a través del tubo de escape

PUNTOS DE REPOSTAJE

El depósito de un vehículo de hidrógeno se llena en cinco minutos y cada vez hay más puntos de repostaje. Pero es un combustible difícil de transportar, pues hacen falta grandes y presurizados depósitos y conductos.

El exceso de hidrógeno se recicla

Corriente eléctrica

DEPÓSITO DE HIDRÓGENO

A través del tubo de escape se libera agua

1 **Alimentar la pila de combustible**
El hidrógeno se comprime en tanques de alta presión que pueden soportar calor y presión extremos.

Aprovechar el hidrógeno

Antes de usar hidrógeno como combustible, hay que aislarlo. Puede extraerse mediante un proceso que hace reaccionar vapor con metano, pero esto genera gases de efecto invernadero. Un método más limpio llamado electrólisis usa electricidad para dividir el agua en sus átomos constituyentes. Sin embargo, no es muy eficiente y consume mucha energía, por lo que se buscan otros métodos para dividir moléculas de agua usando catalizadores especializados.

Cómo funciona la electrólisis

Aplicar electricidad al agua hace que los átomos de hidrógeno y oxígeno pierdan y ganen electrones, respectivamente, y se conviertan en partículas con carga (iones), que se desplazan hacia el ánodo y el cátodo, se reúnen con sus electrones y se convierten de nuevo en átomos de hidrógeno y oxígeno.

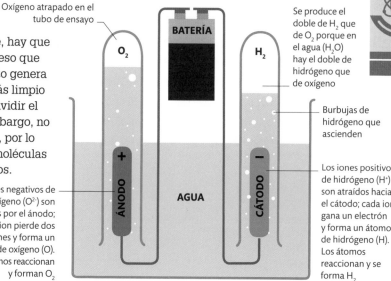

Oxígeno atrapado en el tubo de ensayo

BATERÍA

O_2

H_2

Se produce el doble de H_2 que de O_2 porque en el agua (H_2O) hay el doble de hidrógeno que de oxígeno

Burbujas de hidrógeno que ascienden

ÁNODO +

CÁTODO −

AGUA

Iones negativos de oxígeno (O^{2-}) son atraídos por el ánodo; cada ion pierde dos electrones y forma un átomo de oxígeno (O). Los átomos reaccionan y forman O_2

Los iones positivos de hidrógeno (H^+) son atraídos hacia el cátodo; cada ion gana un electrón y forma un átomo de hidrógeno (H). Los átomos reaccionan y se forma H_2

Vehículos impulsados por hidrógeno

La energía almacenada del hidrógeno lo convierte en una alternativa viable a la gasolina. Sin embargo, al ser un gas, contiene menos energía por unidad de volumen que la gasolina, por lo que hay que almacenarlo a presión. Esto hace necesario un equipamiento especial que precisa energía por lo que, a su vez, genera emisiones. Los científicos buscan mejores métodos de transporte y almacenamiento, como los hidruros metálicos, que contienen hidrógeno sólido que después se somete a una reacción química reversible (ver pp. 42-43) para liberar hidrógeno puro cuando se necesita.

Esto resuelve el problema del almacenamiento, pero introduce nuevos problemas, como el peso del compuesto.

El combustible del futuro

Los vehículos de hidrógeno almacenan hidrógeno comprimido, que suministra a las pilas de combustible. En estas, el hidrógeno y el oxígeno producen una reacción electroquímica que genera electricidad para alimentar el motor del vehículo.

La unidad de control de alimentación extrae electricidad de las pilas de combustible y controla el suministro al motor

UNIDAD DE CONTROL DE ALIMENTACIÓN

PILA DE COMBUSTIBLE

MOTOR

2 Conversión en electricidad
La batería de pilas de combustible consta de cientos de pilas individuales. En cada una se combinan hidrógeno y oxígeno. El proceso es mucho más eficiente que la combustión en un vehículo con motor de gasolina.

3 Suministro del motor
Un motor eléctrico impulsa las ruedas directamente, por lo que es más silencioso que los de combustión interna. Desperdicia menos energía y el proceso es más eficiente.

Carbono

El elemento carbono constituye el 20 por ciento de todos los seres vivos, y sus átomos son los ladrillos de las moléculas más complejas conocidas por la ciencia. Ningún otro elemento posee semejante versatilidad estructural.

¿QUÉ SIGNIFICA ORGÁNICO?

En química, las sustancias orgánicas son aquellas que contienen carbono. El término está normalmente restringido a compuestos con carbono e hidrógeno combinados, conocidos como hidrocarburos.

¿Por qué el carbono es tan especial?

Los átomos de carbono se enlazan muy fácilmente con otros y forman una enorme variedad de formas moleculares. Cada átomo posee cuatro electrones externos que pueden formar cuatro enlaces fuertes. Los átomos de carbono se enlazan con átomos de hidrógeno, más pequeños, o entre sí, pero otros elementos pueden entrar en la mezcla. El resultado son moléculas con un «esqueleto» de carbono y una «piel» de hidrógeno: desde el simple metano, que tiene un solo átomo de carbono, a larguísimas cadenas.

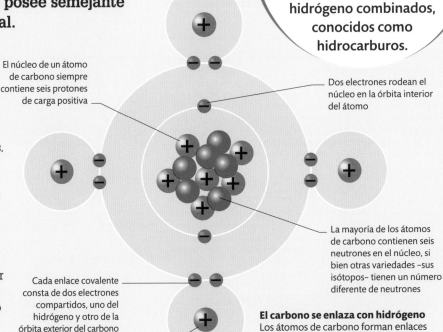

El núcleo de un átomo de carbono siempre contiene seis protones de carga positiva

Dos electrones rodean el núcleo en la órbita interior del átomo

La mayoría de los átomos de carbono contienen seis neutrones en el núcleo, si bien otras variedades –sus isótopos– tienen un número diferente de neutrones

Cada enlace covalente consta de dos electrones compartidos, uno del hidrógeno y otro de la órbita exterior del carbono

El núcleo de un átomo de hidrógeno consiste en un solo protón

El carbono se enlaza con hidrógeno

Los átomos de carbono forman enlaces covalentes con los átomos cercanos (ver pp. 40–41) y comparten electrones en una conexión fuerte. Un átomo de carbono y cuatro átomos de hidrógeno forman una molécula de metano.

CADENAS Y ANILLOS

El carbono tiene muchas formas de enlazarse y formar moléculas con otros átomos. Cada forma es un compuesto químico único con propiedades particulares. La cadena más corta es el etano (C_2H_6), un gas natural con dos átomos de carbono. Cuando una cadena de carbono es lo bastante larga, sus extremos se unen y forman un anillo, como en el benceno (C_6H_6), un componente líquido del petróleo crudo.

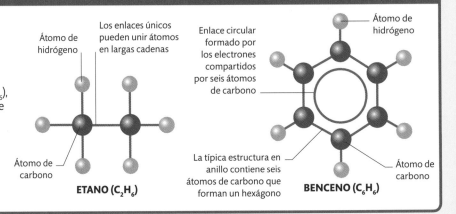

Átomo de hidrógeno

Los enlaces únicos pueden unir átomos en largas cadenas

Átomo de carbono

ETANO (C_2H_6)

Enlace circular formado por los electrones compartidos por seis átomos de carbono

Átomo de hidrógeno

La típica estructura en anillo contiene seis átomos de carbono que forman un hexágono

Átomo de carbono

BENCENO (C_6H_6)

Alótropos del carbono

Los átomos de algunos elementos en sus formas más puras pueden unirse de varias maneras y generar diferentes estados físicos llamados alótropos. El carbono sólido tiene tres alótropos: la estructura como de hojaldre del grafito, los cristales ultraduros del diamante y la «jaula» hueca de los fullerenos.

Grafito
Las finas capas del grafito se deben a que sus átomos están dispuestos en láminas y se deslizan unos sobre otros. Cada átomo tiene tres enlaces en lugar de cuatro; el electrón sobrante se mueve libremente, lo que hace que el grafito sea conductor.

Hexágonos dispuestos en capas

Diamante
Los átomos de un diamante están dispuestos en un cristal de tres dimensiones, cada átomo ligado a otros cuatro. Esto hace que la estructura sea muy dura y resistente. No hay electrones libres, por lo que, a diferencia del grafito, el diamante no conduce electricidad.

Enlaces covalentes fuertes

Fullerenos
Los fullerenos tienen sus átomos dispuestos en forma de «jaulas» esféricas o tubulares. Aunque la estructura es hueca, es rígida y fuerte y su particular organización atómica tiene muchas aplicaciones, como reforzar el grafito de las raquetas de tenis.

Estructura en jaula

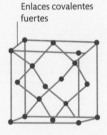

EL **DIAMANTE CULLINAN** -EL MÁS GRANDE DEL MUNDO- PESA 621,35 G

Las piezas básicas de la vida

Las moléculas de carbono más complejas están en los seres vivos. En estos, el carbono se enlaza con oxígeno, nitrógeno y otros elementos y forma biomoléculas, las moléculas de la vida. La mayoría de estas pertenecen a cuatro grandes grupos: proteínas, carbohidratos, lípidos y ácidos nucleicos. Todos se forman mediante un complejo conjunto de reacciones llamado metabolismo.

Proteínas
Los aminoácidos, que contienen carbono, crean proteínas, cadenas que forman tejidos como los músculos y aceleran las reacciones en las células.

Carbohidratos
El carbono es parte crucial de los carbohidratos, como los azúcares, los más simples, que liberan energía al descomponerse.

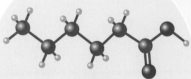

Lípidos
Los lípidos –grasas y aceites– contienen moléculas llamadas ácidos grasos que se componen de carbono, hidrógeno y oxígeno. Muchas funcionan como almacenes de energía.

La estructura del ADN está formada por azúcares

Ácidos nucleicos
Los ácidos nucleicos –como el ADN– son moléculas complejas que portan información genética; están hechos de nitrógeno, fósforo y carbono.

CLAVE
- Carbono
- Hidrógeno
- Oxígeno
- Nitrógeno

Aire

El aire es la mezcla de gases de la atmósfera. Es vital para la vida, pues proporciona oxígeno para que los animales respiren y el dióxido de carbono que las plantas usan en la fotosíntesis. Sin embargo, si se contamina, afecta a estos procesos y puede dañar nuestra salud.

La composición del aire

El aire está compuesto sobre todo de nitrógeno, con un 20 por ciento de oxígeno, un 1 por ciento de argón y pequeñas cantidades de otros gases, como dióxido de carbono (CO_2). La proporción de vapor de agua depende de la localización: en ciertas zonas está ausente pero en climas húmedos puede alcanzar hasta el 5 por ciento. El comportamiento humano cambia la composición del aire, sobre todo aumentando la proporción de CO_2.

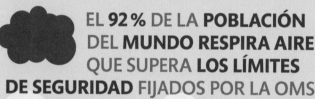

EL 92 % DE LA POBLACIÓN DEL MUNDO RESPIRA AIRE QUE SUPERA LOS LÍMITES DE SEGURIDAD FIJADOS POR LA OMS

78,08 %
NITRÓGENO

20,95 %
OXÍGENO

0,93 %
ARGÓN

0,037 %
Dióxido de carbono

0,0001 %
Kriptón

0,0005 %
Óxido de nitrógeno

0,0002 %
Metano

0,0005 %
Hidrógeno

0,0005 %
Helio

0,0018 %
Neón

Diez gases
Nitrógeno, oxígeno y argón componen más del 99,9 % del aire. El restante 0,1 consiste en los gases de arriba, más trazas de algunos otros.

Polución atmosférica

La polución atmosférica es un grave problema. Según la Organización Mundial de la Salud (OMS), el aire contaminado causa más muertes que la tuberculosis, el VIH/sida y los accidentes de tráfico juntos. En los países en vías de desarrollo, la mayor fuente de polución atmosférica es la quema de madera y otros combustibles. En las ciudades, los vehículos y las emisiones de casas y fábricas pueden crear zonas de alta polución que agravan el asma y otras enfermedades respiratorias. Las partículas y gotitas en suspensión en el aire contaminado son muy nocivas cuando las respiramos y entran en nuestros pulmones.

Principales contaminantes y sus fuentes

Hay seis contaminantes principales que se liberan directamente a la atmósfera y seis fuentes principales de contaminantes. Este gráfico de colores muestra cuánto de cada contaminante procede de cada fuente.

PRINCIPALES CONTAMINANTES

DIÓXIDO DE AZUFRE

Energía
Combustibles
Edificios
Transporte
Industria

ÓXIDOS DE NITRÓGENO

Industria
Energía
Combustibles
Edificios
Transporte

FUENTES

Energía
Quemar combustibles fósiles para producir energía es la causa de una gran proporción del dióxido de azufre que se emite a la atmósfera.

Transporte
Los combustibles usados en el transporte generan más de la mitad de las emisiones mundiales de los peligrosos óxidos de nitrógeno.

El color cambiante del cielo

El color de la luz visible depende de las ondas que llegan a nuestros ojos. La luz azul, de corta longitud de onda, es la que más dispersan las partículas atmosféricas. Esto crea el efecto del cielo azul de día (ver p. 107). La luz roja y naranja, de mayor longitud de onda, es la que menos se dispersa, por lo que no es visible de día pero sí al atardecer, cuando el Sol está bajo. Los atardeceres rojos de las ciudades se deben en gran medida a las partículas en suspensión de los motores de combustión interna, que dispersan los colores violeta y azul y potencian el rojo.

Atardecer rojo
Al atardecer, el ángulo bajo del Sol hace que su luz atraviese más atmósfera, por lo que solo se ve la luz roja y naranja.

SOL PONIENTE

RAYO DE LUZ

ATMÓSFERA

Las ondas rojas y naranjas, más largas, llegan a nuestros ojos

La luz azul, violeta y verde se dispersa

TIERRA

POLUCIÓN EN EL HOGAR

El aire de nuestras casas puede estar también contaminado. El benceno del tabaco, de la pintura y de las velas aromatizadas; el dióxido de nitrógeno de la combustión incompleta de las estufas de gas, y el formaldehído de la gomaespuma de algunos muebles son peligrosos para nuestra salud. Aumentar el número de plantas en casa ayuda a absorber sustancias tóxicas y los purificadores de aire son cada vez más eficaces.

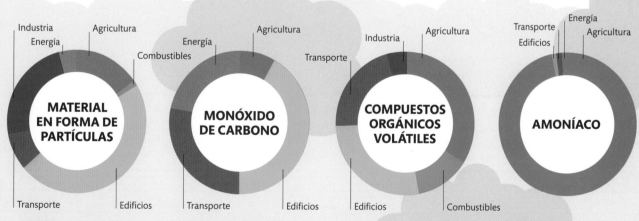

MATERIAL EN FORMA DE PARTÍCULAS

Industria
Energía
Agricultura
Combustibles
Transporte
Edificios

MONÓXIDO DE CARBONO

Energía
Agricultura
Transporte
Transporte
Edificios

COMPUESTOS ORGÁNICOS VOLÁTILES

Industria
Agricultura
Edificios
Combustibles

AMONÍACO

Transporte
Energía
Edificios
Agricultura

Industria
Las fábricas generan grandes emisiones de dióxido de azufre, óxidos de nitrógeno y material en forma de partículas.

Edificios
La mayoría del monóxido de carbono se genera al cocinar y con la calefacción, sobre todo con estufas de combustibles sólidos.

Combustibles
Extraer, transportar y procesar el combustible produce polución, sobre todo en forma de compuestos orgánicos volátiles.

Agricultura
El sector agrícola es responsable de la mayoría de las emisiones de amoníaco a través de los excrementos de los animales.

Arder y explotar

El fuego ha permitido al ser humano cocinar, alejar a los animales peligrosos, generar electricidad... Pero el fuego puede causar un gran daño si no se controla, y una simple combustión puede convertirse en una gran explosión, por lo que es crucial entender cómo funciona el fuego.

Combustión

La combustión es una reacción química. Un combustible, normalmente un hidrocarburo, como el carbón o el metano, reacciona con el oxígeno del aire y libera energía en forma de luz y calor. En una combustión total, con mucho oxígeno, se producen dióxido de carbono y agua. Una vez que la combustión ha comenzado, continúa hasta que alguien la extingue o hasta que el combustible o el oxígeno se acaban.

 UN **INCENDIO FORESTAL** PUEDE ALCANZAR **TEMPERATURAS** DE MÁS DE **800 °C**

COMBUSTIÓN ESPONTÁNEA

Para iniciar una combustión, se suele necesitar introducir energía en forma de chispa o de llama. Sin embargo, algunas sustancias –el heno, ciertos aceites y elementos reactivos como el rubidio– pueden arder de forma espontánea si se calientan lo suficiente.

HENO Y PAJA

ACEITE DE LINAZA

RUBIDIO

Monóxido de carbono de la combustión incompleta del carbono en el carbón

Dióxido de azufre de la combustión de impurezas en el carbón

Dióxido de carbono

Óxido de nitrógeno de la combustión de impurezas en el carbón

Oxígeno en el aire

$$C + O_2 \longrightarrow CO_2$$

Carbón ardiendo
La combustión completa del carbón genera dióxido de carbono. Si el oxígeno no llega de manera uniforme, la combustión es incompleta y se genera monóxido de carbono. Las impurezas del carbón se liberan en forma de dióxido de azufre y de óxido de nitrógeno.

Carbono en el carbón

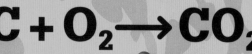
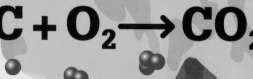

Extinguir un fuego

El fuego necesita tres cosas para arder: calor, combustible y oxígeno (a menudo en forma de aire). Eliminar una de las tres apaga un fuego. Sin embargo, determinar el mejor método de extinción depende del tipo de fuego. Por ejemplo, el agua, en un fuego eléctrico, puede causar electrocución y, en un fuego de aceite o grasa, puede hacer que estos se extiendan.

El agua, al evaporarse, absorbe el calor del fuego. Esto es suficiente para extinguir algunos fuegos, como el de madera o tejidos

Cuando se lanza dióxido de carbono con un extintor, bloquea el suministro de oxígeno del fuego

Las mantas ignífugas son de material resistente al fuego y sofocan las llamas

Los extintores de polvo o de espuma recubren el material en llamas y lo dejan sin oxígeno

En los incendios forestales, talar árboles en el camino de las llamas las deja sin combustible e impide que se extiendan

CALOR — OXÍGENO — COMBUSTIBLE

TRIÁNGULO DEL FUEGO

Explosiones

Una explosión es una súbita emisión de calor, luz, gas y presión. Las explosiones ocurren mucho más rápidamente que las combustiones. El calor de una explosión no puede disiparse y los gases liberados se expanden muy deprisa, creando una onda de choque que se aleja de la explosión y que puede ser lo bastante fuerte como para causar daños a propiedades. La metralla impulsada por el estallido causa más daños aún.

¿SE PUEDE HUIR DE UNA EXPLOSIÓN?

No, pues en las explosiones químicas, el material expelido por la explosión se mueve a más de 8 km/s, mucho más deprisa de lo que nadie puede correr.

Líquido y gas a alta presión en un recipiente

El punto débil del recipiente se rompe y causa una explosión

Explosión física
Un punto débil en un recipiente presurizado puede romperse y permitir que escape su contenido. Al decrecer la presión, los gases se extienden muy rápidamente y se produce una explosión.

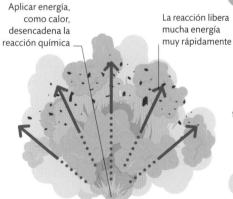

Aplicar energía, como calor, desencadena la reacción química

La reacción libera mucha energía muy rápidamente

Explosión química
Las explosiones químicas están causadas por reacciones rápidas que liberan mucho gas y calor. La reacción se desencadena por calor, como en la pólvora, o por un impacto, como en la nitroglicerina.

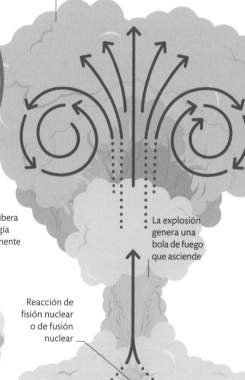

La bola de fuego se enfría, se condensa y forma el hongo nuclear

La explosión genera una bola de fuego que asciende

Reacción de fisión nuclear o de fusión nuclear

Explosión nuclear
Una explosión nuclear puede ocurrir por fisión (división) o por fusión (unión) de núcleos atómicos. Ambas producen mucha energía muy rápidamente, además de lluvia radiactiva.

Hielo

Cuando el agua se enfría, sus moléculas se ralentizan, permitiendo que se formen más enlaces de hidrógeno. Estos enlaces mantienen las moléculas alejadas a medida que el agua se enfría y las fija en una estructura abierta. Por eso el agua se expande al congelarse.

Se forman más enlaces de hidrógeno

Las moléculas se estiran y causan expansión

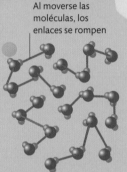

Al moverse las moléculas, los enlaces se rompen

Agua

En estado líquido, sus enlaces de hidrógeno se forman y se rompen sin cesar al moverse las moléculas unas junto a otras. Sin estos enlaces, el agua sería un gas a temperatura ambiente.

Agua

Puede que el agua sea una sustancia cotidiana, pero aun así es extraordinaria. Es la única que existe como sólido, líquido y gas a temperaturas normales y la única cuyo estado sólido es menos denso que su estado líquido.

Propiedades únicas

Cada molécula de agua consta de dos átomos de hidrógeno enlazados con un átomo de oxígeno. Un lado de la molécula (donde está el oxígeno) tiene carga negativa débil, y el otro lado tiene una pequeña carga positiva. Esas cargas diferentes hacen que se formen enlaces de hidrógeno entre las moléculas, lo que dota al agua de sus propiedades únicas.

Átomo de hidrógeno

Carga positiva

Enlace de hidrógeno

Carga negativa

Átomo de oxígeno

MOLÉCULA DE AGUA

TENSIÓN SUPERFICIAL

El agua prefiere formar enlaces consigo misma que con el aire. Como resultado, las moléculas de agua de la superficie forman enlaces más fuertes con las moléculas de agua vecinas en lugar de enlazarse con el aire. Esto crea una capa en la superficie lo bastante fuerte como para que pequeños insectos caminen por encima de ella.

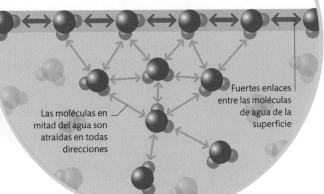

Las moléculas en mitad del agua son atraídas en todas direcciones

Fuertes enlaces entre las moléculas de agua de la superficie

AGUA EN EL CUERPO

El agua constituye el 60 por ciento del peso corporal en los hombres y el 55 por ciento en las mujeres. La cantidad es menor en estas porque tienen más grasa corporal, que contiene menos agua que tejido magro. De promedio, necesitamos entre 1,5 y 2 litros de agua al día para reponer lo que perdemos con la orina, el sudor y la respiración, aunque su cantidad exacta depende del clima y del nivel de actividad.

HOMBRE ADULTO

60 % DE AGUA

La mayoría del agua está en las células

ACCIÓN CAPILAR

La atracción de las moléculas de agua por ciertas superficies depende del material. En un fino tubo de vidrio, el agua asciende porque la atracción entre las moléculas de vidrio y de agua es más fuerte que la atracción entre las propias moléculas de agua.

Cuanto más estrecho es el tubo, más asciende el agua

Agua más atraída por el tubo que por sí misma

TUBO CAPILAR

Las moléculas externas de agua tiran de sus vecinas, transmitiendo la fuerza de atracción por la superficie

El agua se mueve hacia arriba

¿POR QUÉ A VECES EL AGUA ES AZUL?

El agua absorbe luz con longitudes de onda largas, en el extremo rojo del espectro, por lo que la luz restante, la que vemos, consiste en ondas más cortas, en el extremo azul del espectro.

AL **CONGELARSE**, EL **AGUA** SE **EXPANDE** EN **VOLUMEN** EN UN **9 %**

Ácidos y bases

Aunque en términos químicos los ácidos y las bases tienen efectos opuestos, los conocemos a ambas como peligrosas sustancias corrosivas. La fuerza de los ácidos y las bases varía ampliamente.

¿Qué es un ácido?

Los ácidos son sustancias que, al disolverse en agua, liberan sus átomos de hidrógeno como iones de hidrógeno de carga positiva. Cuantos más iones libera un ácido, más potente es. Por ejemplo, el gas de cloruro de hidrógeno forma la solución ácido clorhídrico, uno de los ácidos más potentes, cuya concentración de iones de hidrógeno es mil veces mayor que las de los ácidos más débiles de algunas frutas.

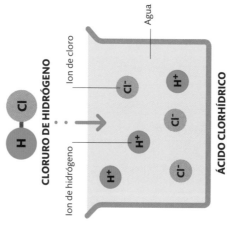

CLORURO DE HIDRÓGENO

H — Cl

Ion de cloro

Ion de hidrógeno

Cl⁻ · Ion de cloro

H⁺ Ion de hidrógeno

Agua

ÁCIDO CLORHÍDRICO

LLUVIA ÁCIDA

El efecto corrosivo de un ácido lo causan sus iones de hidrógeno: estas partículas altamente reactivas descomponen otros materiales. El dióxido de azufre, un gas contaminante generado por la industria, reacciona con el agua de la atmósfera y forma ácido sulfúrico. Este cae como lluvia ácida y corroe los edificios de piedra caliza y mata el follaje de árboles y otras plantas.

pH	
0	ÁCIDO DE BATERÍA
1	ÁCIDO ESTOMACAL
2	ZUMO DE LIMÓN
3	ZUMO DE NARANJA
4	ZUMO DE TOMATE
5	CAFÉ SOLO

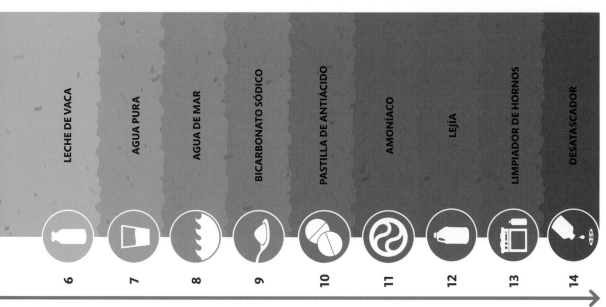

LECHE DE VACA	AGUA PURA	AGUA DE MAR	BICARBONATO SÓDICO	PASTILLA DE ANTIÁCIDO	AMONÍACO	LEJÍA	LIMPIADOR DE HORNOS	DESATASCADOR
6	7	8	9	10	11	12	13	14

¿Qué es una base?

Las bases, químicamente, son sustancias antagonistas (opuestas) a los ácidos, pero tan reactivas como estos. Los contrarrestan neutralizando sus iones de hidrógeno. La piedra caliza es una base porque reacciona de esa forma. Las bases más potentes, como el hidróxido de sodio (sosa cáustica), al disolverse en agua reciben el nombre de álcalis. En el agua, liberan partículas con carga negativa llamadas iones de hidróxido.

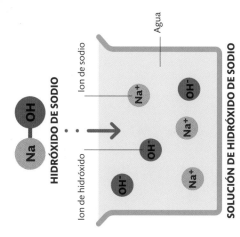

HIDRÓXIDO DE SODIO

Na — OH

Ion de sodio — Na⁺

Ion de hidróxido — OH⁻

Agua

SOLUCIÓN DE HIDRÓXIDO DE SODIO

Reacciones ácido-base

La reacción entre un ácido y una base produce agua y una sal. El tipo de sal formada depende de los tipos de ácido y base de la reacción. El ácido clorhídrico y el hidróxido de sodio, al reaccionar, forman cloruro de sodio (sal de mesa común) y sus iones de hidróxido y de hidrógeno se unen en forma de agua.

ÁCIDO (HCl) + BASE (NaOH) = SAL (NaCl) + AGUA (H_2O)

Medir la acidez

La escala pH es una medida de la acidez o la fuerza alcalina de una sustancia. Va desde el 0 para los ácidos fuertes al 14 para los álcalis fuertes. En cada grado de la escala, la concentración de iones de hidrógeno es diez veces inferior. Se usa un pigmento, llamado indicador, para medir el pH de una sustancia. Al reaccionar con el indicador, produce colores que van desde el rojo del pH 0 al púrpura del pH 14, pasando por el verde, que representa el pH 7 (neutro).

¿POR QUÉ LOS ÁCIDOS Y LOS ÁLCALIS QUEMAN?

Los ácidos y los álcalis dañan la proteína de la piel y matan células cutáneas. A diferencia de los ácidos, los álcalis también licúan el tejido, lo que hace que penetren más profundamente y sean más dañinos que los ácidos.

Cristales

Desde la piedra preciosa más dura al más fugaz y delicado copo de nieve, la estructura de un cristal puede ser algo muy hermoso. Esta propiedad proviene de la precisa organización microscópica de sus átomos u otras partículas.

¿Qué es un cristal?

Los sólidos cristalinos (ver p. 14) se componen de partículas muy bien ordenadas en un patrón de átomos, iones o moléculas que se repite. Esto contrasta con los materiales amorfos (no cristalinos), como el polietileno o el vidrio (ver pp. 70-71), en los que las partículas se unen de forma aleatoria. Algunos sólidos, como casi todos los metales, son cristalinos solo en parte: contienen muchos cristales diminutos llamados granos, pero estos están unidos de manera aleatoria.

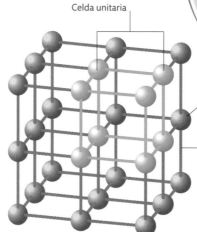

Celda unitaria

Átomo

Enlace entre átomos

Estructura de los cristales
Un cristal consta de una unidad repetida de átomos llamada celda unitaria. La más sencilla (en la imagen) es un cubo de ocho átomos. Los planos son paralelos y los cristales se rompen a lo largo de estos.

¿POR QUÉ ALGUNOS CRISTALES TIENEN COLOR?

Como cualquier sustancia, los cristales se colorean si sus átomos reflejan o absorben determinadas longitudes de onda de la luz. El rubí es rojo, por ejemplo, a causa de sus átomos de cromo, que reflejan la luz roja.

Cristales minerales

Los minerales cristalizan en la roca del fondo de la Tierra por procesos geológicos. Los cristales se forman cuando la roca fundida se solidifica o cuando los fragmentos sólidos se recristalizan por el calor y la presión. También pueden formarse en una solución, cuando el agua deposita minerales disueltos en concentración excesiva. Si una cristalización así es estable durante mucho tiempo (ver derecha), los cristales pueden alcanzar un gran tamaño.

HAY **CRISTALES GIGANTES** NATURALES DE **YESO** QUE PESAN HASTA **50 TONELADAS**

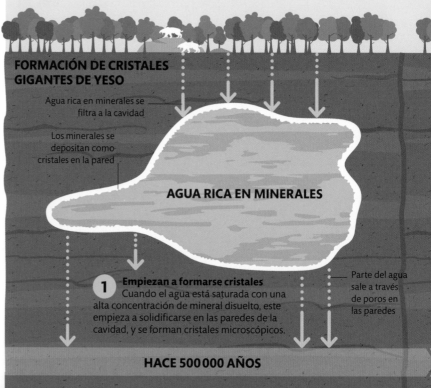

FORMACIÓN DE CRISTALES GIGANTES DE YESO

Agua rica en minerales se filtra a la cavidad

Los minerales se depositan como cristales en la pared

AGUA RICA EN MINERALES

1 Empiezan a formarse cristales
Cuando el agua está saturada con una alta concentración de mineral disuelto, este empieza a solidificarse en las paredes de la cavidad, y se forman cristales microscópicos.

Parte del agua sale a través de poros en las paredes

HACE 500 000 AÑOS

Cristales líquidos

Algunos materiales fluyen pero tienen propiedades cristalinas. Estos cristales líquidos se encuentran en un estado entre líquido y sólido. Sus partículas están ordenadas, pero también pueden girar de modo que apunten en diferentes direcciones. Como las partículas en los cristales sólidos, afectan a la transmisión de la luz. Las moléculas rotatorias pueden «curvar» la luz polarizada (que vibra en una dirección). Esta propiedad forma la base de las pantallas de cristal líquido, en las que la electricidad controla la alineación de las moléculas para iluminar unos píxeles y no otros.

Pantalla de cristal líquido

En «reposo», las moléculas de cristal líquido hacen rotar la luz polarizada para iluminar un píxel. Cuando una corriente eléctrica las alinea, la luz las atraviesa recta: su vibración vertical se bloquea por el filtro horizontal, dando un píxel oscuro.

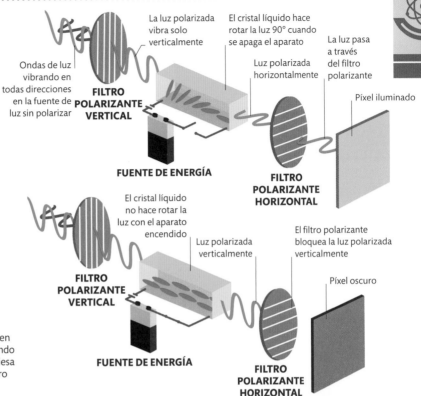

La luz polarizada vibra solo verticalmente

El cristal líquido hace rotar la luz 90° cuando se apaga el aparato

La luz pasa a través del filtro polarizante

Ondas de luz vibrando en todas direcciones en la fuente de luz sin polarizar

FILTRO POLARIZANTE VERTICAL

Luz polarizada horizontalmente

Píxel iluminado

FUENTE DE ENERGÍA

FILTRO POLARIZANTE HORIZONTAL

El cristal líquido no hace rotar la luz con el aparato encendido

El filtro polarizante bloquea la luz polarizada verticalmente

FILTRO POLARIZANTE VERTICAL

Luz polarizada verticalmente

Píxel oscuro

FUENTE DE ENERGÍA

FILTRO POLARIZANTE HORIZONTAL

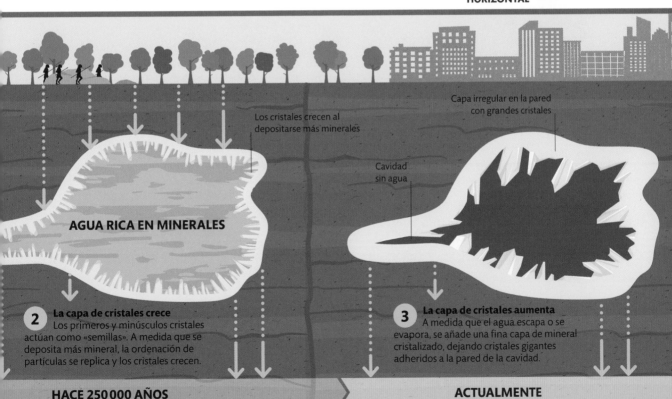

Los cristales crecen al depositarse más minerales

Capa irregular en la pared con grandes cristales

Cavidad sin agua

AGUA RICA EN MINERALES

2 **La capa de cristales crece**
Los primeros y minúsculos cristales actúan como «semillas». A medida que se deposita más mineral, la ordenación de partículas se replica y los cristales crecen.

3 **La capa de cristales aumenta**
A medida que el agua escapa o se evapora, se añade una fina capa de mineral cristalizado, dejando cristales gigantes adheridos a la pared de la cavidad.

HACE 250 000 AÑOS

ACTUALMENTE

Soluciones y disolventes

La sal o el azúcar parecen desaparecer cuando se añaden al agua, pero su sabor permanece, prueba de que se han disuelto en el agua y están repartidos en la solución.

Tipos de disolvente

Cuando una sustancia se disuelve en otra, la sustancia que disuelve recibe el nombre de disolvente. Hay dos clases principales de disolventes: polares y apolares. Los disolventes polares, como el agua, poseen una pequeña diferencia de carga eléctrica en sus moléculas, la cual interactúa con las cargas opuestas de los solutos polares. Los disolventes apolares, como el pentano, carecen de esta carga y son eficientes a la hora de disolver átomos y moléculas sin carga, como el aceite y la grasa.

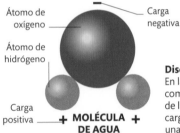

Átomo de oxígeno

Átomo de hidrógeno

Carga negativa

Carga positiva

+ MOLÉCULA + DE AGUA

Disolvente polar
En las sustancias polares, como el agua, una parte de la molécula porta una carga negativa y la otra, una carga positiva.

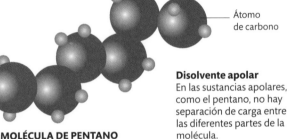

Átomo de hidrógeno

Átomo de carbono

MOLÉCULA DE PENTANO

Disolvente apolar
En las sustancias apolares, como el pentano, no hay separación de carga entre las diferentes partes de la molécula.

Tipos de solución

Cuando un soluto se disuelve en un disolvente y forma una solución, las dos sustancias se mezclan de manera tan perfecta que sus partículas (átomos, moléculas o iones) se entremezclan por completo. Sin embargo, las partículas no cambian químicamente. Las soluciones de sólidos en líquidos son la forma más conocida de solución, pero también hay otras, como gases en líquidos y sólidos en sólidos. Cuando un soluto se disuelve, la solución resultante tiene el mismo estado (líquido, sólido o gaseoso) que el disolvente.

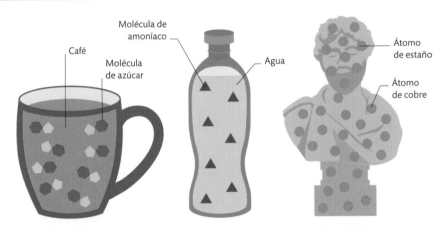

Café

Molécula de azúcar

Molécula de amoníaco

Agua

Átomo de estaño

Átomo de cobre

Sólido en líquido
El café azucarado es una solución de un sólido (azúcar) disuelto en un líquido (café: agua con moléculas de sabor).

Gas en líquido
El gas amoníaco se disuelve fácilmente en agua y forma una solución alcalina con la que se elaboran algunos limpiadores domésticos.

Sólido en sólido
El bronce es una solución de estaño en cobre. El cobre es el disolvente, porque hay más que estaño, un 88 por ciento, contra un 12 por ciento de estaño.

Lo parecido disuelve lo parecido

Los disolventes polares disuelven solutos polares porque sus cargas opuestas se atraen y crean enlaces débiles. El agua es polar porque sus átomos de oxígeno son ligeramente positivos. Las sustancias apolares no pueden mezclarse con sustancias polares, por eso el aceite y el agua no se mezclan. Solo las partículas polares pueden combinarse para formar una solución.

SE DICE QUE EL **AGUA** ES EL **DISOLVENTE UNIVERSAL** PORQUE **DISUELVE MÁS SUSTANCIAS** QUE NINGÚN OTRO LÍQUIDO

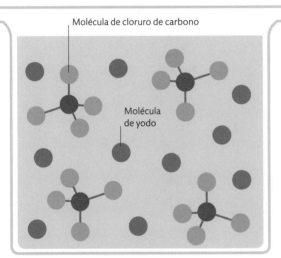

Molécula de cloruro de carbono

Molécula de yodo

Soluto apolar en disolvente apolar
Los disolventes apolares, como el cloruro de carbono, pueden disolver solutos apolares, como el yodo, pero no solutos polares.

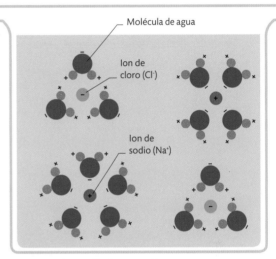

Molécula de agua

Ion de cloro (Cl⁻)

Ion de sodio (Na⁺)

Soluto polar en disolvente polar
Los disolventes polares, como el agua, pueden disolver sustancias que poseen carga, como la sal de mesa (cloruro sódico, NaCl) y el azúcar.

Solubilidad

La solubilidad es el grado en que se disuelve una sustancia. Varía según la temperatura y, en los gases, de la presión. Así, en agua caliente se disuelve más azúcar que en agua fría, y cuanto más alta es la presión de un gas, más se disolverá en un líquido. La máxima cantidad de soluto que puede disolverse en una cantidad de disolvente a una temperatura y presión específicas recibe el nombre de punto de saturación.

Soluto de sulfato de cobre

Agua

Se disuelve más soluto

No se disuelve más soluto

Se forman cristales al enfriarse

CONCENTRACIÓN CRECIENTE

Solución insaturada
En una solución insaturada, se disuelve más soluto (en este caso, cristales de sulfato de cobre) en el disolvente.

Solución saturada
En una solución saturada, la máxima cantidad de soluto se ha disuelto ya a esa temperatura.

Solución sobresaturada
Al calentarla, se disuelve más soluto. Enfriarla deprisa deja la solución sobresaturada antes de que los cristales se solidifiquen.

Catalizadores

A altas temperaturas, las reacciones químicas son más rápidas, pues átomos y moléculas colisionan a más velocidad. Los catalizadores son sustancias que aumentan la velocidad de las reacciones, pero ellos no cambian, por lo que se pueden reutilizar.

Así funcionan los catalizadores

Las partículas necesitan tener suficiente energía para reaccionar juntas. Para algunas reacciones, esta energía de activación (ver p. 44) es tan grande que las partículas en cuestión no reaccionan nunca en condiciones normales. Los catalizadores rebajan la energía de activación y hacen que la reacción sea posible. Normalmente, solo hace falta una pequeña cantidad de catalizador para que esto ocurra.

Catalizadores industriales

Distintos catalizadores se usan para hacer más productivas las reacciones químicas industriales. Muchos son metales u óxidos metálicos. Así, el hierro sirve para producir amoníaco mediante el proceso de Haber (ver p. 67). Muchos son sólidos y pueden separarse y reutilizarse.

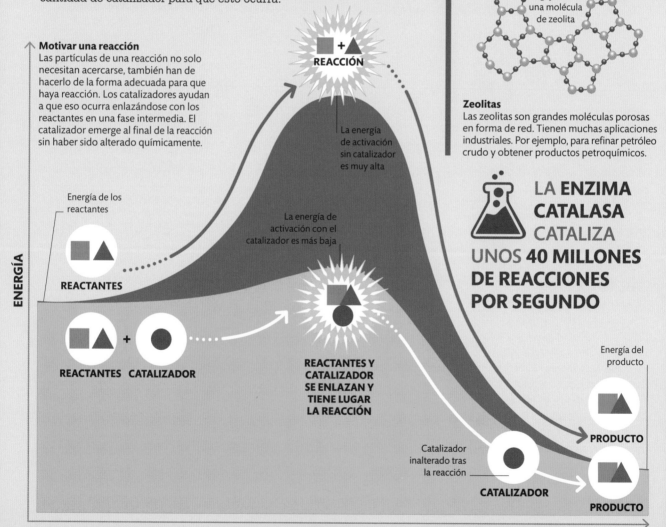

Red de átomos de aluminio, silicona y oxígeno

Agujero en una molécula de zeolita

Zeolitas
Las zeolitas son grandes moléculas porosas en forma de red. Tienen muchas aplicaciones industriales. Por ejemplo, para refinar petróleo crudo y obtener productos petroquímicos.

LA **ENZIMA CATALASA** CATALIZA UNOS **40 MILLONES DE REACCIONES POR SEGUNDO**

Motivar una reacción
Las partículas de una reacción no solo necesitan acercarse, también han de hacerlo de la forma adecuada para que haya reacción. Los catalizadores ayudan a que eso ocurra enlazándose con los reactantes en una fase intermedia. El catalizador emerge al final de la reacción sin haber sido alterado químicamente.

REACCIÓN

La energía de activación sin catalizador es muy alta

ENERGÍA

Energía de los reactantes

REACTANTES

La energía de activación con el catalizador es más baja

REACTANTES + CATALIZADOR

REACTANTES Y CATALIZADOR SE ENLAZAN Y TIENE LUGAR LA REACCIÓN

Energía del producto

PRODUCTO

Catalizador inalterado tras la reacción

CATALIZADOR

PRODUCTO

TIEMPO

Convertidores catalíticos

Los convertidores catalíticos que llevan los coches modernos tienen «mallas» cerámicas recubiertas de catalizadores de platino y rodio. Su estructura ofrece una gran área para que los catalizadores actúen en los gases de escape, y conviertan los tóxicos en dióxido de carbono (menos dañino), agua, oxígeno y nitrógeno. El calor del motor del coche hace que los catalizadores funcionen a la velocidad adecuada.

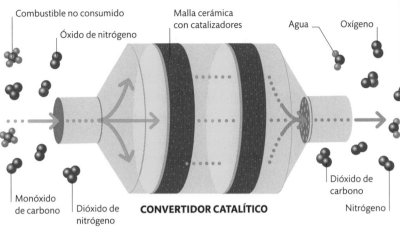

Combustible no consumido

Óxido de nitrógeno

Malla cerámica con catalizadores

Agua

Oxígeno

Monóxido de carbono

Dióxido de nitrógeno

CONVERTIDOR CATALÍTICO

Dióxido de carbono

Nitrógeno

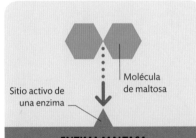

Sitio activo de una enzima

Molécula de maltosa

ENZIMA MALTASA

1 **La maltosa se enlaza con la enzima**
La molécula –aquí, el azúcar de malta– se enlaza temporalmente con el sitio activo (parte catalizadora) de la enzima maltasa. Solo la maltosa encaja.

Enlace debilitado

ENZIMA MALTASA

2 **El enlace de la maltosa se debilita**
La energía de activación para dividir la maltosa desciende al enlazarse con el sitio activo de la enzima. Así la maltasa puede descomponer fácilmente la maltosa.

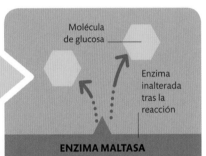

Molécula de glucosa

Enzima inalterada tras la reacción

ENZIMA MALTASA

3 **La glucosa se divide**
La reacción química en el sitio activo reorganiza los enlaces químicos y divide la maltosa en dos moléculas de glucosa. Tras esto, la enzima ya puede actuar de nuevo.

Catalizadores biológicos

Muchos catalizadores inorgánicos industriales catalizan diferentes reacciones, pero los catalizadores de los seres vivos son más selectivos. Las proteínas llamadas enzimas catalizan reacciones biológicas específicas, como replicar ADN o digerir comida. La forma de cada una encaja con un tipo particular de reactante. Se necesitan miles de enzimas distintas para activar el metabolismo (conjunto de reacciones químicas necesarias para mantener con vida un organismo).

DETERGENTES BIOLÓGICOS

Las enzimas, y otros catalizadores, son muy útiles. Se usan para reacciones biológicas, como en la limpieza de manchas en la ropa. Los detergentes biológicos llevan enzimas que digieren las proteínas de la sangre y las grasas. Actúan a temperatura corporal (se destruyen a temperaturas demasiado altas), por lo que funcionan con agua más fría, lo que es más eficiente energéticamente y menos dañino para los tejidos delicados.

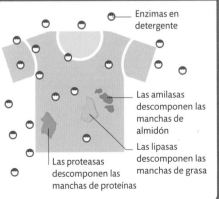

Enzimas en detergente

Las amilasas descomponen las manchas de almidón

Las lipasas descomponen las manchas de grasa

Las proteasas descomponen las manchas de proteínas

Productos químicos

Todos los días usamos productos hechos por el hombre, desde combustibles y plásticos a medicamentos. Para producir muchos de ellos hacen falta sustancias químicas básicas, como ácido sulfúrico, amoníaco, nitrógeno, cloro y sodio.

Ácido sulfúrico

El ácido sulfúrico es una de las sustancias químicas de uso más frecuente: se emplea en desatascadores de cañerías y en baterías, y para manufacturar productos como papel, fertilizantes o latas. Hay diversos métodos para fabricarlo, pero el más conocido es el proceso de contacto.

El proceso de contacto
El azufre líquido reacciona con el aire y produce gas de dióxido de azufre, que se limpia, se seca y se convierte en gas de trióxido de azufre con un catalizador de vanadio. Se añade ácido sulfúrico para generar ácido disulfúrico, que se diluye en agua para producir ácido sulfúrico.

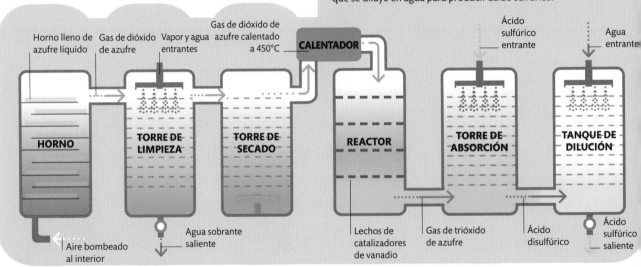

Horno lleno de azufre líquido · Gas de dióxido de azufre · Vapor y agua entrantes · Gas de dióxido de azufre calentado a 450°C · **CALENTADOR** · Ácido sulfúrico entrante · Agua entrante

HORNO · **TORRE DE LIMPIEZA** · **TORRE DE SECADO** · **REACTOR** · **TORRE DE ABSORCIÓN** · **TANQUE DE DILUCIÓN**

Aire bombeado al interior · Agua sobrante saliente · Lechos de catalizadores de vanadio · Gas de trióxido de azufre · Ácido disulfúrico · Ácido sulfúrico saliente

Cloro y sodio

El cloro y el sodio se generan a partir de la sal común (cloruro de sodio) mediante un proceso llamado electrólisis, realizado a escala industrial en un tipo de tanque llamado celda de Downs. Esta contiene cloruro de sodio fundido y electrodos de carbono. Cuando se introduce una corriente eléctrica por los electrodos, los iones de sodio y cloro se desplazan hacia estos y se transforman en átomos de sus elementos, que después se recogen.

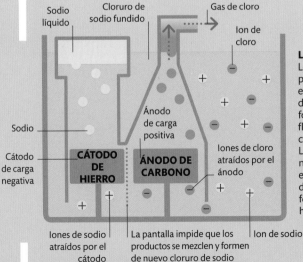

Sodio líquido · Cloruro de sodio fundido · Gas de cloro · Ion de cloro · Sodio · Ánodo de carga positiva · Iones de cloro atraídos por el ánodo · Cátodo de carga negativa · **CÁTODO DE HIERRO** · **ÁNODO DE CARBONO** · Iones de sodio atraídos por el cátodo · La pantalla impide que los productos se mezclen y formen de nuevo cloruro de sodio · Ion de sodio

La celda de Downs
Los iones de sodio de carga positiva se desplazan hacia el cátodo de carga negativa, donde ganan un electrón para formar sodio metálico. El metal flota hasta la superficie del cloruro de sodio fundido. Los iones de cloro, de carga negativa, se desplazan hacia el ánodo, de carga positiva, donde pierden un electrón y forman cloro, que burbujea hacia arriba en forma de gas.

Nitrógeno

El aire contiene un 78 por ciento de nitrógeno y es la principal fuente de nitrógeno puro en forma de gas, que se extrae por medio de la destilación fraccionada. El aire se enfría hasta que se hace líquido y después se deja calentar. Al hacerlo, los componentes vuelven al estado gaseoso a distintas temperaturas, correspondientes a las varias alturas de la columna de fraccionamiento. El oxígeno queda en el fondo en forma líquida.

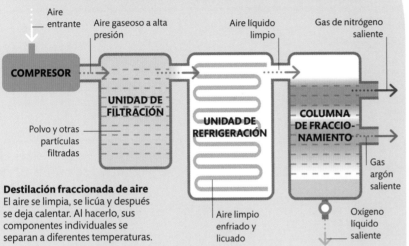

Destilación fraccionada de aire
El aire se limpia, se licúa y después se deja calentar. Al hacerlo, sus componentes individuales se separan a diferentes temperaturas.

DERIVADOS DEL PETRÓLEO

La destilación fraccionada del petróleo crudo genera una gran variedad de productos útiles. Algunos pueden usarse de inmediato, como el gas natural, la gasolina, el diésel, los aceites lubricantes y el asfalto para las carreteras. Otros necesitan procesarse más, como los plásticos y los disolventes.

GAS NATURAL

COMBUSTIBLES DE AUTOMOCIÓN

ASFALTO

DISOLVENTES

PLÁSTICOS

LUBRICANTES

CADA AÑO SE **PRODUCEN** EN TODO EL MUNDO MÁS DE **230 MILLONES DE TONELADAS** DE **ÁCIDO SULFÚRICO**

Amoníaco

El proceso de Haber produce amoníaco a partir de nitrógeno e hidrógeno. El amoníaco es vital para fabricar fertilizantes, tintes y explosivos, así como productos de limpieza. El nitrógeno es reactivo, por lo que en el proceso Haber se usa un catalizador de hierro, así como una temperatura y una presión altas en el reactor para aumentar la velocidad de la reacción y producir la máxima cantidad de amoníaco.

El proceso de Haber
Se mezclan gases de hidrógeno y nitrógeno y se pasan por un catalizador de hierro, que los obliga a formar amoníaco. Al enfriar la mezcla, se obtiene amoníaco líquido. El nitrógeno y el hidrógeno que no han reaccionado se reciclan.

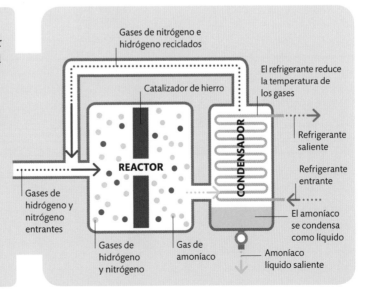

Plásticos

Los plásticos son resistentes, ligeros y baratos, y han transformado la vida moderna. La mayoría están hechos de combustibles fósiles y no se biodegradan, por lo que su uso creciente conlleva problemas medioambientales.

Monómeros y polímeros

Los plásticos son polímeros sintéticos. Un polímero es una larga cadena de moléculas hecha de monómeros, y puede tener cientos de moléculas de largo. Los plásticos, según el monómero de que están hechos, tienen diferentes propiedades y utilidades. El nailon, por ejemplo, se usa para hacer las fibras de los cepillos de dientes, y el polietileno, para hacer bolsas.

Monómeros
Los monómeros de muchos plásticos tienen un doble enlace carbono-carbono (ver p. 41).

Polímeros
Para formar un polímero, el doble enlace se rompe y cada monómero se enlaza con su vecino y crea largas cadenas.

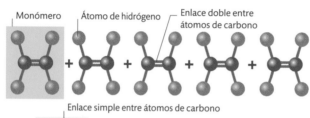

Monómero · Átomo de hidrógeno · Enlace doble entre átomos de carbono

Enlace simple entre átomos de carbono

(ver p. 41)

POLÍMEROS NATURALES

También hay polímeros naturales: lo son los azúcares, la goma y el ADN. El ADN se compone de monómeros llamados nucleótidos, hechos de un azúcar y un grupo fosfato (su columna vertebral), más una base nitrogenada que proporciona el código para producir proteínas.

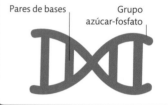

Pares de bases · Grupo azúcar-fosfato

CADA AÑO SE TIRA PLÁSTICO COMO PARA RODEAR LA TIERRA CUATRO VECES

Producción de plásticos

La mayoría de los plásticos se hacen con derivados del petróleo crudo. Con un catalizador y a cierta presión y temperatura, los monómeros se polimerizan. Se pueden añadir otros productos para cambiar sus propiedades. Una vez formado, se moldea para hacer diferentes productos. Hay bioplásticos, de materiales renovables como madera o bioetanol, pero son una minoría de los plásticos que se generan hoy en día. Los plásticos son termoestables o termoplásticos. Los termoestables se moldean solo una vez y los plásticos termoplásticos pueden fundirse y moldearse repetidamente.

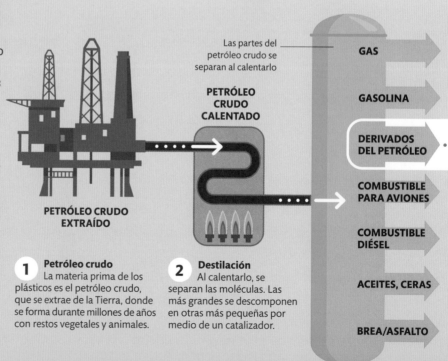

Las partes del petróleo crudo se separan al calentarlo

PETRÓLEO CRUDO CALENTADO

PETRÓLEO CRUDO EXTRAÍDO

1 Petróleo crudo
La materia prima de los plásticos es el petróleo crudo, que se extrae de la Tierra, donde se forma durante millones de años con restos vegetales y animales.

2 Destilación
Al calentarlo, se separan las moléculas. Las más grandes se descomponen en otras más pequeñas por medio de un catalizador.

GAS

GASOLINA

DERIVADOS DEL PETRÓLEO

COMBUSTIBLE PARA AVIONES

COMBUSTIBLE DIÉSEL

ACEITES, CERAS

BREA/ASFALTO

Reciclado

Algunos plásticos se reciclan con facilidad troceándolos, fundiéndolos y dándoles de nuevo forma. Pero para otros se necesitan métodos diferentes. Un objetivo es convertir plásticos en combustible líquido o quemarlos para producir energía directamente, o bien crear plásticos que puedan ser digeridos por bacterias. Pero todo esto aún no puede aplicarse a gran escala.

El plástico residual va a los vertederos o termina en los océanos

Algunos plásticos son fáciles de reciclar

Residuos
La mayoría de los residuos plásticos pasarán milenios en un vertedero, empapando la tierra de sustancias tóxicas. Otros acaban en el mar: se descomponen en microplásticos, nocivos para la vida salvaje.

BENEFICIOS Y DESVENTAJAS DE LOS PLÁSTICOS

Beneficios	Desventajas
Los plásticos son baratos de fabricar y no necesitan cultivo de plantas o cría de animales ni los recursos que esto requiere.	Los plásticos se hacen a partir de materias no renovables, cuya extracción es dañina para el medio ambiente.
Los plásticos son ligeros y resistentes y con poco material se pueden fabricar muchos productos útiles.	Los plásticos se descomponen en pequeños fragmentos que van a parar a nuestra agua y afectan a la vida salvaje y a lo que comemos.
Se puede dotar a los plásticos de una amplia variedad de características: su dureza, flexibilidad y resistencia pueden controlarse.	Los plásticos pueden deteriorarse y romperse tras usos repetidos. Además, los rayos ultravioletas del Sol los hacen más frágiles.
Las fibras sintéticas pueden hacerse elásticas y más resistentes a las arrugas, el agua y las manchas que las fibras naturales.	Las ropas sintéticas no permiten que se evapore el sudor, por lo que pueden ser incómodas en climas cálidos. Además, acumulan electricidad estática.
Algunos tipos de plástico pueden reciclarse, lo que los hace más ecológicos que sus equivalentes no reciclables.	Los plásticos no biodegradables contribuyen a la polución global de los mares y la tierra. Además, están saturando los vertederos.

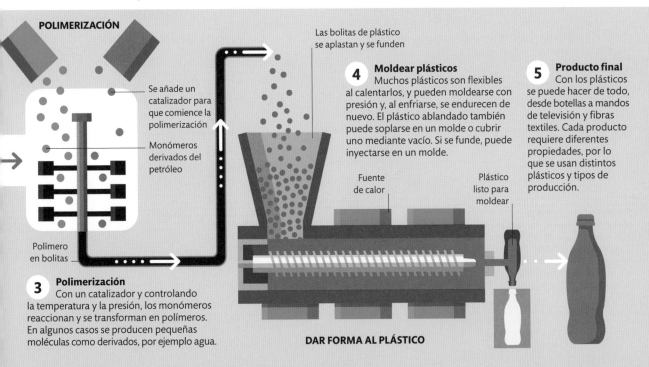

POLIMERIZACIÓN

Se añade un catalizador para que comience la polimerización

Monómeros derivados del petróleo

Polímero en bolitas

3 Polimerización
Con un catalizador y controlando la temperatura y la presión, los monómeros reaccionan y se transforman en polímeros. En algunos casos se producen pequeñas moléculas como derivados, por ejemplo agua.

Las bolitas de plástico se aplastan y se funden

4 Moldear plásticos
Muchos plásticos son flexibles al calentarlos, y pueden moldearse con presión y, al enfriarse, se endurecen de nuevo. El plástico ablandado también puede soplarse en un molde o cubrir uno mediante vacío. Si se funde, puede inyectarse en un molde.

Fuente de calor

Plástico listo para moldear

5 Producto final
Con los plásticos se puede hacer de todo, desde botellas a mandos de televisión y fibras textiles. Cada producto requiere diferentes propiedades, por lo que se usan distintos plásticos y tipos de producción.

DAR FORMA AL PLÁSTICO

Vidrio y cerámica

El vidrio es duro, resistente a la corrosión y a menudo transparente y suele estar hecho de arena (dióxido de silicio). Pero el término *vidrio* también da nombre a un grupo mayor de materiales, todos ellos tipos de cerámica.

La estructura del vidrio

Los vidrios tienen estructuras amorfas, es decir, que hay poco o ningún orden en la colocación de sus moléculas (o átomos). A escala atómica, parecen líquidos inmóviles (ver pp. 16-17). Sin embargo, los vidrios son materiales sólidos. Suelen fabricarse fundiendo una sustancia y después enfriándola tan deprisa que sus átomos (o moléculas) no pueden ordenarse en su estructura habitual, ya sea cristalina o metálica. En lugar de ello, quedan atrapados en el sitio, tan desordenados como cuando eran un líquido.

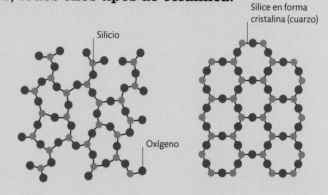

Silicio

Sílice en forma cristalina (cuarzo)

Oxígeno

ESTRUCTURA AMORFA

ESTRUCTURA CRISTALINA

Tipos de vidrio

Todos conocemos el vidrio como el material transparente y frágil de las ventanas, hecho a partir de dióxido de silicio. Pero se producen vidrios con una gran variedad de materiales: los metales pueden ser vidriosos y algunos polímeros, o plásticos, son técnicamente vidrios. Para cambiar sus propiedades, se les añaden otras sustancias, que pueden afectar al color o a la claridad, dotarlos de mayor resistencia al calor –como en el vidrio borosilicatado Pyrex– o hacerlos resistentes a los arañazos –como el Gorilla Glass usado en muchas pantallas de teléfonos inteligentes.

TRANSPARENTE

Los rayos de luz se dispersan

Los rayos de luz no hallan obstáculos

CRISTAL   **VIDRIO**

El vidrio es transparente porque la energía de la luz no iguala los niveles de energía posibles de sus electrones, y los fotones no se absorben. Además, el vidrio no tiene barreras cristalinas que dispersen la luz.

FRÁGIL

Se fractura sin deformarse

Los vidrios son frágiles, pues sus moléculas están fijas y no se deslizan unas junto a otras. Un fallo o rotura en su superficie se propaga rápidamente a través del material, y hace que las grietas se extiendan.

Propiedades del vidrio

La dureza, la resistencia a la corrosión y la baja reactividad del vidrio lo hacen apropiado para muchos productos, pero quizá su propiedad más útil es su transparencia, que permite usarlo en ventanas de edificios y vehículos.

Otras cerámicas

Los vidrios son un subgrupo de las cerámicas. El término *cerámica* se refiere popularmente a los productos hechos de arcilla, pero la definición científica incluye cualquier sólido no metálico al que se da forma y se endurece con calor. Las cerámicas pueden tener estructura cristalina o amorfa y pueden hacerse con casi cualquier elemento. Como el vidrio, suelen ser duras pero frágiles y poseen un punto de fusión alto. Esto las hace ideales para el aislamiento térmico y eléctrico, como el carburo de titanio cerámico, empleado en los escudos térmicos de los vehículos espaciales.

DIFÍCILES DE RAYAR

RESISTENCIA A LA COMPRESIÓN

NO REACTIVAS

AISLANTES

¿FLUYE EL VIDRIO?

La idea de que el vidrio es un líquido que fluye muy despacio es falsa. Las ventanas muy antiguas son más gruesas en la parte inferior porque los cristales eran irregulares y se instalaban en esa posición para asegurar su estabilidad.

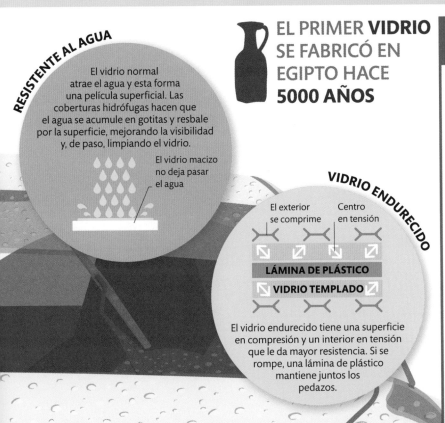

RESISTENTE AL AGUA

El vidrio normal atrae el agua y esta forma una película superficial. Las coberturas hidrófugas hacen que el agua se acumule en gotitas y resbale por la superficie, mejorando la visibilidad y, de paso, limpiando el vidrio.

El vidrio macizo no deja pasar el agua

EL PRIMER VIDRIO SE FABRICÓ EN EGIPTO HACE 5000 AÑOS

VIDRIO ENDURECIDO

El exterior se comprime

Centro en tensión

LÁMINA DE PLÁSTICO

VIDRIO TEMPLADO

El vidrio endurecido tiene una superficie en compresión y un interior en tensión que le da mayor resistencia. Si se rompe, una lámina de plástico mantiene juntos los pedazos.

ALUMINIO TRANSPARENTE

El oxinitruro de aluminio, o aluminio transparente, es una cerámica superresistente y transparente. La mezcla en polvo se comprime, se calienta a 2000 °C y después se enfría para que sus moléculas permanezcan amorfas. Puede soportar numerosos impactos de balas antiblindaje y seguir siendo transparente. Su alto precio actual conlleva que solo tenga usos militares muy especializados, pero en el futuro se usará más.

La resistencia y la claridad de esta cerámica la hace ideal para las ventanillas de los vehículos blindados

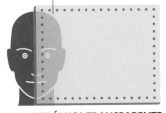

CERÁMICA TRANSPARENTE

Materiales asombrosos

Algunos de los materiales que usamos tienen propiedades asombrosas: superresistencia o una increíble ligereza. Muchos son sintéticos, pero otros son naturales. Algunos materiales sintéticos se han inspirado en la naturaleza, un proceso llamado biomímesis.

Materiales compuestos

A veces, ningún material presenta las propiedades adecuadas para un determinado producto. A fin de resolver este problema, pueden combinarse dos o más materiales para obtener las mejores propiedades de cada uno. Estos materiales se denominan materiales compuestos. El hormigón es el material compuesto más común, pero el bahareque, que se usaba para cubrir paredes hace 6000 años, es un ejemplo más antiguo: estaba hecho de paja o ramas y fango. Hoy se usan nuevas materias y técnicas para crear materiales compuestos más avanzados.

¿SON SINTÉTICOS TODOS LOS MATERIALES COMPUESTOS?

No; la madera y el hueso son materiales compuestos naturales. El hueso está compuesto de la frágil hidroxiapatita y del blando y flexible colágeno.

Resistencias relativas

El hormigón es un material compuesto hecho de agregado de piedra en una matriz de cemento. En la construcción de edificios, el hormigón, que es resistente bajo presión pero débil bajo tensión, no puede usarse solo.

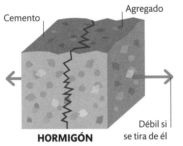

Cemento

Agregado

HORMIGÓN

Débil si se tira de él

Resistente a la tensión

En la construcción, el hormigón se refuerza con barras de acero, que soportan mucha tensión. Combinados, forman el hormigón armado, uno de los materiales más versátiles de la actualidad.

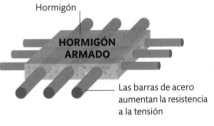

Hormigón

HORMIGÓN ARMADO

Las barras de acero aumentan la resistencia a la tensión

Materiales compuestos avanzados

Entre los materiales compuestos de alta tecnología hay polímeros reforzados en los que se teje fibra de carbono o de vidrio, se comprime entre capas de otro polímero y se mezcla con resina mientras aún está líquido. Ambos materiales son fuertes y ligeros, aunque también son caros.

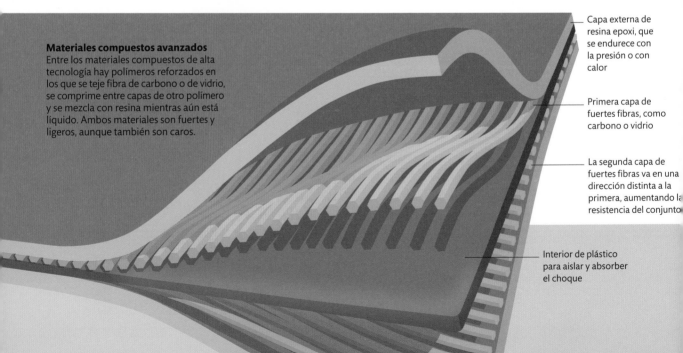

Capa externa de resina epoxi, que se endurece con la presión o con calor

Primera capa de fuertes fibras, como carbono o vidrio

La segunda capa de fuertes fibras va en una dirección distinta a la primera, aumentando la resistencia del conjunto

Interior de plástico para aislar y absorber el choque

Seda de araña
La producción masiva de seda de araña podría generar nuevos materiales antibalas. Es resistente como el acero pero mucho más ligera, y es elástica, por lo que no se rompe.

Aerogel
Al sustituir el líquido de un gel por un gas, se pueden fabricar sólidos superligeros. Los aerogeles –que son aire en un 98 por ciento– son muy buenos aislantes.

Grafeno
El grafeno, hecho de láminas de grafito de un átomo de espesor, es más resistente que el acero, un buen conductor eléctrico, transparente, flexible y muy ligero.

Propiedades asombrosas
Algunos materiales, naturales o sintéticos, tienen propiedades increíbles, como el Kevlar –flexible pero a prueba de balas– o plásticos que pueden repararse solos. Estos materiales hacen nuestra vida más segura y fácil. Por ejemplo, los huesos crecen a través de los nuevos implantes de espuma metálica, integrándolos así en el cuerpo. Y las ventanas superhidrófobas eliminan la necesidad de la peligrosa limpieza de cristales de altura.

Espuma metálica
Al inyectar burbujas de gas en metal fundido se crean espumas. Estas son ligeras pero conservan las propiedades del metal.

Plástico autorreparante
Los plásticos autorreparantes tienen cápsulas que se abren al sufrir un daño: los líquidos que contienen reaccionan y se solidifican para reparar cualquier agujero.

Kevlar
Las fibras de Kevlar, un plástico superresistente, pueden tejerse para hacer ropa o añadirse a un polímero para formar un material compuesto.

Material superhidrófobo
Las superficies de los materiales hidrófobos están cubiertas de diminutas protuberancias que mantienen alejadas las gotas de agua y evitan mojarse.

UNA LÁMINA DE GRAFENO PUEDE SOSTENER UN GATO DE 4 KG, PERO PESA MENOS QUE UNO DE SUS BIGOTES

ENERGÍA
Y FUERZAS

¿Qué es la energía?

Los físicos entienden el universo en términos de materia y energía en el espacio y el tiempo. Existen muchas formas de energía y pueden cambiar de una forma a otra. Cuando se usa una fuerza para mover un objeto, decimos que se ha realizado un trabajo sobre ese objeto.

Tipos de energía

La energía está en todas partes, es indestructible y ha existido desde el principio del tiempo. Sin embargo, para hacer las cosas más simples de entender y de medir, los científicos categorizan la energía en distintas formas. Cada fenómeno natural o proceso artificial realizado por máquinas y tecnología tiene lugar porque una forma de energía lo hace funcionar y, al hacerlo, se convierte en otra forma de energía.

ENERGÍA POTENCIAL
Es energía almacenada que no hace ningún trabajo pero que puede convertirse en energía útil de algún tipo.

Potencial elástico
Los materiales estirados o aplastados liberan energía potencial al volver a su forma original.

Potencial eléctrico
Una batería está llena de energía potencial que se libera en forma de corriente eléctrica.

Potencial gravitacional
Los objetos levantados tienen el potencial de caer, liberando movimiento.

Energía química
La combustión y otras reacciones químicas se provocan por la energía que mantiene unidos los átomos.

Energía radiante
La luz y otros tipos de radiación son energía en forma de cambiantes campos electromagnéticos.

Energía acústica
La energía que viaja en una onda de sonido aprieta y estira el aire (u otro medio).

Energía nuclear
La radiactividad y las explosiones nucleares usan la energía que mantiene unido el núcleo de los átomos.

Energía eléctrica
Una corriente eléctrica transmite energía en forma de corriente de partículas con carga; en general, electrones.

Energía térmica
El movimiento de los átomos, que vibran, es la energía térmica o calorífica. Los átomos «calientes» vibran más.

Energía cinética
Todo lo que se mueve, ya sean electrones o galaxias, tiene energía cinética, o energía de movimiento.

Emisión química
Si movemos una carga pesada, se produce una cadena de transformación de la energía. Primero, el cuerpo convierte la energía química almacenada en la comida en energía cinética.

La energía cinética se transfiere a la carreta hasta que esta alcanza una velocidad constante

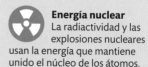
LA ENERGÍA GRAVITACIONAL POTENCIAL AUMENTA

Conservación de la energía
La cantidad de energía del universo es siempre la misma. La energía no se crea ni se destruye, solo se transforma, cambia de una forma a otra. La transformación de la energía es lo que impulsa todos los procesos que vemos. La energía también se dispersa o se hace más desordenada y menos «útil». De modo que cada proceso siempre pierde energía, a menudo en forma de calor. Por eso hace falta una fuente de energía para mantener estos procesos activos.

1 En marcha
La energía cinética del cuerpo se transfiere a la carretilla. La energía se usa para superar la fricción y hacer que la carretilla se mueva. El cuerpo se calienta porque parte de su energía se convierte en calor inútil.

¿CUÁNTA ENERGÍA TIENE UNA TABLETA DE CHOCOLATE?

Una tableta de chocolate con leche de 50 g contiene unas 250 calorías, la cantidad que necesita un cuerpo humano medio cada 2,5 horas.

La energía gravitacional potencial comienza a convertirse en energía cinética

La energía química potencial almacenada en el cuerpo ha disminuido

2 Subir

La fuerza aplicada por el hombre va en contra del tirón gravitacional de la carretilla. A medida que el hombre asciende la rampa, su energía cinética se convierte en energía gravitacional potencial en su cuerpo y en la carretilla.

Cuando cae un ladrillo, su energía cinética aumenta y su energía gravitacional potencial decrece

3 Emisión de energía potencial

Volcar la carga de la carretilla convierte su energía potencial en energía cinética. Al impactar con el suelo, la energía cinética se convierte en calor, sonido y energía elástica, que puede hacer que el ladrillo rebote.

Medir la energía

La energía se mide en unidades llamadas julios (J). Un julio es la energía necesaria para levantar 1 metro unos 100 gramos. La energía de la comida se mide en calorías, que provienen del calor que produce la comida al quemarse en un aparato llamado calorímetro.

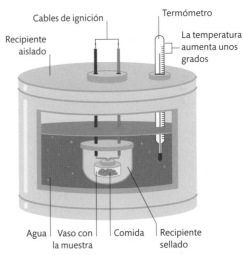

Cables de ignición

Termómetro

Recipiente aislado

La temperatura aumenta unos grados

Agua | Vaso con la muestra | Comida | Recipiente sellado

Medir calorías

Cuando una porción de comida se quema, eleva la temperatura del agua. La subida de temperatura sirve para saber cuántas calorías hay en la comida.

POTENCIA

El índice de transformación de la energía se denomina potencia. La potencia se mide en vatios (W); 1 W es igual a 1 J/s. Un proceso de alta potencia usa energía más deprisa. Una bombilla de 100 W tiene la misma potencia (transforma la energía al mismo ritmo) que una mujer adulta.

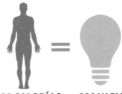

2000 CALORÍAS EN 24 HORAS = **100 W EN 24 HORAS**

Electricidad estática

La forma más común de electricidad es la corriente que nos llega a casa, que es un fenómeno artificial. La mayoría de los fenómenos eléctricos naturales, como los rayos, se deben a la electricidad estática.

Sacudida eléctrica
La carga de electricidad estática acumulada en el cuerpo lo abandona a través de un conductor, como un objeto de metal, creando una sacudida inesperada y, a veces, un chispazo.

Excedente de electrones

El cuerpo obtiene una pequeña carga negativa

Pie y alfombra se frotan

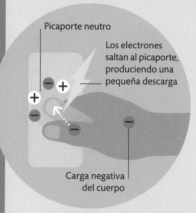

Picaporte neutro

Los electrones saltan al picaporte, produciendo una pequeña descarga

Carga negativa del cuerpo

2 Descarga
La carga puede escapar a través del metal, por ejemplo un picaporte. Cuando la mano lo toca, el exceso de electrones del cuerpo salta al metal, produciendo una pequeña sacudida.

Electrostática

La electricidad está causada por una propiedad de la materia denominada carga. En cada átomo, los protones, de carga positiva, se mantienen en su sitio, mientras que los electrones, de carga negativa, son libres para moverse a otros objetos. Si un objeto adquiere un excedente de electrones, obtiene una carga negativa y atrae objetos de carga positiva, es decir, aquellos con un déficit de electrones. Esta fuerza también hace que los electrones se repelan unos a otros y, finalmente, encuentren un camino para escapar del objeto con carga, creando así una chispa.

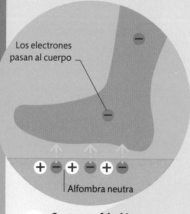

Los electrones pasan al cuerpo

Alfombra neutra

1 Carga por fricción
Al frotar el pie en el tejido sintético de la alfombra, los electrones pasan del suelo al cuerpo, dotándolo de una pequeña carga negativa.

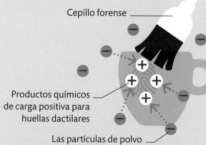

Cepillo forense

Productos químicos de carga positiva para huellas dactilares

Las partículas de polvo de carga negativa son atraídas por la huella

Buscar huellas dactilares
Los investigadores se valen de la electricidad estática para hallar huellas dactilares. Ponen polvo de carga negativa sobre las sustancias de carga positiva que quedan en las huellas.

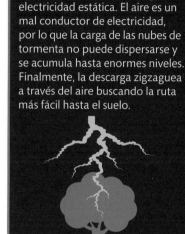

Usar la electricidad estática

La electricidad estática se usa en muchas situaciones cotidianas, generalmente produciendo un pequeño y manejable campo de fuerza que atrae o repele otros materiales. Las cargas mayores son peligrosas pero tienen sus usos, como en los desfibriladores.

Acondicionador
El champú hace que el pelo adquiera carga eléctrica: los pelos se repelen entre sí. El acondicionador la neutraliza.

Desfibrilador
Un generador de electricidad estática acumula una gran carga y la dirige a un corazón que ha dejado de latir.

Film plástico
Al desenrollar un film plástico, le damos una pequeña carga eléctrica. Eso ayuda a que el film se adhiera a otros objetos.

Pistola de pintura
Las pistolas profesionales dan a la pintura una carga positiva para que la atraiga un objeto de carga negativa.

Libro electrónico
La pantalla atrae o repele esferas que contienen partículas de aceite con carga positiva (blancas) o negativa (negras).

Filtros de polvo
Las partículas nocivas del humo de una fábrica reciben una carga y se extraen con placas electrificadas.

CUANDO CAE UN RAYO

Un rayo es una gran descarga de electricidad estática. El aire es un mal conductor de electricidad, por lo que la carga de las nubes de tormenta no puede dispersarse y se acumula hasta enormes niveles. Finalmente, la descarga zigzaguea a través del aire buscando la ruta más fácil hasta el suelo.

5 **Copia final**
Emerge una copia. La carga de la placa se puede mantener para producir más copias.

DOCUMENTO ORIGINAL

El original se coloca hacia abajo

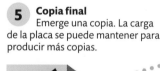

Placa de carga positiva

El papel se calienta para que el tóner se pegue

1 **Luz**
Una luz brillante brilla a través del original y se proyecta en una placa de carga positiva.

El patrón de carga es una imagen inversa del original

4 **Transferencia**
El papel se presiona o se enrolla en la placa, transfiriendo así el tóner.

Fotocopiadoras
Una fotocopiadora recrea una imagen o un texto como un patrón invisible de carga estática. Después, ese patrón se usa para posicionar correctamente el tóner y producir una copia muy fiel.

Tóner de carga negativa

3 **Tóner negativo**
El tóner es polvo con carga negativa que se pega a las regiones positivas de la placa.

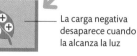

La carga negativa desaparece cuando la alcanza la luz

2 **Descarga**
La luz descarga la placa separada de las áreas de sombra del documento.

Corrientes eléctricas

Una corriente eléctrica es un flujo de carga. En los ejemplos cotidianos, la carga es impulsada por el movimiento de los electrones a través de metales como el cobre de los cables. Cualquier material que conduce bien la electricidad recibe el nombre de conductor. Los aislantes no son buenos conductores.

Crear una corriente

Una corriente eléctrica difiere de una carga estática –como un chispazo o un rayo (ver pp. 78-79)– en que la carga sigue moviéndose. Las partículas con carga se mueven porque una carga opuesta las atrae. Una chispa eléctrica se mueve debido a la diferencia de carga entre un lugar y otro. La chispa también elimina la diferencia de carga que la provocó. En una corriente, como la que genera una pila, la diferencia en carga eléctrica es lo que mantiene el flujo de corriente.

CANTIDAD	UNIDAD
La **corriente eléctrica** es el flujo de carga eléctrica.	**A** **Amperio**
El **voltaje**, o diferencia de potencial, es la fuerza que empuja la corriente.	**V** **Voltio**
La **resistencia** es la oposición al movimiento de la corriente eléctrica.	**Ω** **Ohmio**

Los átomos de metal se desprenden de electrones y obtienen así carga positiva

Electrodo positivo

Separador hecho de material aislante

Armazón

Origen de los átomos metálicos

Pasta de electrolito en la pila

Potencia química
En una pila tiene lugar una reacción química en la que átomos metálicos pierden electrones. Después estos son atraídos y ganados por una pasta química: el electrolito.

Electrodo negativo

LEYENDA
- ⊖ Electrón
- ⊕ Carga positiva
- ▬ Cable
- • • ▸ Dirección de la corriente

Circuitos

La energía de la corriente eléctrica puede aprovecharse. El flujo de electrones es parecido al agua que fluye cuesta abajo. Una rueda hidráulica puede aprovechar la energía del agua para impulsar una máquina. La electricidad, en lugar de fluir por un canal de agua, fluye por circuitos, para que bombillas, estufas o motores puedan aprovechar su energía. El modo en que la energía se dispersa por el circuito depende del diseño de este. Hay dos tipos principales de circuito: en serie y en paralelo.

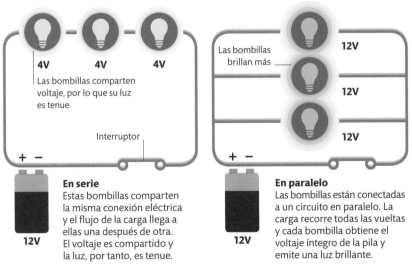

4V 4V 4V
Las bombillas comparten voltaje, por lo que su luz es tenue

Interruptor

+ −

12V

En serie
Estas bombillas comparten la misma conexión eléctrica y el flujo de la carga llega a ellas una después de otra. El voltaje es compartido y la luz, por tanto, es tenue.

Las bombillas brillan más

12V

12V

12V

+ −

12V

En paralelo
Las bombillas están conectadas a un circuito en paralelo. La carga recorre todas las vueltas y cada bombilla obtiene el voltaje íntegro de la pila y emite una luz brillante.

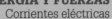

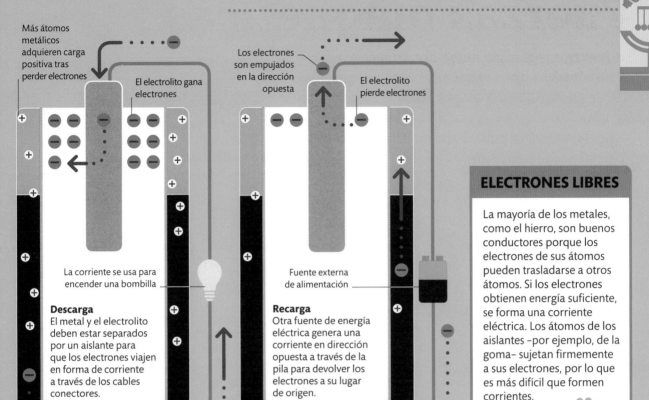

Más átomos metálicos adquieren carga positiva tras perder electrones

El electrolito gana electrones

Los electrones son empujados en la dirección opuesta

El electrolito pierde electrones

La corriente se usa para encender una bombilla

Descarga
El metal y el electrolito deben estar separados por un aislante para que los electrones viajen en forma de corriente a través de los cables conectores.

Fuente externa de alimentación

Recarga
Otra fuente de energía eléctrica genera una corriente en dirección opuesta a través de la pila para devolver los electrones a su lugar de origen.

Los electrones viajan por los cables en forma de corriente

El metal gana electrones

ELECTRONES LIBRES

La mayoría de los metales, como el hierro, son buenos conductores porque los electrones de sus átomos pueden trasladarse a otros átomos. Si los electrones obtienen energía suficiente, se forma una corriente eléctrica. Los átomos de los aislantes –por ejemplo, de la goma– sujetan firmemente a sus electrones, por lo que es más difícil que formen corrientes.

CONDUCTOR   AISLANTE

Ley de Ohm

La relación entre voltaje, corriente y resistencia está contenida en la ley de Ohm. Su fórmula (a la derecha) sirve para calcular cuánta corriente pasa a través de un componente dependiendo del voltaje de la fuente de alimentación y de la resistencia de los elementos del circuito.

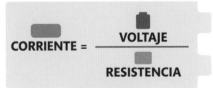

$$\text{CORRIENTE} = \frac{\text{VOLTAJE}}{\text{RESISTENCIA}}$$

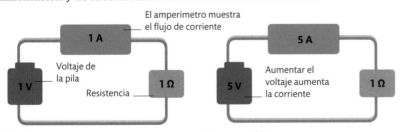

El amperímetro muestra el flujo de corriente

1 A

Voltaje de la pila

1 V

Resistencia

1 Ω

5 A

Aumentar el voltaje aumenta la corriente

5 V

1 Ω

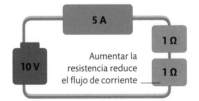

5 A

1 Ω

Aumentar la resistencia reduce el flujo de corriente

10 V

1 Ω

El ohmio
La resistencia se mide en ohmios (Ω). Una resistencia de 1 Ω permite el paso de una corriente de 1 A cuando se le aplica 1 V.

En proporción
La corriente es proporcional al voltaje. Si el voltaje aumenta, también lo hará la corriente, en tanto la resistencia no cambie.

Aumento de la resistencia
Aumentar la resistencia hace que el voltaje sea incapaz de impulsar tanta corriente. Aumentar el voltaje mantiene la corriente.

Fuerzas magnéticas

La fuerza magnética entre dos materiales es el resultado a gran escala del comportamiento de las partículas de estos a escala subatómica. Los imanes tienen una gran variedad de usos y son necesarios para muchos dispositivos.

Campos magnéticos

Un imán está rodeado por un campo de fuerza que se extiende en todas direcciones y se reduce rápidamente con la distancia. El magnetismo tiene una dirección: el campo emerge del imán por un punto, llamado polo norte, y regresa por el polo sur. El campo es más denso en los polos, por lo que los efectos de la fuerza son más fuertes allí.

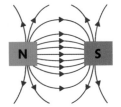

Los polos opuestos se atraen
La fuerza del magnetismo sigue la regla de que «los opuestos se atraen». El polo norte de un imán atrae el polo sur de otro imán. Las fuerzas de atracción unen los imanes.

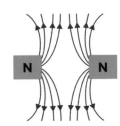

Los polos iguales se repelen
Dos polos magnéticos idénticos, por ejemplo un polo norte y un polo norte, se repelen. Las líneas de fuerza de ambos tienen la misma dirección y se desvían.

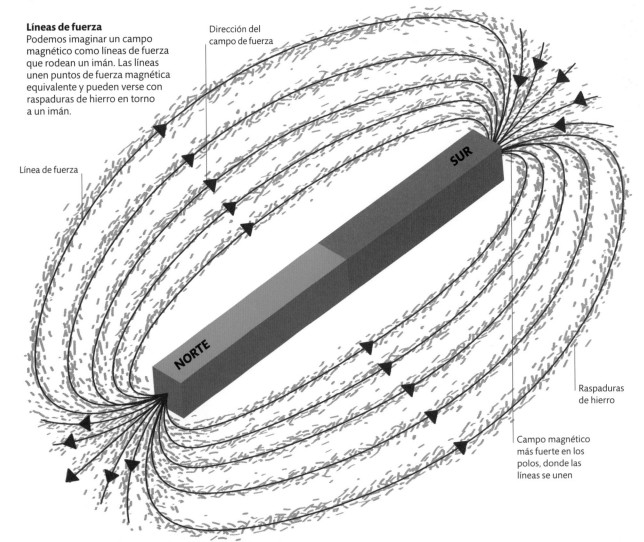

Líneas de fuerza
Podemos imaginar un campo magnético como líneas de fuerza que rodean un imán. Las líneas unen puntos de fuerza magnética equivalente y pueden verse con raspaduras de hierro en torno a un imán.

Dirección del campo de fuerza

Línea de fuerza

Raspaduras de hierro

Campo magnético más fuerte en los polos, donde las líneas se unen

SUR

NORTE

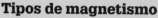

Tipos de magnetismo

Todos los átomos poseen pequeños campos magnéticos, normalmente orientados al azar, por lo que no producen un efecto conjunto. Si los átomos de una sustancia se alinean por un campo magnético exterior, sus campos magnéticos se acumulan y forman un solo campo magnético más grande.

¿CUÁL ES EL IMÁN MÁS POTENTE?

Las magnetoestrellas –estrellas de neutrones giratorias– tienen campos magnéticos 1000 billones de veces más fuertes que el de la Tierra.

	SIN CAMPO MAGNÉTICO	CAMPO MAGNÉTICO APLICADO	CAMPO MAGNÉTICO ELIMINADO

Materiales diamagnéticos
Materiales como el cobre y el carbono generan un campo magnético que se opone a un campo exterior y repele los imanes.

Alineación arbitraria

La alineación se opone al campo exterior

La alineación se hace arbitraria de nuevo

Materiales paramagnéticos
Los metales suelen ser paramagnéticos. Sus átomos se alinean exactamente con el campo exterior y son atraídos por un imán.

Alineación arbitraria

La alineación es la misma que la del campo exterior

La alienación se hace arbitraria de nuevo

Materiales ferromagnéticos
Los átomos de hierro y de otros materiales se quedan alineados cuando desaparece el campo exterior, por lo que forman imanes permanentes.

Átomos ligeramente magnetizados; sin un magnetismo unificado

La alineación es la misma que la del campo exterior

Los átomos permanecen alineados

LOS ESCÁNERES IRM EMPLEAN UN **IMÁN ENFRIADO A –265 °C** PARA **MAGNETIZAR EL CUERPO** DURANTE UNA FRACCIÓN DE SEGUNDO

Electroimanes

El magnetismo de un electroimán lo genera una corriente eléctrica que rodea su núcleo de hierro. Esto hace que su campo magnético pueda activarse y desactivarse. Los electroimanes tienen muchos usos en los dispositivos modernos.

MOTOR ELÉCTRICO
Un motor eléctrico usa un electroimán para crear una fuerza opuesta a los polos de un imán permanente, creando así un movimiento circular.

DISCO DURO DE ORDENADOR
Los datos se almacenan en un disco duro en un patrón de zonas magnetizadas y desmagnetizadas. Un electroimán lee, escribe y borra ese código.

ALTAVOZ
Un electroimán hace que el cono de un altavoz vibre, lo cual a su vez hace que vibre el aire y crea la onda de sonido que escuchamos.

FOGÓN DE INDUCCIÓN
Un potente electroimán crea un campo magnético fluctuante dentro de la estructura metálica de una olla, que se calienta.

MAGNETISMO TERRESTRE

El hierro líquido del núcleo externo de la Tierra genera un fuerte campo magnético. Las brújulas señalan al norte porque sus agujas se alinean con ese campo magnético. Este llega hasta el espacio y forma un escudo contra el viento solar (gas caliente y electrificado producido por el Sol).

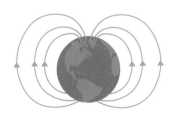

Generar electricidad

La electricidad es una fuente de energía muy útil. Puede distribuirse para su uso muy lejos de donde se produce y proporciona energía para todo tipo de dispositivos, desde ordenadores hasta automóviles.

Inducir una corriente

Un generador eléctrico utiliza un proceso de inducción para generar electricidad. Al mover un cable a través de un campo magnético, en su interior se producen un voltaje y una corriente. La energía cinética del cable se transforma en energía eléctrica haciendo que lo atraviese una corriente. Un simple generador se encarga de esto haciendo girar una bobina de cable muy deprisa entre los polos de un poderoso imán.

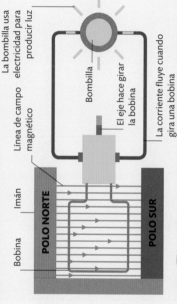

Bobina

Imán

POLO NORTE

Línea de campo magnético

Bombilla

El eje hace girar la bobina

La corriente fluye cuando gira una bobina

POLO SUR

La bombilla usa electricidad para producir luz

ALTERNA Y CONTINUA

Cada vez que la bobina atraviesa el campo magnético, la dirección de la corriente en su interior cambia. A esto se lo llama corriente alterna (CA). Las centrales eléctricas producen CA, pues los transformadores (ver abajo) la necesitan para inducir corriente en la bobina secundaria. En la corriente continua (CC), la conexión de la bobina con el circuito se activa a cada vuelta para que la carga se mueva en una sola dirección.

CA

CC

Centrales termoeléctricas

La tarea de una central termoeléctrica es aprovechar una fuente de energía calorífica para hacer girar el rotor de un generador. Convierte el calor emitido por la quema de combustible en energía rotacional por medio de una turbina de vapor. Las centrales nucleares usan vapor generado por la fisión de átomos.

Emisiones de la combustión

Combustible traído a la central eléctrica

El vapor hace girar los rotores de la turbina

Se quema combustible para hervir agua

Movimiento rotacional transmitido al generador

TURBINA

AGUA

El vapor se enfría y se condensa para reutilizar el agua

1 Uso de combustible

Los combustibles son sustancias que liberan grandes cantidades de calor al quemarse, como el carbón, el gas natural y el petróleo. Las centrales eléctricas también queman madera, turba o basura.

2 Horno

El agua fluye por los tubos hasta el horno y hierve por el calor del combustible quemado. Esto genera vapor de alta presión que se dirige a una turbina.

3 Turbina

La corriente de vapor fluye a través de una turbina y hace girar las palas. La presión del vapor se convierte en energía cinética y se transmite al generador.

Transformador reductor

Cables de alta tensión

Torre

4 Generación

Se hace que el rotor del generador gire 3600 veces por minuto, produciendo una CA y un voltaje de unos 25 000 V. Después, el voltaje se incrementa hasta 400 000 V por medio de un transformador (ver abajo) para que se transmita de forma más eficiente a largas distancias.

Transformador elevador

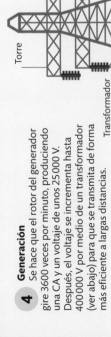

GENERADOR

Transformadores

Un transformador modifica corriente y voltaje. Es un anillo de hierro con una bobina de cable en cada lado. Necesita suministro de CA, pues esta tiene un campo eléctrico que cambia constantemente. El campo cambiante de la bobina primaria induce un suministro de CA a la bobina secundaria.

Núcleo de hierro

La CA fluye a través de la bobina primaria

ELEVADOR

La CA se induce en la bobina secundaria

Más vueltas en la bobina secundaria incrementan el voltaje y la corriente

Con menos vueltas en la bobina secundaria, voltaje y corriente son menores

REDUCTOR

5 Suministro eléctrico

La corriente en la red de alto voltaje es demasiado potente para los hogares. Cada área tiene una subestación donde un transformador reductor reduce el voltaje a un nivel más práctico.

UNA PERSONA DE QATAR USA **89 VECES MÁS ENERGÍA** AL AÑO **QUE ALGUIEN** DE SENEGAL

Fábrica
Las fábricas utilizan voltajes de hasta 33 000 V. Algunas poseen su propia subestación con transformadores.

Un transformador montado en el poste reduce el voltaje para los hogares

Residencia
Según el país, el suministro doméstico de electricidad está entre 110 V y 240 V.

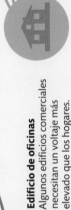

Edificio de oficinas
Algunos edificios comerciales necesitan un voltaje más elevado que los hogares.

VIENTO

Energías alternativas

Los sistemas de energías alternativas usan otras fuentes de energía, como el movimiento natural del aire o del agua y el calor de la Tierra o del Sol, en lugar de combustibles fósiles. Esto los hace menos nocivos para el medio ambiente.

Energía eólica

El viento es el movimiento del aire de una región de alta presión a una de baja presión. Esta diferencia de presión se debe a que el Sol calienta la atmósfera de manera irregular. El flujo de aire puede aprovecharse como fuente de energía mediante turbinas eólicas.

GÓNDOLA

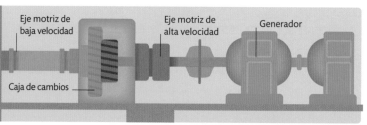

Buje del rotor

Eje motriz de baja velocidad

Caja de cambios

Eje motriz de alta velocidad

Generador

1 Palas
Las palas curvas funcionan a la inversa de un propulsor. Su diseño es muy preciso para transformar el movimiento lineal del aire en fuerza rotacional.

2 Cambiar de marcha
Las hélices giran despacio unas 15 veces por minuto, para producir energía con eficiencia. La caja de cambios aumenta la rotación del eje hasta unas 1800 rpm.

3 Generador
El generador convierte el movimiento rotacional del eje en energía. El generador también puede usarse como un motor de arranque: pasar electricidad en la dirección opuesta hace que las palas roten con vientos flojos.

¿PODREMOS ABANDONAR LOS COMBUSTIBLES FÓSILES?

Las energías alternativas son suficientes para cubrir nuestras necesidades, pero tenemos que desarrollar formas de almacenar electricidad para prescindir de todos los combustibles fósiles.

HIDROELECTRICIDAD

Un problema de los sistemas alternativos es encontrar una fuente de energía fiable. Las centrales hidroeléctricas aprovechan el caudal de los ríos y producen dos tercios de toda la energía alternativa y casi una quinta parte de toda la producción de energía.
La energía potencial del agua se transforma en energía cinética, que se usa para impulsar una turbina en la presa y generar electricidad.

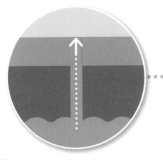

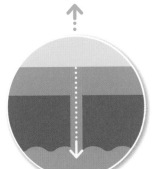

2   Agua saliente
El calor volcánico calienta el agua a más de 100 °C. La mayoría permanece en forma líquida debido a las condiciones de alta presión, por lo que una mezcla de agua caliente y vapor sale a la superficie.

3   Producir vapor
El vapor se separa del agua para crear un flujo de alta presión que se dirige a la turbina. Toda el agua que llega a la superficie va a las torres de enfriamiento.

4   Generador
El vapor a alta presión hace girar las palas de la turbina, como en una central térmica normal. Esa energía cinética rotacional se transmite al generador para producir electricidad.

Calor natural

Además del movimiento del aire y del agua, se pueden usar fuentes naturales de calor para producir electricidad. Las centrales térmicas solares tienen filas de espejos dispuestos para concentrar la luz solar y usarla para hervir agua y así impulsar una turbina. Las centrales geotérmicas se hallan en regiones volcánicas en las que el calor del interior de la Tierra está bastante cerca de la superficie y puede usarse como fuente de energía.

1   Agua entrante
Se bombea agua fría a alta presión en un pozo de perforación en un depósito natural de agua subterránea, a veces a 2000 m o más bajo la superficie terrestre.

5   Torre de enfriamiento
Se deja que el vapor se enfríe y vuelva a condensarse dentro de grandes torres de enfriamiento. Una vez enfriada, el agua está lista para inyectarse bajo tierra una vez más para que el ciclo comience de nuevo.

Biocombustibles

Los biocombustibles contaminan menos que los combustibles fósiles. Se producen alterando químicamente materias primas que han crecido como seres vivos. Hay varias fuentes, como grano, madera y algas. El grano y la madera son problemáticos para el medio ambiente, pero se espera que las algas permitan obtener combustibles de bajo coste y baja polución, aunque su desarrollo está aún en una fase temprana.

FUENTE

GRANO

PLANTAS LEÑOSAS

ALGAS

Tratamiento previo
El procesamiento comienza al descomponer físicamente las materias primas en materiales homogéneos y deshaciéndose de los contaminantes no deseados.

Azucarización
Se usan tratamientos químicos para descomponer las complejas moléculas de los materiales iniciales en moléculas más pequeñas y útiles, como azúcares.

Fermentación
Al igual que en la producción de bebidas alcohólicas, los azúcares se convierten en etanol y otras sustancias inflamables que pueden usarse como combustibles.

PRODUCTO

ETANOL

HIDRÓGENO

BIOGÁS

BUTANOL

La electrónica

La electrónica es la tecnología de los componentes eléctricos y de su uso en circuitos. La mayoría de esos componentes no tienen piezas móviles, como los transistores, que se usan para controlar el flujo de electricidad.

Semiconductores

Los conductores tienen electrones libres que pueden transmitir una corriente (ver p. 81). Los aislantes tienen una gran barrera energética, o banda prohibida, que impide que los electrones fluyan y haya corriente. Los semiconductores, como el silicio, tienen una pequeña banda prohibida, y pueden pasar de ser un aislante que bloquea la electricidad a convertirse en un conductor que la transmite.

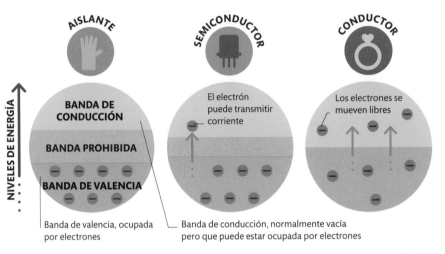

NIVELES DE ENERGÍA

AISLANTE

BANDA DE CONDUCCIÓN

BANDA PROHIBIDA

BANDA DE VALENCIA

Banda de valencia, ocupada por electrones

SEMICONDUCTOR

El electrón puede transmitir corriente

CONDUCTOR

Los electrones se mueven libres

Banda de conducción, normalmente vacía pero que puede estar ocupada por electrones

Dentro de un transistor

El cerebro de un ordenador está hecho de circuitos electrónicos en un chip. Estos circuitos siguen un conjunto de instrucciones: el programa. A finales de la década de 1940, se inventó el transistor, un dispositivo semiconductor que reemplazó los primeros dispositivos electrónicos de válvulas de vacío, que podían ser poco fiables. Un transistor está hecho de cristales de silicio «dopados», a los que se les han añadido otras sustancias para alterar sus propiedades eléctricas. El resultado es un dispositivo que controla con mucha precisión el flujo de una corriente eléctrica.

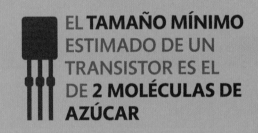

EL **TAMAÑO MÍNIMO** ESTIMADO DE UN TRANSISTOR ES EL DE **2 MOLÉCULAS DE AZÚCAR**

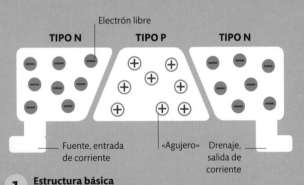

TIPO N   **TIPO P**   **TIPO N**

Electrón libre

Fuente, entrada de corriente

«Agujero»

Drenaje, salida de corriente

1 **Estructura básica**
Un transistor está hecho de un semiconductor de tipo p entre dos semiconductores de tipo n. El tipo n tiene un excedente de electrones y carga negativa. El tipo p tiene «agujeros» que actúan como un exceso de carga positiva.

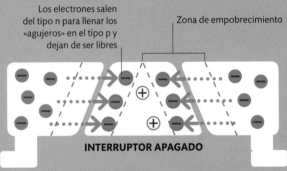

Los electrones salen del tipo n para llenar los «agujeros» en el tipo p y dejan de ser libres

Zona de empobrecimiento

INTERRUPTOR APAGADO

2 **Zona de empobrecimiento**
Los electrones de las regiones de tipo n son empujados a las de tipo p por su carga positiva. Esto crea zonas de empobrecimiento donde no hay electrones libres que puedan transmitir una corriente. En esta etapa, no puede fluir corriente y el transistor está apagado.

LEY DE MOORE

En 1965, Gordon Moore, cofundador de Intel Electronics, predijo que los transistores se reducirían a la mitad de tamaño cada dos años. De momento, la ley de Moore se ha cumplido. Hoy en día, los transistores estándar tienen una longitud de base de 14 nanómetros. Este tamaño puede reducirse aún más, pero la tecnología electrónica alcanzará su límite en la próxima década, pues el tamaño de la base se está haciendo demasiado pequeño para formar una barrera efectiva para una corriente.

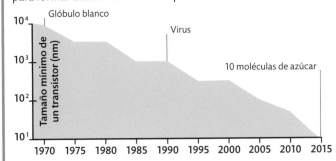

Glóbulo blanco
Virus
10 moléculas de azúcar

Tamaño mínimo de un transistor (nm)

10^4 · 10^3 · 10^2 · 10^1

1970 1975 1980 1985 1990 1995 2000 2005 2010 2015

¿DE DÓNDE VIENE EL SILICIO?

El silicio es el segundo elemento más común en la corteza terrestre. Se refina quemando arena, que contiene silicio, mezclada con hierro fundido.

Dopar silicio

El propósito de dopar el silicio es incrementar o reducir su número de electrones. Añadir átomos de fósforo introduce un electrón extra, mientras que añadir boro elimina un electrón, creando en el cristal un espacio vacío, o «agujero».

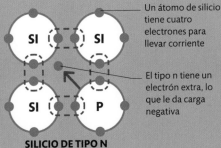

Un átomo de silicio tiene cuatro electrones para llevar corriente

El tipo n tiene un electrón extra, lo que le da carga negativa

SILICIO DE TIPO N DOPADO CON FÓSFORO

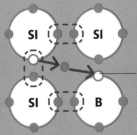

El tipo p tiene un «agujero» dejado por un electrón perdido, lo que le da carga positiva

SILICIO DE TIPO P DOPADO CON BORO

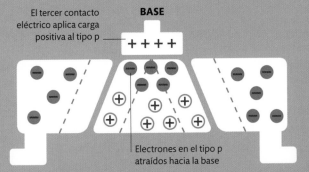

El tercer contacto eléctrico aplica carga positiva al tipo p

BASE

++++

Electrones en el tipo p atraídos hacia la base

Los electrones fluyen de la fuente al drenaje

++++

Las zonas de empobrecimiento se reducen

Fuente, entrada de corriente

INTERRUPTOR ENCENDIDO

Drenaje, salida de corriente

3 Aplicar carga

Un transistor, además de tener una fuente y un drenaje por los que la corriente entra y sale, posee un tercer contacto eléctrico llamado base, que aplica una carga positiva a la sección de tipo p. Al encenderse, la base atrae a los electrones a las zonas de empobrecimiento.

4 Corriente en movimiento

La base crea una zona de electrones libres que atraviesa el transistor, reduciendo las zonas de empobrecimiento para que pueda pasar una corriente eléctrica. En este estado, el transistor está encendido. Si la base está apagada, los electrones se detienen y el transistor se apaga de nuevo.

Microchips

Un microchip es un componente que encontramos en todo tipo de objetos, desde teléfonos hasta tostadoras. Fabricar un microchip conlleva montar componentes electrónicos diminutos en una pieza de silicio puro.

Fabricar un microchip

Un microchip es un circuito integrado en el que todos los componentes y las conexiones eléctricas entre ellos se encuentran en una sola pieza de material. Los circuitos de un microchip se graban en la superficie de silicio. Los diminutos cables se hacen de cobre y de otros metales, y los transistores y otros componentes electrónicos se hacen dopando el silicio (ver pp. 88-89) y añadiendo otros semiconductores.

(ver pp. 88-89)

¿QUÉ ES EL MICROCHIP QUE LLEVAN NUESTRAS MASCOTAS?

Es un microchip que contiene un pequeño transmisor de radio y se inserta bajo la piel del animal. Cuando se pasa el lector cerca, aparece un código único que se enlaza con los datos del dueño.

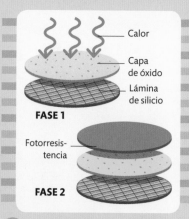

FASE 1 — Calor, Capa de óxido, Lámina de silicio
FASE 2 — Fotorresistencia

1 Revestimientos
Se calienta una lámina de silicio puro para crear una fina capa de óxido superficial. Después se añade un revestimiento sensible a la luz llamado fotorresistencia.

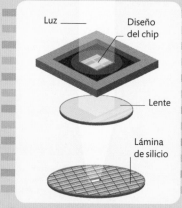

Luz, Diseño del chip, Lente, Lámina de silicio

2 Exposición
Se imprime un gran negativo del chip en un material transparente. Después, se enfoca el diseño en la fotorresistencia con luz. En cada lámina de silicio caben muchos chips idénticos.

Fotorresistencia expuesta eliminada, Silicio, Capa de óxido

3 Desarrollo
Las zonas del silicio que se exponen a la luz se eliminan y dejan a la vista la capa de óxido que hay debajo. Algunas partes del diseño tienen solo unos átomos de ancho.

Usar la lógica

Para tomar decisiones, un circuito integrado usa combinaciones de transistores y diodos que forman puertas lógicas. Una puerta lógica compara corrientes eléctricas entrantes y envía una corriente en función de una lógica matemática llamada álgebra booleana, conjunto de operaciones en las que la respuesta es siempre «verdadero» o «falso», que se representan con un 1 o un 0.

Puerta AND
Este componente tiene dos entradas. Solo se enciende (salida en 1) si ambas entradas están en 1.

ENTRADA

A · B — PUERTA AND — Salida

Entrada A	Entrada B	Salida
0	0	0
0	1	0
1	0	0
1	1	1

Puerta OR
Una puerta OR es lo contrario de una puerta AND: siempre tiene una salida de 1 a no ser que las dos entradas sean 0.

ENTRADA

A · B — PUERTA OR — SALIDA

Entrada A	Entrada B	Salida
0	0	0
0	1	1
1	0	1
1	1	1

COMPONENTES ELECTRÓNICOS

Los componentes electrónicos se identifican con símbolos específicos. Los diseñadores de chips los usan para crear nuevos circuitos integrados. Los chips modernos tienen miles de millones de componentes, por lo que los seres humanos hacen el diseño del chip y un ordenador lo convierte en un circuito de puertas lógicas. Se necesitan más de mil personas para crear y probar un nuevo diseño de chip.

Diodo
Un canal de un solo sentido que permite que solo pase corriente en una dirección

led (diodo emisor de luz)
Usa un semiconductor para que los electrones liberen luz coloreada

Fotodiodo
Genera corriente solo cuando brilla una luz sobre él

Transistor NPN
Se enciende cuando se aplica corriente a la base

Transistor PNP
Se enciende cuando no hay corriente en la base

Condensador
Almacena carga, que puede ser liberada después en el circuito

Fotorresistencia restante

Capa expuesta de óxido eliminada

4 Grabado
Se usan sustancias químicas para eliminar las partes expuestas de la capa de óxido, labrando precisos canales en la superficie de silicio.

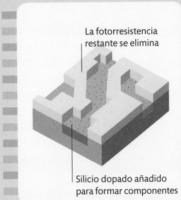

La fotorresistencia restante se elimina

Silicio dopado añadido para formar componentes

5 Dopaje
El silicio se dopa para dotarlo de propiedades útiles y los canales se llenan con precisas mezclas de sustancias para crear componentes.

Chips cortados

6 Cortar y montar
Los chips se cortan y se les da una capa protectora de plástico o vidrio. Al montarlos en un circuito impreso, estarán conectados a otros chips y a una fuente de alimentación.

Puerta NOT
Esta puerta lógica cambia la entrada y por eso su salida es siempre lo contrario de la entrada.

ENTRADA

A — PUERTA NOT — SALIDA

Entrada	Salida
0	1
1	0

Puerta XOR
Una puerta exclusiva OR, o XOR, detecta la diferencia de entradas y siempre tiene salida de 0 si las entradas son iguales.

SALIDA

A — PUERTA XOR — SALIDA
B —

Entrada A	Entrada B	Salida
0	0	0
0	1	1
1	0	1
1	1	0

CIENTOS DE MILLONES DE TRANSISTORES CABRÍAN EN LA CABEZA DE UN **ALFILER**

Elementos básicos del ordenador

Los dispositivos de entrada más comunes son el ratón, el teclado y el micrófono, que convierten la actividad del usuario en secuencias de números que se envían a la memoria de acceso aleatorio (RAM). Después, los datos de entrada se envían a la unidad central de procesamiento (CPU), donde se realizan cálculos sobre ellos para generar datos de salida. Estos pueden almacenarse en el disco duro para usarlos más tarde o bien enviarse a un dispositivo externo, por ejemplo como señal acústica o como las letras que aparecen en la pantalla al teclear.

INTERNET

Internet
Los datos y las instrucciones a los que se acceden en internet pueden usarse como datos de entrada para un ordenador. Este también puede enviar datos a internet y un usuario puede almacenar sus datos en internet o «en la nube».

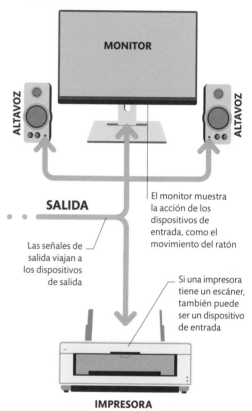

MONITOR

ALTAVOZ

ALTAVOZ

CPU

RAM

DISCO DURO

CARCASA DEL ORDENADOR

ENTRADA

La información de entrada viaja a la memoria RAM

Información almacenada en el disco duro

SALIDA

El monitor muestra la acción de los dispositivos de entrada, como el movimiento del ratón

Las señales de salida viajan a los dispositivos de salida

Si una impresora tiene un escáner, también puede ser un dispositivo de entrada

Núcleos del ordenador
La CPU es el cerebro del ordenador. Los ordenadores más rápidos y potentes usan más de una CPU en paralelo y se los llama de doble núcleo o de cuatro núcleos.

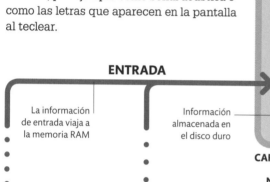

RATÓN

TECLADO

IMPRESORA

Cómo funciona un ordenador

En su forma más simple, un ordenador es un dispositivo que toma una señal de entrada y la transforma en una señal de salida según un conjunto de reglas preprogramadas. La verdadera ventaja de este sistema es que puede realizar cálculos de forma más rápida y precisa que un ser humano.

CÓDIGOS INFORMÁTICOS

Una CPU maneja datos usando solo ceros y unos en secuencias de 8, 16, 32 y 64. Los seres humanos solemos simplificar el largo código binario en hexadecimal, sistema que usa 16 numerales: de 0 a 9, y después las letras A a la F para representar los números del 10 al 15.

1111 = **15** = **F**
BINARIO   **HEXADECIMAL**

Cómo funciona internet

En una red de ordenadores, estos pueden estar conectados directamente o comunicarse entre ellos a través de otros ordenadores. Internet es una red sin un punto central. En lugar de ello, se envían los datos desde un dispositivo fuente a un receptor.

EL SUPERORDENADOR MÁS RÁPIDO DEL MUNDO PUEDE REALIZAR 200 000 BILLONES DE CÁLCULOS POR SEGUNDO

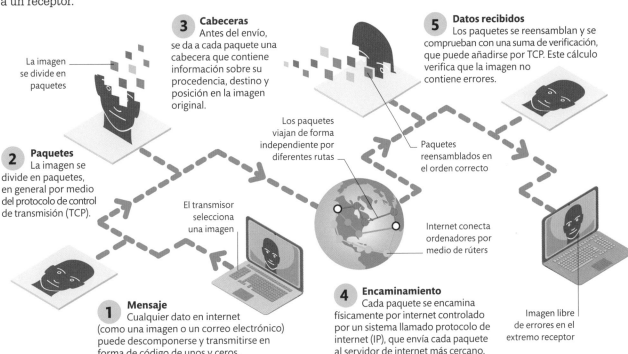

La imagen se divide en paquetes

3 Cabeceras
Antes del envío, se da a cada paquete una cabecera que contiene información sobre su procedencia, destino y posición en la imagen original.

5 Datos recibidos
Los paquetes se reensamblan y se comprueban con una suma de verificación, que puede añadirse por TCP. Este cálculo verifica que la imagen no contiene errores.

Los paquetes viajan de forma independiente por diferentes rutas

Paquetes reensamblados en el orden correcto

2 Paquetes
La imagen se divide en paquetes, en general por medio del protocolo de control de transmisión (TCP).

El transmisor selecciona una imagen

Internet conecta ordenadores por medio de rúters

1 Mensaje
Cualquier dato en internet (como una imagen o un correo electrónico) puede descomponerse y transmitirse en forma de código de unos y ceros.

4 Encaminamiento
Cada paquete se encamina físicamente por internet controlado por un sistema llamado protocolo de internet (IP), que envía cada paquete al servidor de internet más cercano.

Imagen libre de errores en el extremo receptor

Discos duros

La mayoría de los ordenadores usan un disco duro para almacenar la información. Un disco duro graba datos en un patrón físico de zonas magnetizadas y desmagnetizadas. Estos patrones permanecen cuando se apaga la corriente. Cada disco duro tiene varios platos que giran miles de veces por minuto. Algunos ordenadores, como los teléfonos y muchos portátiles, utilizan una memoria *flash* de estado sólido en lugar de un disco duro, que guarda datos en chips de memoria.

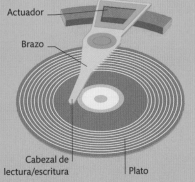

Actuador

Brazo

Cabezal de lectura/escritura

Plato

Lectura y escritura
El cabezal de lectura/escritura lee cada plato. Su electroimán detecta los patrones magnéticos en el plato y escribe nuevos patrones.

¿QUÉ ES UN *BYTE*?

Un dígito en un código informático recibe el nombre de *bit*. Los *bits* suelen aparecer en secuencias de ocho llamadas *bytes*. Cuatro *bits*, o medio *byte*, reciben el nombre de *nibble*.

Realidad virtual

Durante muchos años, la tecnología no ha estado a la altura de las expectativas sobre realidad virtual (RV). Solo en los últimos tiempos se ha hecho popular. Un casco de RV debe hacer muchas cosas para convencer al usuario de que está en otro lugar.

Dentro de un casco de RV

El término *virtual*, en este contexto, se refiere a algo que no es real pero que es visible y tangible y con lo que se puede interactuar como si fuera real. Un buen ejemplo es una imagen virtual en un espejo, donde los objetos parecen estar «detrás» de este. Un casco de RV usa una pantalla para llenar el campo visual del usuario con parte de una escena virtual. Al mover el casco, la vista de la escena cambia de forma acorde.

Una correa sujeta la pantalla

Los auriculares ofrecen sonido

La máscara bloquea la luz exterior

La posición ajustable de la pantalla permite enfocar

El sensor detecta movimiento

MUNDO REAL

Distancia a la que enfocan los ojos

PUNTO DE CONVERGENCIA

El punto de convergencia es a donde el usuario dirige la mirada

DISTANCIA DE CONVERGENCIA

DISTANCIA FOCAL

LÍNEA DE VISIÓN

OJOS

PANTALLA 3D

La escena virtual se percibe como si estuviera detrás de la pantalla

La pantalla muestra dos imágenes y crea visión binocular

Distancia focal más corta

DISTANCIA DE CONVERGENCIA

OJOS

Visión binocular

La pantalla de RV presenta dos imágenes: el ojo derecho ve una imagen desplazada ligeramente a la derecha en relación con la del ojo izquierdo. Este sistema se llama estereoscopía e imita la visión real para crear la ilusión de una escena virtual de 3D.

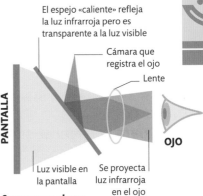

Sensores

Para que la experiencia de RV sea verdaderamente inmersiva, el casco registra el movimiento de la cabeza y los ojos del usuario y altera la escena de forma acorde. Así, el usuario ve el espacio virtual de una forma natural. Para registrar el movimiento de sus brazos y piernas, se usa un dispositivo aparte que proyecta rayos infrarrojos sobre el cuerpo. Esto permite al usuario interactuar más con su entorno virtual.

GIRO

BALANCEO

CABECEO

El espejo «caliente» refleja la luz infrarroja pero es transparente a la luz visible

Cámara que registra el ojo

Lente

PANTALLA

OJO

Luz visible en la pantalla

Se proyecta luz infrarroja en el ojo

Sensores de cabeza
Los sensores del casco, parecidos a los de los teléfonos inteligentes, registran el movimiento de la cabeza del usuario en tres ejes. Esta información se usa para hacer ajustes a gran escala de la escena virtual.

Sensores oculares
Los ojos solo pueden enfocar una parte de una escena. Las pantallas de RV muestran la imagen más nítida en ese punto. Se proyecta luz infrarroja en el ojo y una cámara analiza los reflejos para registrar la dirección de la mirada.

PANTALLA

La pantalla presenta dos imágenes, una por ojo

Un potente procesador de gráficos en la placa base controla la imagen

PLACA BASE

CARCASA EXTERNA

Alterar la percepción
Los cascos de RV engañan a la percepción del usuario para que experimente un espacio 3D generado por ordenador. Además de sonido e imágenes, los dispositivos «hápticos» en guantes y otras prendas permiten sentir los objetos virtuales.

REALIDAD AUMENTADA

La realidad aumentada (RA) emplea tecnología parecida a la RV, pero los gráficos generados por ordenador de la RA se superponen a la escena real. Los usuarios de RA ven la escena a través de la pantalla de una cámara –por ejemplo, en un teléfono inteligente– o proyectada en una pantalla transparente, como unas gafas.

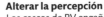

EL ESTEREOSCOPIO SE INVENTÓ **EN 1838, ANTES** INCLUSO QUE LA **FOTOGRAFÍA**

Nanotubos

Los nanotubos de carbono son estructuras cilíndricas de tan solo unos nanómetros de ancho. Aún miden solo unos milímetros, pero se podrían hacer nanotubos más largos de un material muchas veces más resistente que el acero y con otras útiles propiedades, como baja densidad.

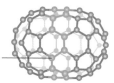

UN **NANOTUBO QUE LLEGARA A LA LUNA** SERÍA, ENROLLADO, COMO UNA **SEMILLA DE AMAPOLA**

Esfera de carbono que se da en la naturaleza

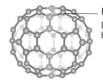

Esfera hecha de pentágonos y hexágonos

Se añaden átomos extras de carbono

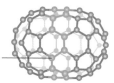

1 **Plantar nanotubos**
Una forma de construir nanotubos es «plantarlos» a partir de una esfera de 60 átomos que se da en la naturaleza, llamada *buckybola*.

2 **Añadir hexágonos**
La mayor parte de la esfera está hecha con hexágonos de carbono. Se incrementa la longitud de la *buckybola* añadiendo más.

3 **Aumentar la longitud**
Se añaden a la esfera anillos sucesivos de 10 átomos de carbono. Con 1 mm de largo, el tubo tendrá más de un millón de átomos.

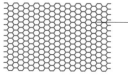

Lámina de grafeno de un átomo de grosor

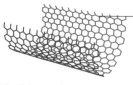

El modo en que se enrolla la lámina determina su conductividad

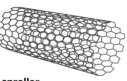

1 **Enrollar nanotubos**
Otro método para fabricar nanotubos es enrollar una lámina de hexágonos de un átomo de grosor del carbono llamado grafeno.

2 **Flexible y resistente**
El grafeno es muy rígido en todas direcciones, y puede doblarse de diferentes formas (en este caso, enrollándolo).

3 **A enrollar**
Enrollar una lámina de grafeno da un nanotubo de una pared. Los de paredes múltiples se crean metiendo un tubo dentro de otro.

AGUA	GLUCOSA	ANTICUERPO	VIRUS	BACTERIA
10^{-1}	1	10	10^{2}	10^{3}

NANÓMETROS

Dentro de una *buckybola* podrían transportarse átomos y pequeñas moléculas

Oro que rodea el cristal de sílice, que posee útiles propiedades ópticas en la terapia contra el cáncer

NANOESFERA

Se pueden dar propiedades específicas a racimos de moléculas y átomos semiconductores

PUNTOS CUÁNTICOS

Tecnología diminuta
Las nanopartículas tienen una gran área de superficie en relación con su volumen, lo que significa que reaccionan muy rápidamente. Poseen propiedades únicas que no comparten con la misma sustancia en otra escala. Existe preocupación por el hecho de que las nanopartículas sean tan pequeñas que puedan causar daños en el cuerpo de una persona al entrar en el cerebro por la sangre.

BUCKYBOLA

Un polímero ramificado podría servir para transportar, entregar o recoger materiales

DENDRÍMERO

NANOESTRUCTURAS

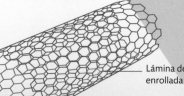

Lámina de carbono enrollada (ver arriba)

NANOTUBO

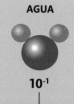

Usos de la nanotecnología

La nanotecnología podría cambiar el futuro de la construcción, la medicina y la electrónica. Una teoría es que máquinas diminutas, los nanorrobots, podrían actuar en el interior del cuerpo suministrando medicamentos. Otra propuesta es que herramientas microscópicas podrían ensamblar objetos molécula a molécula. Estas tecnologías aún están a décadas de distancia, pero los materiales nanotecnológicos ya se usan. Por ejemplo, el vidrio resistente a arañazos se endurece con una capa de nanopartículas de solo unos nanómetros de grosor, por lo que es transparente.

Protector solar transparente

En las cremas solares se usan nanopartículas de óxido de cinc y de óxido de titanio. Los diminutos cristales protegen la piel de los rayos nocivos.

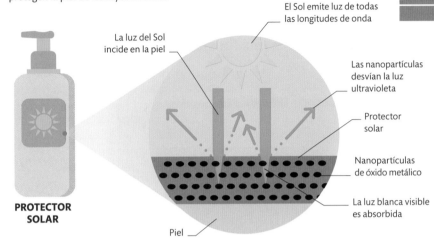

El Sol emite luz de todas las longitudes de onda

La luz del Sol incide en la piel

Las nanopartículas desvían la luz ultravioleta

Protector solar

Nanopartículas de óxido metálico

La luz blanca visible es absorbida

Piel

PROTECTOR SOLAR

Televisor OLED
La tecnología de diodo orgánico de emisión de luz (OLED) produce luz electrificando una capa de moléculas. Las pantallas OLED son finas y flexibles.

Ordenadores más pequeños
Pronto se instalarán cables de nanotubos y puntos cuánticos en los microchips, haciéndolos más pequeños y potentes.

Megaestructuras
Añadir nanotubos a materiales de construcción los haría mucho más resistentes, lo que permitiría construir estructuras mucho más grandes.

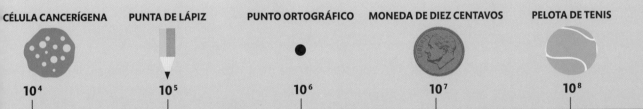

CÉLULA CANCERÍGENA	PUNTA DE LÁPIZ	PUNTO ORTOGRÁFICO	MONEDA DE DIEZ CENTAVOS	PELOTA DE TENIS
10^4	10^5	10^6	10^7	10^8

Nanotecnología

La miniaturización ha sido siempre un objetivo de la ingeniería. La nanotecnología pretende construir máquinas diminutas con átomos y moléculas.

La nanosecala

El prefijo *nano* significa «una milmillonésima parte». Hay mil millones de nanómetros (nm) en un metro, y este punto ortográfico . tiene un millón de nanómetros de ancho. Las nanomáquinas, o nanorrobots, son máquinas hipotéticas capaces de realizar acciones en la nanoescala y que podrían tener entre 10 y 100 nm de grosor.

USAR ADN

Una propiedad útil del ADN es que puede crear copias de sí mismo, de modo que una hebra de ADN sirve de plantilla para la nueva. Esta propiedad podría manipularse para fabricar dispositivos a escala microscópica parecidos al ADN y que, en teoría, podrían cambiar de forma y funcionar como máquinas.

Robots y automatización

Un robot es una máquina construida para realizar acciones complejas. Puede accionarla remotamente un ser humano, pero suelen diseñarse para funcionar de forma autónoma.

¿Para qué sirven los robots?

Los componentes de un robot se mueven de forma independiente en varias direcciones. Esto permite al robot realizar ciertas tareas complejas que de otro modo necesitarían un trabajador humano. Los robots suelen estar limitados a aplicaciones en las que tienen amplias ventajas sobre los seres humanos, como trabajar en lugares peligrosos o realizar tareas repetitivas.

¿REEMPLAZARÁN LOS ROBOTS A LAS PERSONAS?

Los robots mecánicos están diseñados para un pequeño número de tareas y están muy lejos aún de la versatilidad del cuerpo humano.

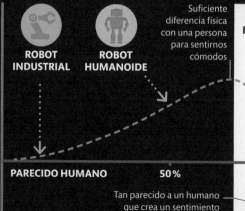

El largo brazo puede levantar cargas pesadas

Tareas repetitivas
Los robots de ensamblaje están programados para hacer tareas repetitivas. No se cansan o aburren, pero son incapaces de modificar sus acciones en respuesta a un suceso inesperado.

MANUFACTURA

Zonas de peligro
Los vehículos robóticos, como los de desactivación de explosivos, se mandan a lugares muy peligrosos para un ser humano. Envían información a un operador humano.

Comprueba el terreno en busca de movimiento

RESCATE

Actroides

Muchos ingenieros han intentado construir máquinas que emulen la forma humana. Un desarrollo reciente en este campo es el Actroide, un robot realista y de piel blanda que reconoce y responde a expresiones verbales y faciales. Sin embargo, los diseñadores tienen que luchar contra el llamado valle inquietante, que consiste en que las réplicas humanas inanimadas resultan extrañas e incluso terroríficas cuanto más se parecen a humanos vivos.

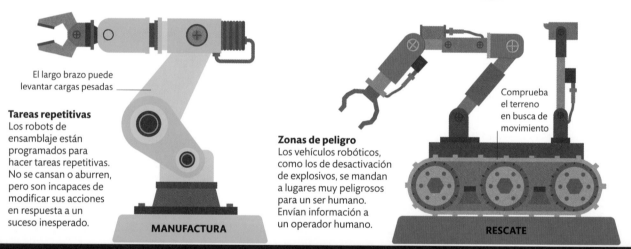

SENTIMIENTO DE FAMILIARIDAD

ROBOT INDUSTRIAL

ROBOT HUMANOIDE

Suficiente diferencia física con una persona para sentirnos cómodos

VALLE INQUIETANTE

PERSONA SANA

MARIONETA

PARECIDO HUMANO

50%

Tan parecido a un humano que crea un sentimiento de incomodidad

MANO PROSTÉTICA

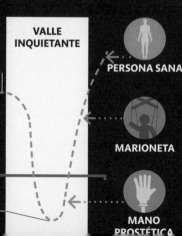

MOTOR DE PASOS

Las articulaciones robóticas que se doblan o giran usan principalmente un tipo de motor llamado motor de pasos. Estos motores utilizan una serie de electroimanes que mueven cada uno un eje unos grados cada vez. Como resultado, se puede hacer que el motor realice giros muy precisos.

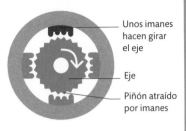

Unos imanes hacen girar el eje

Eje

Piñón atraído por imanes

EL *CURIOSITY*, EN MARTE, PUEDE TOMAR MUESTRAS PARA ANÁLISIS DESDE 7 M

Otros mundos
Los laboratorios móviles, como los *rovers* de exploración de Marte, siguen rutas que les envían sus operadores pero pueden responder de forma autónoma a los peligros.

Se requiere precisión
Los robots quirúrgicos pueden llevar a cabo incisiones y procedimientos muy precisos tanto dirigidos por un médico humano como según una secuencia preprogramada.

Cámara estereoscópica para capturar imágenes en 3D

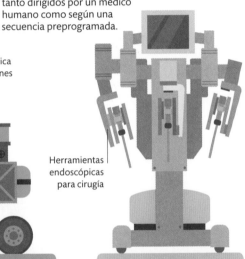

Herramientas endoscópicas para cirugía

Pantalla usada para la comunicación

Tareas de bajo nivel
Algún día, robots capaces de limpiar y transportar reemplazarán a los cuidadores, pero programar un robot que pueda hacer esto es muy difícil.

EXPLORACIÓN

CIRUGÍA

TAREAS DOMÉSTICAS

Vehículos autónomos

Los coches que se mueven sin conductor por las carreteras y responden a su entorno son un tipo de robots. El éxito de los vehículos autónomos está en su habilidad para interpretar dónde están y qué ocurre a su alrededor. Se usan diferentes sistemas de detección para crear una imagen completa de lo que les rodea.

Radar   Cámara

LiDAR

Planear la ruta
El pasajero usa un sistema de GPS para seleccionar una ruta. El vehículo sabrá qué desvíos y carreteras se va a encontrar.

Cámara
Detecta la carretera, las señales y otros signos viales.

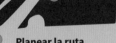

Radar
Detecta la dirección y la velocidad de los objetos móviles o estacionarios.

LiDAR
Este detector láser determina el tamaño y

Inteligencia artificial

La inteligencia puede concebirse como la habilidad de tomar decisiones sobre lo adecuado en determinada circunstancia. Uno de los objetivos de la ciencia computacional es crear dispositivos con inteligencia artificial (IA).

¿Débil o fuerte?
La mayoría de los sistemas de IA son débiles: son incapaces de funcionar fuera de criterios programados por sus creadores humanos. Una IA fuerte es potencialmente más versátil: podría hacer casi todo lo que puede hacer un cerebro humano. Sería lo bastante inteligente como para saber que no sabe algo y aprenderlo.

¿PODRÍA DOMINARNOS LA IA?

Es poco probable que la IA sea pronto tan inteligente como nosotros. Aun así, confiamos en que tome decisiones por nosotros sin entender cómo lo hace.

DÉBIL

Experto
Un ordenador de ajedrez es un sistema experto. Decide sus jugadas consultando una base de datos recopilada por un experto jugador de ajedrez humano.

Reconocimiento de voz
Un asistente activado por voz aprende a reconocer palabras y a analizar las frases para ofrecer las mejores respuestas. A pesar de ello, no comprende su significado.

IA fuerte
El sistema Watson, de IBM, es capaz de resolver numerosos problemas, desde participar en concursos a asesorar a médicos, todo basado en la misma infraestructura. Es lo más parecido que tenemos a la IA fuerte.

IA débil
Un sistema de recomendación, como los de las noticias de las redes sociales, es una IA débil. Puede buscar y seleccionar elementos relacionados con lo que ya hemos visto.

Computación cuántica
El futuro de la IA puede estar en la computación cuántica, en la que un nuevo tipo de procesador podrá manejar cantidades de datos mucho mayores que los actuales supercomputadores.

FUERTE

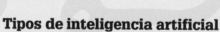

Tipos de inteligencia artificial

La idea más común sobre la inteligencia artificial (IA) es un dispositivo no humano con una inteligencia parecida a la nuestra. No obstante, es poco probable que la IA funcione así pronto (o nunca). Las IA que existen hoy en día están centradas en una estrecha franja de tareas muy específicas. Sin embargo, son capaces de realizar esas tareas más rápidamente y con más precisión que una inteligencia humana.

Aprendizaje de máquinas

Se llama aprendizaje de máquinas a permitir que un sistema informático aprenda a ajustar su comportamiento en respuesta a nuevas situaciones. Para eso hace falta una red neuronal artificial –inspirada en las células interconectadas de los cerebros animales– que pueda aprender procesando información y usándola para hacer suposiciones informadas. Cuando se equivoca, ajusta sus suposiciones para hacerlo mejor la próxima vez.

Ensayo y error
Durante el aprendizaje de máquinas supervisado, su creador humano le dice al sistema si sus respuestas son correctas o no. El sistema aplica y cambia pesos, o inclinaciones, en los nodos de la red para lograr la respuesta correcta.

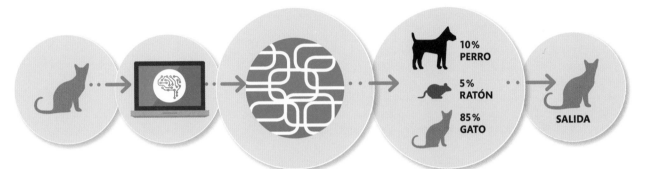

10% PERRO

5% RATÓN

85% GATO

SALIDA

1 Entrada
El sistema introduce en la red neuronal una imagen formada por un patrón de píxeles de distintas intensidades de color.

2 Aprendizaje
El objetivo del ordenador es reconocer los patrones entre los píxeles que asocia con diferentes animales. Al principio, sencillamente adivina al azar.

3 Análisis
Los datos sobre los píxeles pasan a través de capas dentro de la red neuronal. Cada capa adquiere más información sobre los patrones de píxeles.

4 Aprendizaje de máquinas
Tras muchos intentos de aprendizaje (de centenares a miles de millones), la red neuronal mejora a la hora de reconocer los patrones de píxeles que pueden representar a un perro, un gato o un ratón.

5 En uso
Después de que el sistema de IA ha aprendido su tarea, puede usarse para analizar imágenes (u otra tarea) de forma automática.

Test de Turing

Uno de los pioneros de la ciencia computacional, Alan Turing, formuló un test para saber si un ordenador es inteligente. Un juez humano mantiene una conversación de texto con un ordenador y con un humano de prueba. Si el juez no puede saber cuál es el humano y cuál es el ordenador, el ordenador ha pasado el test de Turing.

Experimento a doble ciego
Los jueces no ven con quién hablan. En pruebas más avanzadas, el juez muestra imágenes y habla con los sujetos.

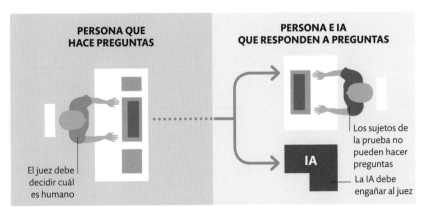

PERSONA QUE HACE PREGUNTAS

PERSONA E IA QUE RESPONDEN A PREGUNTAS

IA

El juez debe decidir cuál es humano

Los sujetos de la prueba no pueden hacer preguntas

La IA debe engañar al juez

BITS CUÁNTICOS

Los ordenadores clásicos usan dígitos binarios (*bits*) que almacenan: un 1 o un 0. Los ordenadores cuánticos usan *bits* cuánticos, o *cúbits*, que tienen una cierta probabilidad de ser unos o ceros y que, por tanto, almacenan dos fragmentos de información a la vez. La potencia de los ordenadores cuánticos proviene de usar *cúbits* juntos; un procesador de 32 *cúbits* maneja 4 294 967 296 *bits* a la vez.

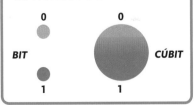

0

0

BIT

CÚBIT

1

1

Ondas

Las ondas son oscilaciones o fluctuaciones rítmicas que se dan en la naturaleza. La luz y el sonido son ejemplos de ondas. Aunque las ondas adoptan formas diferentes, hay ciertas características que todas comparten.

¿DE DÓNDE VIENEN LAS OLAS DEL OCÉANO?

El viento crea olas en el mar al soplar sobre la superficie del agua. La fricción empuja el agua en crestas, que a su vez captan mejor el viento.

Tipos de ondas

Una onda es un ejemplo de energía que se desplaza de un lugar a otro. Todas las ondas exhiben los mismos comportamientos básicos debido a su movimiento oscilatorio, el cual puede generarse de tres formas diferentes. El sonido es una onda longitudinal. La luz y otros tipos de radiación son ondas transversales y no requieren un medio por el que viajar. Las olas son un ejemplo del complejo tercer tipo, llamado ondas de superficie u ondas sísmicas.

Onda de superficie
El agua en una onda de superficie no se mueve hacia delante con la onda, sino que se mueve en bucles, produciendo cimas y valles de igual altura a lo largo del nivel del agua en condiciones de calma.

Cima sobre la línea del agua en calma

Valle bajo la línea del agua en calma

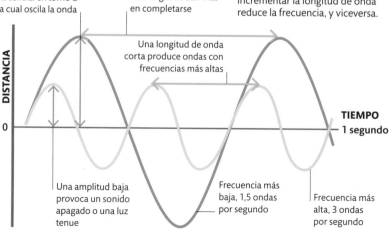

Moléculas de aire rarificadas, o dispersas, en una zona de baja presió

SIRENA DE BARCO

DIRECCIÓN DE LA ONDA

Las moléculas de agua rotan en torno a un punto fijo en el agua

Medir las ondas

Todas las ondas, en cualquier forma, pueden medirse con el mismo conjunto de medidas. La longitud de onda es la distancia cubierta por una oscilación completa de la onda. Lo más fácil es medirla desde una cima a la siguiente. La frecuencia de una onda es el número de longitudes de onda que ocurren cada segundo y se mide en hercios (Hz). La amplitud equivale a la altura de la onda e indica su potencia o cuánta energía se transfiere con el tiempo.

La amplitud se mide desde una línea central en torno a la cual oscila la onda

Las longitudes de onda más largas tardan más en completarse

Relación de onda
Si la velocidad de onda es constante, incrementar la longitud de onda reduce la frecuencia, y viceversa.

Una longitud de onda corta produce ondas con frecuencias más altas

DISTANCIA

0

TIEMPO
1 segundo

Una amplitud baja provoca un sonido apagado o una luz tenue

Frecuencia más baja, 1,5 ondas por segundo

Frecuencia más alta, 3 ondas por segundo

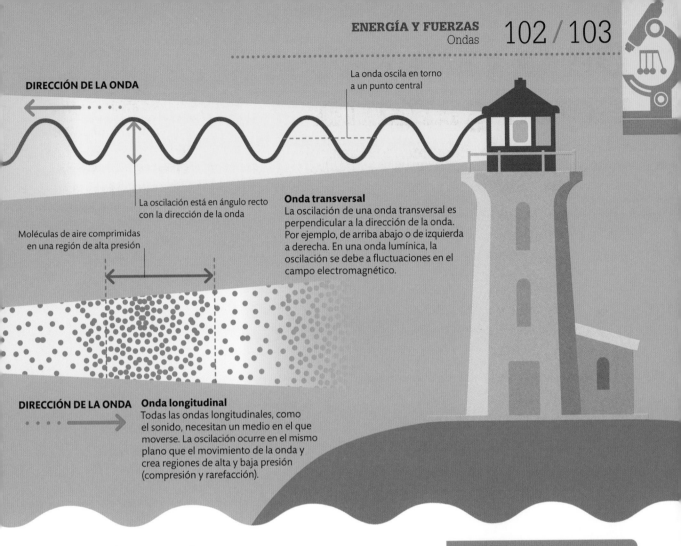

DIRECCIÓN DE LA ONDA

La onda oscila en torno a un punto central

La oscilación está en ángulo recto con la dirección de la onda

Onda transversal
La oscilación de una onda transversal es perpendicular a la dirección de la onda. Por ejemplo, de arriba abajo o de izquierda a derecha. En una onda lumínica, la oscilación se debe a fluctuaciones en el campo electromagnético.

Moléculas de aire comprimidas en una región de alta presión

DIRECCIÓN DE LA ONDA

Onda longitudinal
Todas las ondas longitudinales, como el sonido, necesitan un medio en el que moverse. La oscilación ocurre en el mismo plano que el movimiento de la onda y crea regiones de alta y baja presión (compresión y rarefacción).

Propagación de las ondas

Las ondas se propagan desde una fuente en todas direcciones si nada bloquea el camino. La intensidad de una onda, o su concentración de energía, se reduce a medida que se aleja de la fuente. La reducción de la intensidad –que apaga los sonidos y atenúa la luz– sigue la ley de la inversa del cuadrado. Por ejemplo, cada vez que se dobla la distancia, la intensidad de la onda se reduce en un factor de cuatro.

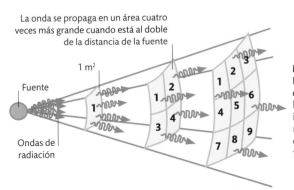

La onda se propaga en un área cuatro veces más grande cuando está al doble de la distancia de la fuente

1 m²

Fuente

Ondas de radiación

Menos efecto
La reducción de la intensidad es muy rápida. Al triple de la distancia de la fuente, la intensidad es nueve veces más baja. A cien veces la distancia, se reduce en un factor de 10 000.

ROMPER LAS OLAS

Las olas del mar rompen al hacerse este demasiado poco profundo para que el agua circule en un bucle (ver p. 233). Cuando la ola entra en la parte poco profunda, el agua, que va rotando, se eleva en una cresta alargada. La ola entonces deja de estar equilibrada y rompe.

El agua en la parte de atrás de la ola viaja más deprisa

LLEGADA A LA ORILLA

De la radio a los rayos gamma

Todo lo que vemos es un patrón de luz visible que llega a nuestros ojos en forma de ondas. Pero estos rayos visibles son solo parte de un espectro más amplio de ondas electromagnéticas que llevan energía de un sitio a otro.

¿SON PELIGROSAS LAS MICROONDAS?

Las microondas fuertes podrían quemarnos, pero las débiles son inofensivas. Los hornos de microondas están diseñados para que estas queden siempre dentro.

Radiación electromagnética

La energía puede transferirse mediante la radiación electromagnética, que adopta la forma de una onda que ondula de izquierda a derecha y de arriba abajo. Los dos componentes de la onda oscilan en fase –sus cimas y sus valles ocurren en un movimiento regular y están alineados–. La longitud de la onda puede variar, pero siempre viaja en el espacio vacío a la velocidad de la luz.

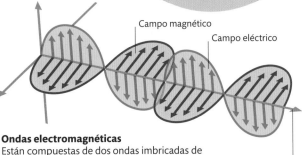

Campo magnético

Campo eléctrico

Ondas electromagnéticas
Están compuestas de dos ondas imbricadas de forma perpendicular: una es un campo eléctrico oscilante y la otra es un campo magnético oscilante.

Dirección de la onda

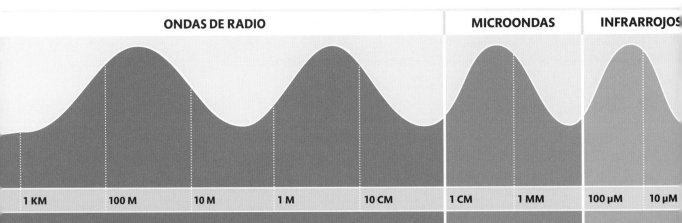

ONDAS DE RADIO					MICROONDAS		INFRARROJOS
1 KM	100 M	10 M	1 M	10 CM	1 CM	1 MM	100 µM 10 µM

El espectro electromagnético

Percibimos algunas ondas electromagnéticas como luz visible, que consiste en un espectro de colores con su propia longitud de onda cada uno, del rojo al violeta. Pero el espectro electromagnético abarca desde los rayos infrarrojos –que llevan la energía calorífica– a las microondas y las ondas de radio. Entre las longitudes de onda más pequeñas están los rayos ultravioleta y X y los rayos gamma.

Radiotelescopio
Se emplea una antena parabólica para detectar ondas de radio emitidas por estrellas lejanas.

Horno microondas
La comida se calienta cuando las microondas excitan las moléculas de agua que contiene.

Control remoto
Un control remoto usa pulsos de radiación infrarroja para enviar códigos digitales.

Radio digital

Los transmisores de radio analógicos emiten señales que son esencialmente ondas añadidas a las ondas de radio normales. Otras ondas de radio pueden interferir unas con otras y distorsionar la emisión analógica. La radio digital convierte el sonido en un código digital y, en tanto lleguen los dígitos que forman el código, la transmisión se convierte en una señal clara.

LA **VELOCIDAD DE LA LUZ** EN EL VACÍO ES DE **299 792 458 M/S**

Sonido de alta calidad

Las ondas de sonido se convierten en un flujo de números antes de la transmisión. Un receptor digital decodifica los números y los convierte en sonido en los altavoces.

Las señales digitales se emiten en una amplia banda de frecuencias para evitar interferencias

El transmisor envía unos y ceros a través del aire

El receptor digital decodifica los unos y ceros y los convierte en sonido

Sonido captado como una señal variante o análoga

Sonido convertido en señal digital por un conversor análogo-digital

Las señales digitales tienen solo dos estados: 1 y 0

1 0 1 1 0 1 0 1 1 1 0 0 0 1

FUENTE   **ONDAS DE SONIDO**   **SEÑAL DIGITAL**   **TORRE DE TRANSMISIÓN**   **RADIO**

VISIBLE	ULTRAVIOLETA	RAYOS X			RAYOS GAMMA			
1 μM	100 NM	10 NM	1 NM	0,01 NM	0,01 NM	0,001 NM	0,0001 NM	0,00001 NM

LONGITUD DE ONDA

[Oj]o humano
[D]etecta una franja [d]e longitudes de [on]da en forma de [es]pectro de colores.

Desinfección
Ciertas longitudes de onda de la luz UV permiten matar bacterias y esterilizar.

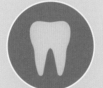

Radiografía dental
Rayos X de longitud corta atraviesan los tejidos y muestran los dientes debajo.

Energía nuclear
La energía de los rayos gamma de la radiación nuclear se usa para generar electricidad.

Usar la radiación electromagnética
Hasta la década de 1880, las únicas formas de radiación conocidas eran la luz infrarroja, ultravioleta y visible. La tecnología moderna aprovecha todo el espectro.

El color

El color es un fenómeno generado por nuestros ojos y nuestro sistema de visión para permitirnos ver diferentes longitudes de onda. Los colores que percibimos dependen de las longitudes de onda que detectan nuestros ojos.

¿POR QUÉ NO VEMOS BIEN LOS COLORES DE NOCHE?

Porque es demasiado oscuro para que funcionen los conos. En su lugar, los bastoncillos, células más sensitivas, crean imágenes en forma de áreas de luz y oscuridad.

Espectro visible

El ojo puede detectar luz con longitudes de onda de entre 400 y 700 nanómetros. Una luz que contiene todas esas longitudes aparece como blanca. Cuando la luz se divide en longitudes individuales, el cerebro asigna cada una a un color específico del espectro. La luz roja tiene la longitud de onda más larga y la violeta, la más corta.

Dividir la luz blanca
Si las longitudes de onda en la luz blanca se dividen mediante refracción, cada color se desvía en una cantidad única, creando un arcoíris.

La luz roja es la que menos se refracta

ROJO
NARANJA
AMARILLO
VERDE
AZUL
ÍNDIGO
VIOLETA

La luz blanca entra en el prisma

PRISMA DE VIDRIO

Visión del color

El ojo humano crea imágenes de la luz usando tres tipos de células llamadas conos por su forma. Los conos de la retina contienen pigmentos químicos sensibles a las longitudes de onda específicas de la luz. Cuando se activan, emiten una señal nerviosa. El cerebro recibe señales de la luz roja, verde y azul que entra en el ojo y crea la percepción del color. Por ejemplo, señales de un cono verde y uno rojo crean la percepción del amarillo, las señales de todos los conos crean el blanco y la ausencia de señales de los conos crea el negro.

Sensores de luz
Todas las partes de la retina tienen conos de los tres tipos, aunque la mayoría están en la parte central, justo detrás de la pupila. Allí es donde se forman las imágenes más detalladas.

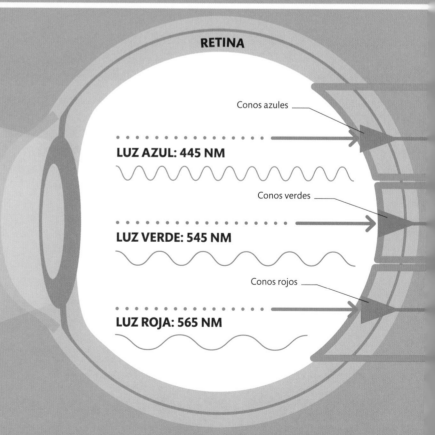

RETINA

Conos azules

LUZ AZUL: 445 NM

Conos verdes

LUZ VERDE: 545 NM

Conos rojos

LUZ ROJA: 565 NM

CIELO AZUL

El cielo es azul porque la luz azul tiene una longitud de onda más corta que otros colores y rebota con más fuerza en las moléculas de aire, dispersándose en todas direcciones antes de brillar en nuestros ojos. La luz violeta también se dispersa, pero es más escasa y nuestros ojos son más sensibles al azul.

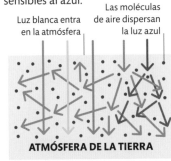

Luz blanca entra en la atmósfera

Las moléculas de aire dispersan la luz azul

ATMÓSFERA DE LA TIERRA

El magenta no es parte del arcoíris natural, pero se forma cuando el ojo detecta luz roja y azul pero no verde

AZUL

CIAN

VERDE

AMARILLO

ROJO

MAGENTA

Mezclar los colores

Cuando la luz incide en un objeto, se absorbe o se refleja. El cerebro adjudica un color a un objeto dependiendo de la luz que refleja. Por ejemplo, un plátano refleja la luz amarilla y absorbe todos los demás colores. A esto se lo llama síntesis sustractiva y se usa para manufacturar tintas de color y tintes. Mezclar los colores directamente en una fuente de luz, como en un foco escénico, requiere el método inverso, llamado síntesis aditiva.

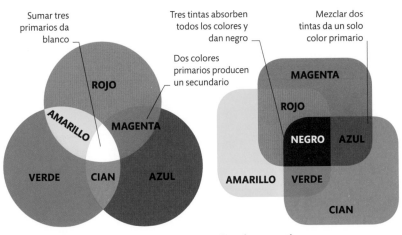

Sumar tres primarios da blanco

Tres tintas absorben todos los colores y dan negro

Mezclar dos tintas da un solo color primario

Dos colores primarios producen un secundario

Síntesis aditiva
La luz transmitida se altera usando el sistema aditivo. Rojo, verde y azul son los tres colores primarios. Los colores secundarios se forman combinando dos primarios. Sumar todos los primarios da luz blanca.

Síntesis sustractiva
Los pigmentos cian, magenta y amarillo se usan para formar color reflejado. Cada uno absorbe un color primario y refleja dos. Añadir otro pigmento reduce la luz reflejada a un solo color primario.

Los objetos que reflejan todos los colores son blancos

Los objetos que absorben todos los colores son negros

Luz reflejada
Cuando miramos un objeto, lo vemos de cierto color. Esto depende de la naturaleza del material y de las longitudes de luz que absorbe o refleja en nuestros ojos.

LA **GAMBA MANTIS** POSEE **12 TIPOS DE RECEPTORES DE COLOR** Y PUEDE VER **LA LUZ UV** E **INFRARROJA**

Espejos y lentes

Los haces de luz siempre viajan en línea recta, pero pueden cambiar de dirección debido a fenómenos como la reflexión y la refracción. Estos dos procesos se usan para controlar la luz mediante espejos y lentes.

Reflejar la luz

El ángulo de un haz de luz reflejado es siempre igual al ángulo del haz incidente. Los ángulos se miden desde la normal, una línea imaginaria perpendicular a la superficie. La luz reflejada en la mayoría de los objetos se dispersa en todas direcciones porque los haces inciden en sus superficies desiguales en diferentes ángulos. Un espejo es muy liso, por lo que los haces reflejados mantienen sus alineaciones originales y crean una imagen.

¿POR QUÉ BRILLAN LOS DIAMANTES?

Los diamantes tallados brillan porque los ángulos de sus superficies garantizan que la luz se refleje en el interior y salga solo por la parte de arriba.

Imagen reflejada

Un espejo crea una imagen virtual de un objeto que aparenta estar situado tras el espejo. El reflejo invierte horizontalmente la imagen, por lo que las letras, por ejemplo, aparecen al revés.

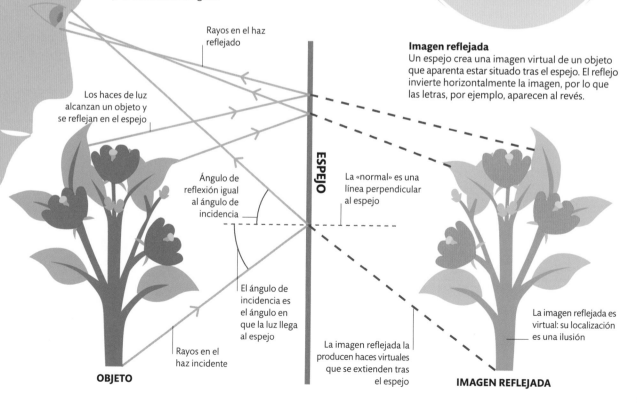

Rayos en el haz reflejado

Los haces de luz alcanzan un objeto y se reflejan en el espejo

ESPEJO

Ángulo de reflexión igual al ángulo de incidencia

La «normal» es una línea perpendicular al espejo

El ángulo de incidencia es el ángulo en que la luz llega al espejo

Rayos en el haz incidente

OBJETO

La imagen reflejada la producen haces virtuales que se extienden tras el espejo

La imagen reflejada es virtual: su localización es una ilusión

IMAGEN REFLEJADA

Refractar la luz

Las ondas lumínicas viajan a distinta velocidad a través de medios diferentes. Si la luz entra en un nuevo medio transparente en ángulo, el cambio de velocidad provoca un pequeño cambio de dirección. Esto se conoce como refracción. Diferentes partes del haz de luz se ralentizan en momentos distintos, lo que desvía el camino de la luz.

EL ARCOÍRIS SE FORMA CUANDO LAS GOTAS DE LLUVIA REFLEJAN, REFRACTAN Y DISPERSAN LA LUZ

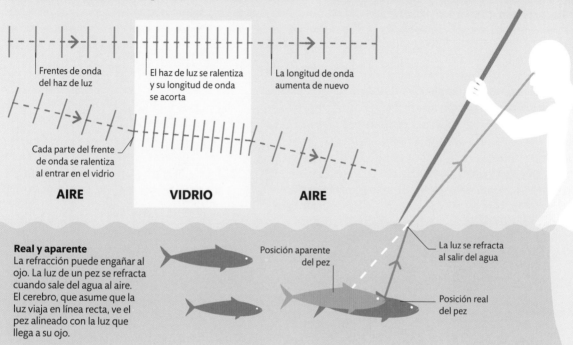

Frentes de onda del haz de luz

El haz de luz se ralentiza y su longitud de onda se acorta

La longitud de onda aumenta de nuevo

Cada parte del frente de onda se ralentiza al entrar en el vidrio

AIRE　　**VIDRIO**　　**AIRE**

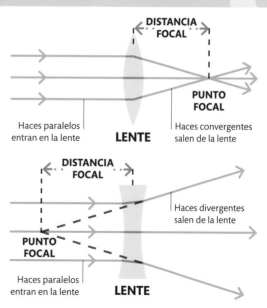

La luz se refracta al salir del agua

Real y aparente
La refracción puede engañar al ojo. La luz de un pez se refracta cuando sale del agua al aire. El cerebro, que asume que la luz viaja en línea recta, ve el pez alineado con la luz que llega a su ojo.

Posición aparente del pez

Posición real del pez

Enfocar la luz

Una lente es una pieza de vidrio transparente que se vale de la refracción para cambiar la dirección de la luz. Tiene una superficie curva, lo que significa que los haces de luz inciden en la lente en una serie de ángulos diferentes y, como resultado, se refractan en proporciones diferentes. Hay dos tipos de lentes. Una lente convergente (convexa) cierra hacia dentro los haces de luz y una lente divergente (cóncava) los abre.

Lente convergente
Los haces de luz que inciden en una lente convexa convergen en un punto focal al otro lado. La distancia entre la lente y el punto focal es la distancia focal. Una lente convergente puede usarse para magnificar objetos pequeños (ver p. 113).

Lente divergente
Una lente cóncava hace que los haces de luz se abran y parezcan provenir de un punto focal detrás de la lente. Estas lentes se usan en las gafas para la miopía.

DISTANCIA FOCAL

PUNTO FOCAL

Haces paralelos entran en la lente

LENTE

Haces convergentes salen de la lente

DISTANCIA FOCAL

Haces divergentes salen de la lente

PUNTO FOCAL

Haces paralelos entran en la lente

LENTE

Cómo funciona un láser

Un láser es un dispositivo que produce un intenso haz de luz paralelo y coherente, en el que las ondas de luz están alineadas y acompasadas unas con otras. Esto dota al haz de precisión y potencia.

Energizar la luz

En un láser de cristal, se dirige la luz a un tubo hecho de un cristal artificial, por ejemplo rubí. Los átomos de dentro se empapan de energía y emiten de nuevo la luz, haciendo que los átomos cercanos emitan también fotones de luz, todos en una longitud de onda específica. Los fotones van y vienen entre los espejos del tubo hasta que la luz es lo bastante intensa como para escapar del tubo en forma de fino haz, que puede ser lo bastante potente como para tallar un diamante.

El cristal de rubí contiene átomos y fotones

El espejo impide que los fotones escapen del cristal

Un estroboscopio bombea luz (fotones) en el cristal

ESPEJO

FOTÓN

ESTROBOSCOPIO

ÁTOMO

Electrón

Capa electrónica de alta energía

Capa electrónica de baja energía

NÚCLEO

ÁTOMO

El electrón regresa a la capa electrónica de baja energía

Un fotón choca con un electrón excitado de otro átomo

ALTA ENERGÍA

Fotón absorbido

El electrón pasa de un nivel bajo de energía a uno alto

BAJA ENERGÍA

Un fotón emitido

Dos fotones emitidos

1 Excitándose
Cuando un átomo absorbe un fotón, uno de sus electrones salta de un nivel de energía bajo a uno mayor. En este estado excitado, un átomo es inestable.

2 Exceso de energía
El electrón permanece excitado solo unos milisegundos y libera el fotón que ha absorbido. El fotón liberado posee una longitud de onda particular.

3 Darlo todo
Los electrones excitados son alcanzados por más fotones, que les hacen liberar dos fotones en lugar de uno. Esto recibe el nombre de emisión estimulada.

Usar una luz láser

Los láseres han demostrado ser una de las invenciones más versátiles de los tiempos modernos. Hoy en día tienen una gran variedad de usos cotidianos y especiales, desde la comunicación por satélite hasta leer códigos de barras en el supermercado.

Impresión láser
El láser sitúa en el papel electricidad estática que atrae la tinta.

Grabar datos
Los datos se graban en discos codificados mediante patrones.

Efectos
En el teatro se usan proyecciones controladas por láser.

BAJA · · · · · · · · · · · · · · · · **MEDIA** · · · · · · · · · · · · · · · · **ALTA**

INTENSIDAD DE LA LUZ LÁSER

Medicina
Los cirujanos usan láseres en lugar de bisturíes para cortar tejidos.

Cortar material
Un láser potente puede cortar materiales resistentes.

Astronomía
Con láseres se miden distancias con precisión.

La cantidad de fotones en el cristal aumenta a medida que más electrones excitados los emiten

¿CUÁN POTENTE PUEDE SER UN LÁSER?

El láser más potente emite un haz de 2 petavatios durante una billonésima de segundo, casi tanta potencia como el consumo de electricidad medio de todo el planeta.

Un haz de láser se compone de fotones de una longitud de onda específica, alineados y acompasados

Los fotones se reflejan una y otra vez a lo largo del cristal

Espejo parcialmente reflectante

4 Luz amplificada
Cada vez que un fotón estimula la emisión de dos fotones, la luz se amplifica. *Láser* significa «amplificación de luz por emisión estimulada de radiación». La luz rebota arriba y abajo a lo largo del tubo.

5 Un haz de láser escapa
Un espejo parcialmente reflectante deja que escapen algunos fotones del cristal en forma de haz de luz potente y coherente.

Usar la óptica

La óptica estudia la luz. El comportamiento óptico de los haces de luz, como la reflexión y la refracción, tiene algunas poderosas aplicaciones que nos permiten ir más allá de los límites del ojo humano.

La óptica en acción

El ojo humano solo puede ver objetos de más de 0,1 mm de grosor. Los instrumentos ópticos se usan para ver objetos más pequeños que eso y para ver detalles de objetos muy lejanos. Lo consiguen captando los haces de luz que llegan del objeto. Esa luz forma una imagen tenue y demasiado pequeña para la vista. El instrumento capta más luz del objeto para hacer la imagen más brillante y la magnifica con una lente.

Fibras ópticas

Estos cables superrápidos envían señales en forma de resplandores codificados de luz láser dentro de las fibras flexibles de vidrio. La luz viaja reflejándose en la superficie interior de la fibra. El ángulo en el que el láser incide en el vidrio es crucial: si es demasiado cerrado, no se reflejará sino que se refractará.

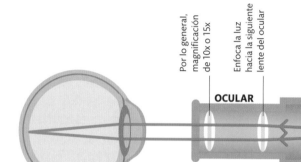

LEYENDA
- Señal de luz 1
- Señal de luz 2

Multiplexación
Una fibra puede enviar varias señales usando láseres de distintos colores.

OCULAR

Por lo general, magnificación de 10x o 15x

Enfoca la luz hacia la siguiente lente del ocular

Los haces de luz se cruzan, lo que endereza la imagen final

TORNILLO

Con el tornillo se acerca el tubo al espécimen en bajas magnificaciones

Los objetivos de diferentes potencias pueden seleccionarse rotándolos

---

INTERFERENCIA

Como todos los tipos de onda, las ondas de luz interfieren entre sí. Cuando dos ondas se encuentran, se combinan en una. Si las longitudes de onda están en fase (si son de la misma longitud y sus cimas y valles se mueven al unísono), forman una sola onda más potente. Las ondas exactamente fuera de fase se cancelan entre sí. Las interferencias crean formas, como los remolinos irisados que se ven en el aceite.

Dos ondas en fase

+ = **INTERFERENCIA CONSTRUCTIVA**

Ondas 180° fuera de fase

+ = **INTERFERENCIA DESTRUCTIVA**

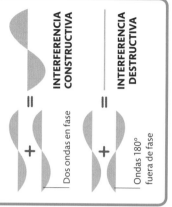

¿ME EMPEORARÁN LA VISTA LAS GAFAS?

La mala visión se deriva de la forma del ojo y la flexibilidad del cristalino. Llevar gafas no tiene ningún efecto sobre esto y nos permite ver mejor.

Microscopio óptico
Un microscopio capta y magnifica la luz que atraviesa un espécimen. La luz del espécimen entra por el objetivo seleccionado.

OBJETIVOS
Los objetivos suelen tener una magnificación de entre 4x y 100x

El iris, o diafragma, controla la intensidad y el tamaño del cono de luz que ilumina el espécimen

PLATINA
En la platina se coloca un cubreobjetos con el espécimen

IRIS

CONDENSADOR
El condensador enfoca luz en el espécimen

ESPEJO
El espejo refleja (o una lámpara proyecta) luz sobre el espécimen

LUZ

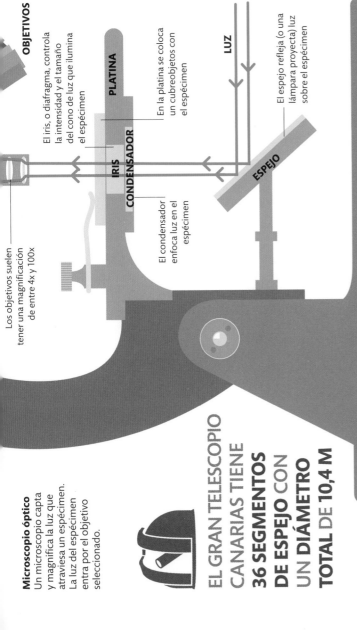

EL GRAN TELESCOPIO CANARIAS TIENE **36 SEGMENTOS DE ESPEJO** CON UN **DIÁMETRO TOTAL** DE **10,4 M**

Telescopio
Los telescopios astronómicos usan lentes y espejos para captar luz de objetos lejanos. Los telescopios para uso en la Tierra tienen lentes que enderezan la imagen.

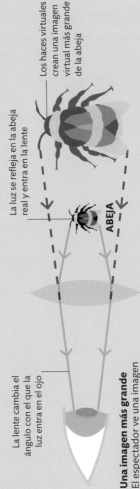

Prismáticos
La luz entra por las lentes principales y se refleja hacia dentro en espejos para redirigirse hacia unas lentes magnificadoras más pequeñas y hacia el ojo.

Los haces virtuales crean una imagen virtual más grande de la abeja

La luz se refleja en la abeja real y entra en la lente

IMAGEN VIRTUAL

ABEJA

LENTE

La lente cambia el ángulo con el que la luz entra en el ojo

Una imagen más grande
El espectador ve una imagen magnificada porque su cerebro asume que la luz llega a su ojo en línea recta.

Cómo funciona la magnificación

La mayoría de las lentes de un microscopio son convexas (ver p. 109) y sirven para generar una imagen agrandada de un espécimen. Si se coloca un objeto entre la lente y su punto focal, los haces de luz del objeto convergen al otro lado de la lente. Al incrementarse la curvatura de la lente, aumenta la distancia focal y, como resultado, aumenta también la fuerza de magnificación de la lente.

El sonido

Todos los sonidos que llegan a nuestros oídos viajan a través de un medio –como el aire– en forma de ondas (ver pp. 102-103). Pero las ondas de sonido no son como las de luz o radio. Son fluctuaciones de compresión que se alejan longitudinalmente de la fuente.

Ondas de presión

Una onda de sonido se crea por un mecanismo de tira y afloja, por ejemplo en el cono de un altavoz. Una señal eléctrica hace que el cono se mueva adelante y atrás a gran velocidad, lo cual empuja el aire. Cada empujón crea una fluctuación de compresión que se aleja por el aire. Cuanto más se aleja del cono durante cada ciclo, más presión ejerce, y cuanta más presión, más comprimidas están las moléculas de aire y más fuerte es el sonido.

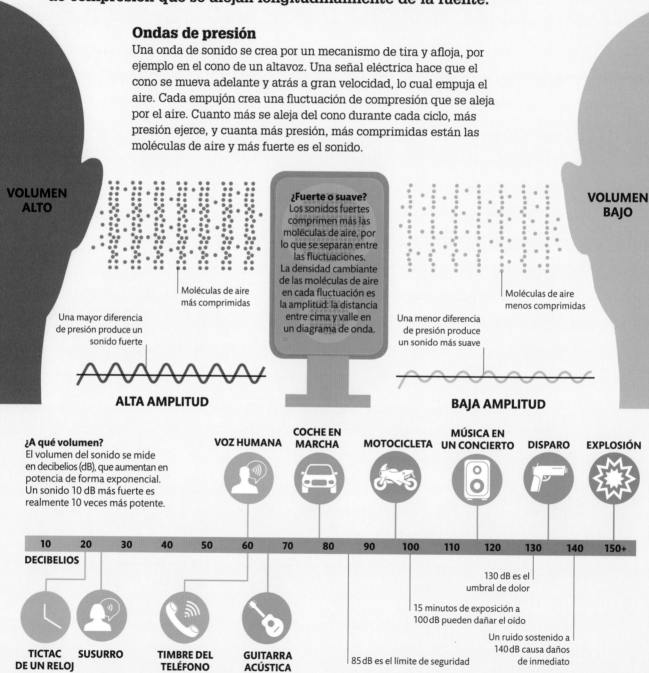

VOLUMEN ALTO

VOLUMEN BAJO

Moléculas de aire más comprimidas

¿Fuerte o suave?
Los sonidos fuertes comprimen más las moléculas de aire, por lo que se separan entre las fluctuaciones. La densidad cambiante de las moléculas de aire en cada fluctuación es la amplitud: la distancia entre cima y valle en un diagrama de onda.

Moléculas de aire menos comprimidas

Una mayor diferencia de presión produce un sonido fuerte

Una menor diferencia de presión produce un sonido más suave

ALTA AMPLITUD

BAJA AMPLITUD

¿A qué volumen?
El volumen del sonido se mide en decibelios (dB), que aumentan en potencia de forma exponencial. Un sonido 10 dB más fuerte es realmente 10 veces más potente.

VOZ HUMANA

COCHE EN MARCHA

MOTOCICLETA

MÚSICA EN UN CONCIERTO

DISPARO

EXPLOSIÓN

| 10 | 20 | 30 | 40 | 50 | 60 | 70 | 80 | 90 | 100 | 110 | 120 | 130 | 140 | 150+ |

DECIBELIOS

130 dB es el umbral de dolor

15 minutos de exposición a 100 dB pueden dañar el oído

Un ruido sostenido a 140 dB causa daños de inmediato

85 dB es el límite de seguridad

TICTAC DE UN RELOJ

SUSURRO

TIMBRE DEL TELÉFONO

GUITARRA ACÚSTICA

Efecto Doppler

Las ondas de sonido viajan a unos 1238 km/h. Eso es muy rápido, pero incluso las ondas muy rápidas se ven afectadas por la velocidad de su fuente. Si un vehículo se mueve hacia un oyente, las fluctuaciones de presión de las ondas de sonido se van juntando más, aumentando la frecuencia y el tono. Cuando el vehículo pasa, las ondas se abren, bajando el tono.

TONO

El tono de un sonido depende de la frecuencia de su onda: una frecuencia más alta dará un tono más agudo. La frecuencia se mide en hercios (Hz) y es el número de cimas y valles (o ciclos) que pasan por un punto cada segundo.

TONO GRAVE

TONO AGUDO

Una carrera con las ondas

Las ondas de sonido que se dispersan por delante de este coche de carreras se van juntando más porque su ruidoso motor está cada vez un poco más cerca de cada onda antes de enviar la siguiente.

Más ondas por segundo producen un sonido más agudo

Las ondas de sonido detrás de un vehículo están espaciadas de forma regular

Las nuevas ondas de sonido se apelotonan detrás de las más viejas que aún están dispersándose

La persona detrás del vehículo oye un sonido grave

La persona frente al vehículo oye un sonido agudo

¿POR QUÉ EN EL ESPACIO NADIE TE PUEDE OÍR GRITAR?

El sonido se transmite por ondas de presión que atraviesan un medio, como moléculas de aire. En el vacío del espacio no hay aire.

Supersónico

Muchos aviones a reacción viajan más deprisa que el sonido, por lo que pasan sobre nosotros antes de que los oigamos venir. Las ondas de sonido están tan comprimidas que crean una fuerte explosión sónica.

EL CANTO DE UNA **BALLENA AZUL** TIENE UN **VOLUMEN SUPERIOR A 180 dB**

Las ondas de sonido se expanden por delante del avión

Las ondas de sonido se juntan

La onda de choque se extiende

1 Acelerar
Cuando el avión acelera, las ondas de sonido pueden dispersarse por delante, pero se juntan cada vez más a consecuencia del efecto Doppler.

2 Romper la barrera del sonido
A 1238 km por hora, el avión rompe la barrera del sonido. Adelanta a las ondas de sonido comprimidas y hace que se unan en una sola onda de choque.

3 Explosión sónica
La onda de choque se expande detrás del avión como un cono que se abre. Donde toca el suelo, se percibe como una fuerte explosión que sigue el camino del avión.

El calor

Los objetos calientes tienen energía interna, lo que hace que sus átomos y moléculas se muevan. Esto se llama energía térmica. El calor de un objeto con energía térmica alta pasa a zonas frías con menos energía térmica.

Más deprisa
Cuando un material obtiene energía térmica, sus átomos se mueven más deprisa y se nota su energía térmica escapa al entorno más frío.

Los átomos del café se mueven más deprisa al calentarse y expandirse

Transferencia de energía
Al añadir leche fría al café caliente, parte del calor del café se transfiere a la leche, calentando la leche y enfriando el café.

CAFÉ CALIENTE

LECHE FRÍA

En un material más frío, como la leche fría, los átomos no se mueven demasiado

Cosas calientes
Al calentarse, los átomos de los sólidos y los líquidos empiezan a oscilar hacia delante y hacia atrás. En un gas, empiezan a revolotear y a chocar unos con otros. La masa no cambia, permanece igual, pero el espacio entre los átomos aumenta y la materia se expande.

Temperatura
La temperatura indica la cantidad de energía térmica en una sustancia. La temperatura de esta se relaciona con la cantidad media de energía de sus partículas. Ciertos fenómenos naturales ocurren a temperaturas fijas. Por ejemplo, el agua hierve a 100°C (212°F). Estas temperaturas se usan como puntos fijos para crear una escala y comparar otras temperaturas.

Fuego de madera
Un fuego de madera puede ser bastante caliente como para fundir mena y obtener metal puro.

Gas de escape de un avión
El empuje de un avión a reacción proviene del movimiento rápido de moléculas de gas energizadas.

Punto de fusión del plomo
El plomo fue el primer metal en refinarse debido a su punto de fusión, que es relativamente bajo.

Máxima temperatura de un horno doméstico
Cocinar mucho tiempo a esta temperatura acaba por dañar las bandejas de metal.

El agua hierve
El segundo punto fijo de la escala Celsius, elegido porque es fácil de reproducir.

La temperatura más alta sobre la Tierra
Se registró en 2005 durante un estudio por satélite de temperaturas de superficie en el desierto iraní de Lut.

1112	752	621,5	482	212	159,3
873,15	673,15	600,7	523,15	373,15	343,85
600	400	327,5	250	100	70,7

Temperatura normal del cuerpo
Este fue, originariamente, el segundo punto fijo de la escala de Fahrenheit.

El agua se congela
Punto cero de la escala Celsius, que crea 100 grados entre el punto de congelación y el de ebullición.

La temperatura más baja de la Tierra
Se midió en el este de la Antártida en 2010.

El aire se licúa
La mayoría de los gases del aire se vuelven líquidos a esta temperatura.

Espacio exterior
La temperatura más baja en el espacio interestelar.

Cero absoluto
La temperatura teórica más baja, aunque es imposible que un objeto esté tan frío.

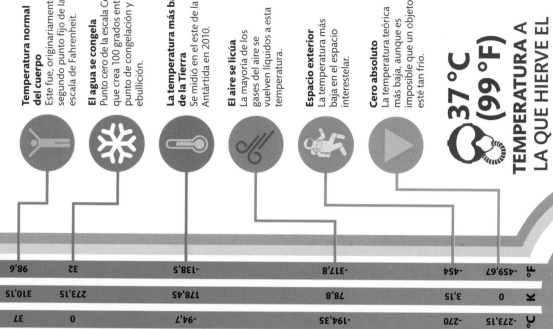

37 °C (99 °F)
TEMPERATURA A LA QUE HIERVE EL AGUA A 18 000 M DE ALTITUD

°F	98,6	32	-138,5	-317,8	-454	-459,67
K	310,15	273,15	178,45	78,8	3,15	0
°C	37	0	-94,7	-194,35	-270	-273,15

Escalas de temperatura
Hay tres escalas de temperatura principales: Celsius, Fahrenheit y Kelvin, creadas en 1724, 1742 y 1848, respectivamente.

Calor latente

Cuando se añade energía térmica a una sustancia, el mayor movimiento de los átomos y las moléculas termina por romper los enlaces que los unen (ver pp. 22-23), por ejemplo hirviendo. Durante este cambio, el calor ya no hace que la sustancia se caliente más, sino que la energía trabaja como calor oculto o latente.

GAS
LÍQUIDO
SÓLIDO

El líquido permanece a la misma temperatura mientras los enlaces atómicos se rompen y el líquido hierve

La temperatura del líquido se eleva cuando se le añade energía en forma de calor

El sólido permanece a la misma temperatura mientras se funde

Energía térmica

Temperatura

Efecto oculto

En lugar de incrementar el movimiento de los átomos y las moléculas, el calor latente rompe los enlaces entre ellos, por lo que la temperatura permanece constante brevemente durante el cambio de estado, aunque se añada energía. Una vez se han roto los enlaces, la temperatura asciende de nuevo.

ENERGÍA FRENTE A TEMPERATURA

Una bengala arde a unos 1000 °C y aunque sus chispas no queman la piel de una persona, la propia bengala sí quema. Aunque la pequeña chispa está a alta temperatura, su baja masa hace que su energía total sea muy pequeña, y por eso es inofensiva.

Las chispas son granos ardientes de hierro, magnesio, aluminio u otros metales

Transferir calor

El calor puede transmitirse de un objeto a otro mediante tres procesos: conducción, convección y radiación. La forma en que lo haga depende de la estructura atómica del objeto.

Convección

El calor se mueve por los fluidos (líquidos y gases) mediante convección. Este proceso funciona según el principio de que los fluidos calientes suben y los fríos bajan. El calor expande los átomos y las moléculas de fluido, por lo que su volumen crece y su densidad decrece. Esto hace que el fluido caliente ascienda y el frío descienda y cree una corriente de convección que transfiere energía.

El aire caliente se expande por la habitación, transmitiendo su calor al entorno

El aire calentado por la estufa asciende

El aire más frío desciende para hacer sitio al aire caliente ascendente

Calentar el espacio
Calentadores de espacio, como una estufa de leña, usan la convección para expandir calor en una habitación. Los radiadores de los sistemas de calefacción centralizados hacen lo mismo.

El aire descendente es atraído por la estufa, donde se calienta para ascender de nuevo

Cuando la energía de movimiento se propaga por el metal, su temperatura aumenta

La energía de movimiento (cinética) se transfiere a otros átomos por medio de colisiones

Materiales
Las ollas son de metal porque sus átomos son bastante libres y pueden chocar con sus vecinos.

Una fuente de calor hace que los átomos se muevan más

Los electrones libres fluyen entre los átomos, transfiriendo energía calórica por el metal

Conducción

Los sólidos transmiten calor por conducción. Los átomos en una parte caliente del sólido vibran y chocan con los átomos colindantes regularmente. Estas colisiones transfieren energía de movimiento a los átomos cercanos, calentándolos. El proceso continúa hasta que el calor se ha expandido por todo el material.

LA **RADIACIÓN INFRARROJA** VIAJA A LA **VELOCIDAD DE LA LUZ** Y PUEDE ATRAVESAR EL VACÍO DEL **ESPACIO**

Velocidad del calor
A diferencia de la conducción y la convección, la radiación de calor no se transmite por movimiento de átomos sino por ondas electromagnéticas.

Además de emitir luz visible, el Sol emite radiación infrarroja

La piel detecta la radiación infrarroja y crea sensación de calor

AISLAMIENTO

Los aislantes térmicos evitan la transferencia de calor. El aire es un mal conductor, por lo que algunos aislantes están llenos de aire. La ropa nos mantiene calientes atrapando aire cerca de nuestros cuerpos. El calor corporal no se transmite por el aire y se queda dentro. Las ventanas de vidrio doble con cámara constan de dos paneles de vidrio separados por una cavidad que se llena con un gas inerte o deshidratado. Estas ventanas, además, bloquean la radiación y la convección.

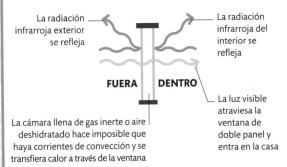

La radiación infrarroja exterior se refleja

La radiación infrarroja del interior se refleja

FUERA DENTRO

La cámara llena de gas inerte o aire deshidratado hace imposible que haya corrientes de convección y se transfiera calor a través de la ventana

La luz visible atraviesa la ventana de doble panel y entra en la casa

Radiación

El tercer proceso de transferencia de calor es la radiación. La energía calórica se transmite mediante una radiación invisible llamada infrarroja porque su frecuencia está por debajo de la luz visible roja (pero por encima de las ondas de radio). Todos los objetos calientes emiten infrarrojos, sobre todo el Sol. Un objeto con una gran superficie en relación con su volumen irradia calor –y se enfría– más rápidamente que un objeto que tenga una superficie que sea relativamente pequeña.

EQUILIBRIO TÉRMICO

Cuando dos objetos están en contacto físico, el calor se mueve del objeto más caliente al más frío, nunca al revés. El calor seguirá transfiriéndose hasta que los dos objetos tengan la misma temperatura. El estado en que ya no se transfiere más calor, se conoce como equilibrio térmico.

La energía calórica se propaga hasta distribuirse de manera uniforme

CALIENTE FRÍO   **TIBIO**

Fuerzas

El movimiento lo crea una fuerza actuando sobre una masa. Las fuerzas afectan a los objetos de forma distinta según su masa. La fuerza se mide en newtons (N). Un newton de fuerza (1 N) acelera en un segundo un objeto con masa de 1 kg a 1 m por segundo.

¿POR QUÉ UNOS OBJETOS REBOTAN Y OTROS SE ROMPEN?

Un objeto flexible se deforma al golpear una superficie, pero los frágiles apenas cambian de forma si se les aplica fuerza, y se rompen más fácilmente.

Transferencia de energía

Cuando dos objetos chocan, sus átomos se acercan. Los electrones –de carga negativa– en torno a los átomos se repelen unos a otros, por lo que los objetos no se fusionan en uno, sino que quedan separados a la fuerza. Esa fuerza transfiere energía de un objeto al otro, pero la cantidad total de energía permanece igual. Al mover energía de un objeto a otro, la fuerza crea un cambio en el equilibrio. Por ejemplo, altera el movimiento o cambia la forma de los objetos.

Dirección de desplazamiento

Fuerza aplicada a la pelota

Fuerza inicial aplicada a la pelota

Empujar contra el movimiento de la pelota la ralentiza

Acelerar
Una fuerza que actúa sobre una pelota de tenis hace que acelere, por lo que empieza a moverse y a aumentar de velocidad.

Desacelerar
Una fuerza que empuja contra el movimiento de la pelota la hace ir más despacio.

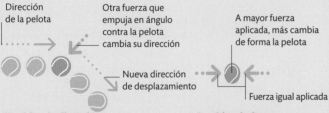

Dirección de la pelota

Otra fuerza que empuja en ángulo contra la pelota cambia su dirección

A mayor fuerza aplicada, más cambia de forma la pelota

Nueva dirección de desplazamiento

Fuerza igual aplicada

Cambiar de dirección
Se necesita otra fuerza que actúe en un ángulo diferente a la original para que la pelota de tenis cambie de dirección.

Cambiar de forma
La pelota cambia de forma porque la comprimen dos fuerzas opuestas e iguales.

EL **SERVICIO DE TENIS MÁS RÁPIDO** DE LA HISTORIA FUE DE **263,4 KM/H**

Movimiento parabólico

Una pelota de tenis, o cualquier otro proyectil, sigue una trayectoria curva por la combinación de fuerzas que actúan sobre ella. La energía cinética se transforma en energía potencial gravitacional (energía almacenada como resultado de su altura) y después vuelve a convertirse en energía cinética al descender.

LEYENDA

Fuerza vertical

Fuerza horizontal

Fuerza resultante

Trayectoria de la pelota

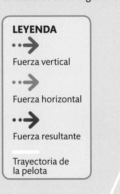

Movimiento ascendente y lateral son iguales, por lo que la pelota se desplaza en un ángulo de 45°

El movimiento ascendente se reduce levemente a medida que la gravedad actúa sobre la pelota

La fuerza resultante forma el lado más largo de un triángulo rectángulo

La raqueta aplica una fuerza que empuja tanto hacia arriba –oponiéndose a la gravedad– como hacia un lado

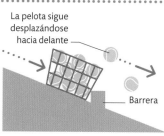

Inercia

La inercia es la resistencia de la materia a un cambio en su estado de movimiento, tanto en reposo como desplazándose. Hace falta una fuerza externa para vencerla. Una masa mayor tiene más inercia que una menor, por lo que la masa mayor requiere una fuerza mayor para alterar su estado de movimiento.

La cesta y las pelotas se desplazan con un movimiento uniforme

Movimiento igual
Cesta y pelotas se mueven a igual velocidad y en la misma dirección. Solo una fuerza puede cambiar su movimiento.

La pelota sigue desplazándose hacia delante

Barrera

Cambio de inercia
Una fuerza (barrera) impide que la cesta siga moviéndose, pero la fuerza apenas afecta a las pelotas, que siguen moviéndose por la inercia.

La pelota pierde energía cinética, que es reemplazada por energía potencial. La pelota no se mueve arriba y abajo, solo lateralmente

La gravedad invierte la dirección vertical, pero el movimiento lateral continúa en la misma dirección

La gravedad tira hacia abajo de la pelota con la misma fuerza en cada fase de la trayectoria

GRAVEDAD

La aceleración de la gravedad hace que la pelota se desplace más hacia abajo que hacia un lado

La gravedad permite que la pelota continúe acelerando hasta tocar el suelo

Fuerzas resultantes

Casi siempre hay más de una fuerza que actúa sobre un objeto y lo empuja en diferentes direcciones en distinta medida. Esas fuerzas individuales se combinan en una sola fuerza resultante. La fuerza resultante se calcula usando el teorema de Pitágoras, representando dos fuerzas con los lados más cortos de un triángulo rectángulo y el tamaño y la dirección de la fuerza resultante con el lado más largo o hipotenusa.

CÓMO ES UN AIRBAG

La inercia es uno de los peligros de un accidente automovilístico, pues los cuerpos siguen moviéndose al detenerse el coche bruscamente. Los airbags detectan un choque y se inflan, desacelerando a los pasajeros a una velocidad segura.

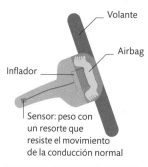

Volante

Airbag

Inflador

Sensor: peso con un resorte que resiste el movimiento de la conducción normal

AIRBAG ANTES DEL IMPACTO

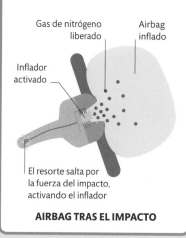

Gas de nitrógeno liberado

Airbag inflado

Inflador activado

El resorte salta por la fuerza del impacto, activando el inflador

AIRBAG TRAS EL IMPACTO

Top section (rotated)

LA LANZADERA ESPACIAL TARDA 8,5 MINUTOS EN ACELERAR HASTA UNA VELOCIDAD DE 28 000 KM/H

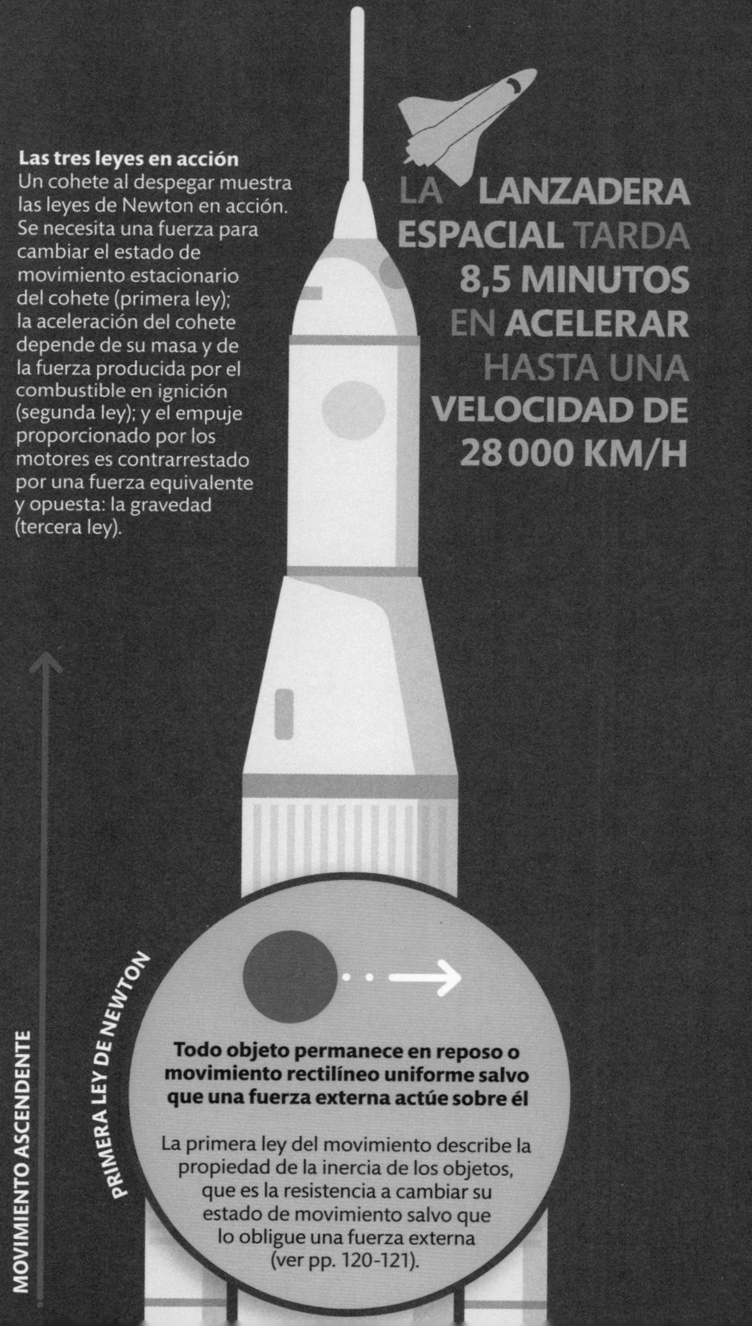

Las tres leyes en acción
Un cohete al despegar muestra las leyes de Newton en acción. Se necesita una fuerza para cambiar el estado de movimiento estacionario del cohete (primera ley); la aceleración del cohete depende de su masa y de la fuerza producida por el combustible en ignición (segunda ley); y el empuje proporcionado por los motores es contrarrestado por una fuerza equivalente y opuesta: la gravedad (tercera ley).

PRIMERA LEY DE NEWTON

Todo objeto permanece en reposo o movimiento rectilíneo uniforme salvo que una fuerza externa actúe sobre él

La primera ley del movimiento describe la propiedad de la inercia de los objetos, que es la resistencia a cambiar su estado de movimiento salvo que lo obligue una fuerza externa (ver pp. 120-121).

MOVIMIENTO ASCENDENTE

Velocidad y aceleración

La velocidad es la rapidez a la que un objeto viaja en una determinada dirección. Un cambio en la velocidad de un objeto requiere que se aplique una fuerza y el índice de ese cambio se mide como una aceleración.

La velocidad

La velocidad mide la distancia recorrida en un lapso de tiempo (distancia que recorre un coche en una hora). Mide la rapidez, pero también incluye la dirección del movimiento. Dos coches en direcciones opuestas pueden moverse con la misma rapidez y tener diferentes velocidades. Un móvil tiene una velocidad relativa comparada con otros móviles diferente de su rapidez real.

Diferencia cero
Estos dos coches tienen la misma velocidad en cuanto a rapidez y dirección. Por tanto, su velocidad relativa es cero y se mantendrán a una distancia fija el uno del otro.

AUTOMÓVIL QUE SE DESPLAZA A 30 KM/H

AUTOMÓVIL QUE SE DESPLAZA A 30 KM/H

Adelantar
El coche amarillo se mueve 30 km/h más deprisa que el verde, por lo que tiene una velocidad relativa de 30 km/h con respecto a este.

AUTOMÓVIL QUE SE DESPLAZA A 60 KM/H

AUTOMÓVIL QUE SE DESPLAZA A 30 KM/H

Enfrentados
Los vehículos se desplazan con la misma rapidez pero en direcciones opuestas. Sus velocidades relativas son ambas de 60 km/h.

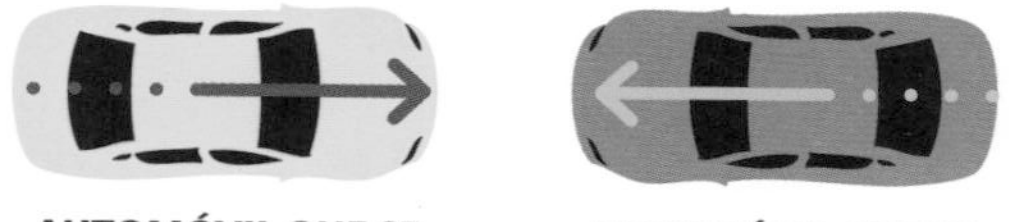

AUTOMÓVIL QUE SE DESPLAZA A 30 KM/H

AUTOMÓVIL QUE SE DESPLAZA A 30 KM/H

SEGUNDA LEY DE NEWTON

La aceleración de un objeto depende de la masa del objeto y de la fuerza que actúa sobre él

Cuanto mayor es la fuerza que actúa sobre un objeto, mayor es su aceleración. Esto se expresa con la fórmula: fuerza = masa × aceleración.

TERCERA LEY DE NEWTON

Por cada acción en la naturaleza hay una reacción opuesta

El término *acción* significa fuerza aplicada, y la *reacción* es una fuerza equivalente que siempre se opone en sentido contrario. Esta ley muestra que una fuerza no existe sola, sino únicamente como interacción entre dos objetos.

FUERZA DESCENDENTE

Las leyes del movimiento

El movimiento se rige por tres leyes que muestran las relaciones entre la masa de un objeto, las fuerzas que actúan sobre él y las aceleraciones resultantes. Las leyes del movimiento fueron publicadas por Isaac Newton en 1687. Son muy precisas en la mayoría de los casos, pero Albert Einstein teorizó en 1905 que dejan de ser válidas cuando los objetos se aproximan a la velocidad de la luz (ver pp. 140-141).

La aceleración

La aceleración es un cambio de velocidad y se mide en metros por segundo por segundo (m/s²). Desacelerar es también una aceleración en la que la velocidad disminuye. La aceleración se calcula restando la velocidad inicial de la velocidad final y dividiendo esta cifra por el tiempo transcurrido.

Aceleración

Si el coche dobla su velocidad en 1 minuto, su aceleración se calcula hallando el cambio de velocidad (6 m/s) y dividiéndolo por el tiempo transcurrido en segundos (60). Esto da 0,1 m/s por segundo, o 0,1 m/s².

AUTOMÓVIL QUE SE DESPLAZA A 6 M/S

AUTOMÓVIL QUE SE DESPLAZA A 12 M/S

Cambiar de dirección

Un cambio de dirección, como un giro, es un cambio de velocidad. Como se necesita una fuerza, el giro es una aceleración aunque no varíe la rapidez.

AUTOMÓVIL QUE SE DESPLAZA A 12 M/S

AUTOMÓVIL QUE SE DESPLAZA A 12 M/S

Desaceleración

Si este coche reduce su rapidez a la mitad en 1 minuto, su aceleración sería de −0,1 m/s². Es un valor negativo porque la velocidad final (6 m/s) es menor que la velocidad inicial (12 m/s).

AUTOMÓVIL QUE SE DESPLAZA A 6 M/S

AUTOMÓVIL QUE SE DESPLAZA A 12 M/S

ESTELAS

Un objeto, al moverse por el aire, va apartándolo a su paso. El aire regresa a su lugar creando arrastre. El arrastre puede reducirse moviéndose dentro de otra estela –un área con arrastre reducido–. Esto permite que un coche viaje detrás de otro a la misma velocidad pero gastando menos combustible.

El automóvil tiene un gran arrastre, por lo que necesita más fuerza para acelerar

Arrastre (resistencia del aire)

ESTELA

Un automóvil que sigue a otro no tiene tanto arrastre

Máquinas

Las máquinas simples son dispositivos que convierten un tipo de fuerza en otro. Hay seis máquinas simples y algunas no parecen máquinas en absoluto.

LEONARDO DA VINCI DENOMINÓ **TORNILLO AÉREO** A UN PRIMITIVO **DISEÑO** PRECURSOR DEL **HELICÓPTERO**

Seis máquinas simples

Como casi todos los dispositivos mecánicos, una bicicleta es una combinación de máquinas simples. Algunas, como el mecanismo de la cadena y las palancas de freno, tienen una función mecánica clara. Otras son menos obvias porque se usan para hacer ajustes y reparaciones o para poder pedalear cuesta arriba. En conjunto, una bicicleta necesita las seis máquinas simples: la palanca, la polea, el torno, el tornillo, la cuña y el plano inclinado.

TORNILLO

Tuerca roscada en un tornillo

Apretar el tornillo que ajusta el sillín transforma una gran rotación en una pequeña cantidad de compresión muy potente. Esencialmente, es una palanca muy larga y en espiral.

CUÑA

Al meter una herramienta bajo el neumático para sacarlo de la llanta usamos el principio de la cuña. Una fuerza de empuje se transforma en una fuerza mayor de separación que actúa en una distancia más corta.

La cuña separa el neumático de la llanta

La llanta se usa como fulcro

POLEA

La rueda más pequeña gira más deprisa

La cadena de la bicicleta es básicamente un sistema de polea: una rueda que impulsa a otra tirando de un tipo de cable. Los tamaños relativos de las ruedas determinan su rapidez relativa y su potencia.

TORNO

La llanta se mueve más rápidamente

Una rueda gira sobre un eje fijo, venciendo la fricción (ver pp. 126-127) al actuar como una palanca. Convierte el gran movimiento de la corona en un pequeño pero potente giro del eje.

El eje se mueve despacio

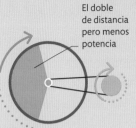

Relación de transmisión

Todas las máquinas aplican el principio de la relación de transmisión, que es una medida de la amplificación de la fuerza. Esto significa que nos permiten convertir un movimiento grande en un movimiento más pequeño pero de mayor potencia, como abrir con una palanca la tapa de un bote. Pero también funciona al revés, como cuando un pescador aplica fuerza al cabo de una caña de pescar para balancear la puntera en un amplio arco. Más movimiento da menos potencia, y viceversa.

Menor distancia recorrida pero mayor potencia generada

El doble de distancia pero menos potencia

Rotación del pedal

Marcha baja
Una marcha baja convierte la rotación del pedal en mayor potencia para subir cuestas, a cambio de perder velocidad.

Marcha alta
Cambiar a una marcha más alta al llegar a lo alto de una cuesta incrementa la velocidad.

LEYENDA
· · ·▶ Esfuerzo (fuerza aplicada)
——▶ Carga (fuerza obtenida)
● Fulcro

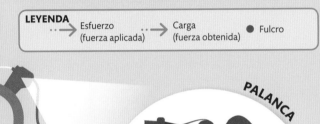

PALANCA

Fulcro, o punto de apoyo

Los frenos funcionan con una palanca que pivota sobre un punto de apoyo. La palanca convierte una fuerza pequeña en una grande pues la primera actúa sobre una distancia mayor. Apretar la palanca tensa un cable y hace que las zapatas aprieten la llanta.

Clases de palancas

Hay tres clases de palancas, según dónde se sitúen la carga y el esfuerzo respecto al fulcro. Pueden elegirse palancas diferentes para incrementar la energía o el movimiento en distintas direcciones.

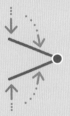

Primera clase
La carga y el esfuerzo se sitúan en lugares opuestos del fulcro. Por ejemplo, unas tijeras o unas tenazas.

Segunda clase
La carga se sitúa entre el esfuerzo y el fulcro. Un ejemplo de palanca de segunda clase es un cascanueces.

Tercera clase
El esfuerzo se aplica entre la carga y el fulcro, como en unas pinzas.

PLANO INCLINADO

Una distancia menor supone más trabajo

No se puede pedalear por una pared vertical. Un plano inclinado o rampa resuelve el problema a costa de incrementar la distancia que debe recorrerse.

Relación de engranajes

La energía en forma de fuerza giratoria, o par motor, suele transmitirse por medio de los «dientes» de los engranajes. Si la rueda más grande tiene el triple de dientes que la más pequeña, hará que esta gire tres veces más deprisa. Varios engranajes juntos reciben el nombre de tren de engranajes.

El engranaje pequeño rueda más deprisa

ENGRANAJE IMPULSOR

Relación de engranajes
Un engranaje grande impulsando uno pequeño aumenta la velocidad. Lo contrario da más potencia.

Fricción y rozamiento

La fuerza de rozamiento es una fuerza de resistencia que ocurre cuando hay fricción entre dos objetos o sustancias, y va en sentido contrario al movimiento. Cuando un objeto avanza a través de un líquido o un gas, se conoce como arrastre.

Fuerzas opuestas

La fuerza de rozamiento se genera cuando las superficies de dos materiales se tocan. A nivel microscópico, las superficies nunca son lisas y las pequeñas hendiduras se agarran unas a otras cuando las superficies se mueven en direcciones diferentes. Cada enganche aplica una fuerza minúscula, pero juntas generan una fuerza de resistencia que ralentiza o detiene el movimiento. Si las dos superficies se mueven a la vez, la fricción convierte la energía cinética en energía térmica o calor.

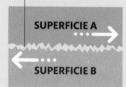

La aspereza evita que las superficies puedan moverse fácilmente

SUPERFICIE A

SUPERFICIE B

Capa de agua

DISCO DE HOCKEY

AGUA

HIELO

Frotamiento

El rozamiento se relaciona con la aspereza de las superficies. El contacto entre superficies está causado por el peso de un objeto sobre otro.

Deslizarse sin trabas

El hielo resbala porque una fina capa de agua lo separa de otras superficies, por lo que hay muy poco contacto. Por eso el rozamiento es muy pequeño.

EL **TREN DE LEVITACIÓN MAGNÉTICA** IMPIDE LA **FRICCIÓN** ENTRE EL **TREN** Y LA **VÍA** Y HACE QUE LOS VAGONES **LEVITEN**

Agarrarse a la carretera

La superficie de un neumático está llena de hendiduras. Esta aspereza le da más «agarre» al neumático que así conecta más con la áspera superficie de la carretera. Unos surcos en su superficie evacuan el agua. La adherencia y la deformación le ayudan a agarrarse a la carretera, pero demasiada presión deforma la goma más allá de la recuperación elástica y la superficie se rompe.

LUBRICACIÓN

La fricción entre las partes móviles de una máquina causa desgaste cuando los componentes se frotan unos con otros. Para reducirlo, se cubren los componentes con lubricante con base de aceite. Esto aporta una barrera resbaladiza entre las superficies y es lo bastante adherente para cubrirlas por mucho tiempo.

El lubricante forma una barrera física entre los engranajes

DOS ENGRANAJES

TRACCIÓN

Surco

Laminilla (surco fino)

Agua evacuada

La banda de rodadura de un neumático está pensada para maximizar la tracción en ciertas condiciones, como lluvia o nieve. Los neumáticos canalizan el agua de la lluvia para que no reduzca el contacto entre el neumático y la carretera y cree problemas de tracción.

Agarre y tracción

Los neumáticos de un automóvil están diseñados para agarrarse a la carretera en los giros y propulsar el vehículo hacia delante. Sin el agarre suficiente, las ruedas derraparían.

Contacto incrementado

Una carga pesada empuja más los neumáticos contra el suelo, lo que aumenta el área de contacto e incrementa la fuerza de fricción.

CARGA VERTICAL PEQUEÑA

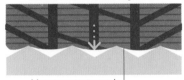

Menor contacto con la superficie de la carretera

CARGA VERTICAL GRANDE

Mayor contacto con la superficie

USAR LA FRICCIÓN PARA HACER FUEGO

Algunas formas comunes de hacer fuego se valen de la fricción, como raspar un pedernal sobre una superficie dura para crear una chispa. Un taladro de arco requiere mover un arco rápidamente de izquierda a derecha, lo cual hace que una madera dura gire en una muesca llena de serrín en una tabla. El calor de la fricción prende fuego al serrín.

- Asidero
- Arco
- Cuerda
- Eje
- Tabla

Reducir el arrastre

El arrastre es la fricción de los objetos en fluidos como agua o aire. Las alas de un avión y el casco de un barco se diseñan para reducirlo. El casco de un trimarán o una hidroala limitan el área de contacto con el agua. Los extremos alares de los aviones controlan el flujo de turbulencias aéreas para reducir el arrastre.

Vórtices de extremo alar

Los extremos alares crean vórtices que aumentan el consumo de combustible. Añadir aletas reduce el tamaño del extremo y, por consiguiente, el arrastre.

El balancín proporciona estabilidad

TRIMARÁN

Contacto limitado con el agua

Un trimarán tiene tres cascos con una superficie relativamente pequeña para así reducir el arrastre.

La hidroala eleva el casco del agua

HIDROPLANO

Superficies de elevación

Un hidroplano usa hidroalas para elevar el aparato por encima del agua, reduciendo en gran medida el arrastre.

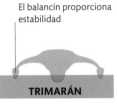

Gran vórtice más arrastre

Vórtice pequeño, menor arrastre

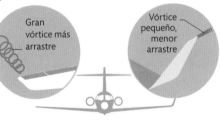

EXTREMO ALAR NORMAL

ALETA CURVA

ADHERENCIA

DIRECCIÓN DE DESPLAZAMIENTO

NEUMÁTICO

CARRETERA — Se forma un enlace molecular — Se rompe el enlace

La superficie de goma contiene moléculas con enlaces químicos sobrantes. Cuando la goma toca la carretera, forma enlaces débiles con esta, con lo que los materiales se pegan brevemente y se separan cuando los enlaces se rompen.

DEFORMACIÓN

DIRECCIÓN DE DESPLAZAMIENTO

NEUMÁTICO

CARRETERA — Goma deformada por las protuberancias del asfalto

La goma es flexible, aunque se hace más rígida por el aire a alta presión de dentro. El neumático se deforma por el peso del vehículo en las protuberancias de la carretera. Eso hace que el peso se concentre en esos puntos, mejorando el agarre.

ROTURA

DIRECCIÓN DE DESPLAZAMIENTO

NEUMÁTICO

CARRETERA — Goma rota

La goma se estira y comprime sin cambiar permanentemente o romperse, pero fuerzas grandes pueden estropear la superficie del neumático, reduciendo su capacidad para deformarse. Habrá que reemplazarlo o explotará.

Resortes y péndulos

Un resorte es un objeto elástico que vuelve a su forma original tras comprimirlo o estirarlo. Posee una fuerza llamada fuerza restauradora, algo clave para entender el movimiento armónico simple, en el que una masa oscila en torno a un punto central. Este rasgo lo comparte con el movimiento de un péndulo.

¿DÓNDE HAY RESORTES EN CASA?

Usamos resortes en cientos de objetos cotidianos: colchones, relojes, interruptores de la luz, tostadoras, aspiradoras, goznes de puertas...

LEYENDA
- Gravedad
- Fuerza restauradora

El columpio oscila con el movimiento de péndulo en torno a su punto de giro central

PUNTO DE GIRO

COMIENZO
VELOCIDAD = 0
FUERZA RESTAURADORA MÁXIMA

La fuerza restauradora ha tirado del columpio hasta detenerlo por un instante antes de que se mueva hacia el centro; en ese punto, la velocidad es cero y la fuerza restauradora está en su máximo

El columpio acelera hacia el centro, aumentando su velocidad

Movimiento de un péndulo

En el caso de un columpio, como cualquier péndulo, la fuerza restauradora es una combinación de gravedad que empuja hacia abajo y de la tensión de las cadenas que sujetan el asiento al punto de apoyo. Una oscilación completa produce una velocidad media de cero porque el objeto regresa al punto de equilibrio.

Oscilación

Una oscilación es un movimiento repetitivo en torno a un punto central. Un objeto oscila porque una fuerza –la fuerza restauradora– tira del objeto y lo devuelve a un punto central. En ese punto, el sistema está en equilibrio. Algunos ejemplos de oscilaciones son un péndulo y el peso en el extremo de un resorte. En ambos casos, el movimiento consiste en aceleraciones y deceleraciones regulares.

En el punto de equilibrio, gravedad y tensión se equilibran, y la fuerza restauradora desaparece, aunque el columpio ya se está moviendo y continúa hacia la derecha

GRAVEDAD

PUNTO DE EQUILIBRIO
VELOCIDAD = MÁXIMA
FUERZA RESTAURADORA = 0

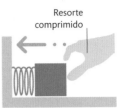

Fuerzas elásticas

Un resorte (o muelle) es un objeto especialmente elástico, es decir, que puede cambiar temporalmente de forma y recuperarla de golpe. Cuando una masa tira de él, se extiende. La extensión crea una fuerza restauradora en el resorte que lo devuelve a su forma original. Cuando la fuerza restauradora equivale a la fuerza que deforma el resorte, la extensión se detiene.

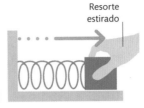

Longitud del resorte sin extender

Resorte estirado

Resorte comprimido

Estado de reposo
La masa en el extremo del resorte no ejerce fuerza sobre él. Esto se llama punto de equilibrio.

Fuerza de estiramiento
Mover la masa crea una fuerza restauradora en el resorte que la empuja de nuevo al punto de equilibrio.

Fuerza de compresión
Apretar el resorte y soltarlo excede el punto de equilibrio, pero la fuerza restauradora lo estira de nuevo.

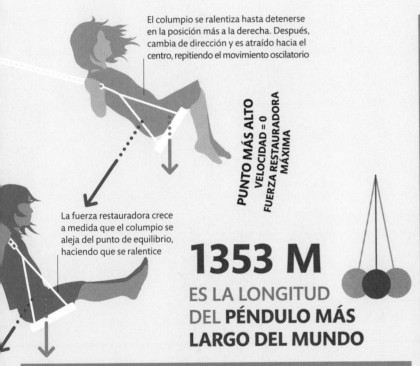

El columpio se ralentiza hasta detenerse en la posición más a la derecha. Después, cambia de dirección y es atraído hacia el centro, repitiendo el movimiento oscilatorio

PUNTO MÁS ALTO
VELOCIDAD = 0
FUERZA RESTAURADORA MÁXIMA

La fuerza restauradora crece a medida que el columpio se aleja del punto de equilibrio, haciendo que se ralentice

1353 M
ES LA LONGITUD DEL PÉNDULO MÁS LARGO DEL MUNDO

Módulo de Young

Los ingenieros necesitan saber lo rígida que es una sustancia para aprender a construir con ella. La elasticidad de una sustancia se mide como su módulo de Young, que indica la fuerza necesaria para deformarlo. Se mide en pascales, la unidad de presión. Un módulo de Young alto significa que el material es rígido y apenas cambia de forma al estirarlo. Un valor bajo significa que la sustancia puede someterse a grandes deformaciones elásticas.

Sustancia	Módulo de Young (pascales)
Goma	0,01–0,1
Madera	11
Hormigón de alta resistencia	30
Aluminio	69
Oro	78
Vidrio	80
Esmalte dental	83
Cobre	117
Acero inoxidable	215,3
Diamante	1050–1210

Deformación

Algunas fuerzas pueden cambiar la forma de un material. Una fuerza de estiramiento causa una deformación elástica y, al desaparecer, la fuerza restauradora lo devuelve a su forma original. Si la fuerza de estiramiento aumenta, se excederá el límite elástico y el cambio será permanente.

Deformación y tensión
El grado en que un objeto se deforma se muestra comparando la tensión (fuerza de estiramiento) y la deformación (aumento de longitud).

Se rompe al llegar al punto de fractura

Tensión

Límite elástico

REGIÓN ELÁSTICA (DEFORMACIÓN TEMPORAL)

REGIÓN PLÁSTICA (DEFORMACIÓN PERMANENTE)

Deformación

Presión

La presión es la fuerza sobre una superficie dividida por el área de la superficie. Puede aplicarse a cualquier medio y por cualquier medio, incluso el agua y el aire.

Presión en los gases

Cuando se aplica una fuerza sobre un gas, este se comprime a un volumen menor. Las moléculas se aprietan unas con otras hasta que dejan de comportarse como moléculas de gas y se convierten en líquido. Por eso una bombona de gas a presión contiene líquido. Al abrir la válvula, se relaja la presión y el líquido se convierte de nuevo en gas.

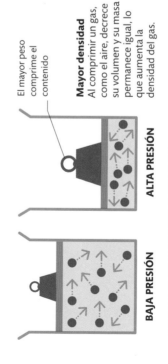

BAJA PRESIÓN

ALTA PRESIÓN

El mayor peso comprime el contenido

Mayor densidad

Al comprimir un gas, como el aire, decrece su volumen y su masa permanece igual, lo que aumenta la densidad del gas.

CÓMO FUNCIONA UNA OLLA A PRESIÓN

A la presión atmosférica, el agua hierve a 100 °C. Al estar cerrada, el vapor queda dentro de la olla, lo que aumenta la presión. Con ello, aumenta el punto de ebullición del agua y su temperatura y la comida se cuece más deprisa.

El vapor atrapado aumenta la presión

El agua alcanza los 121 °C

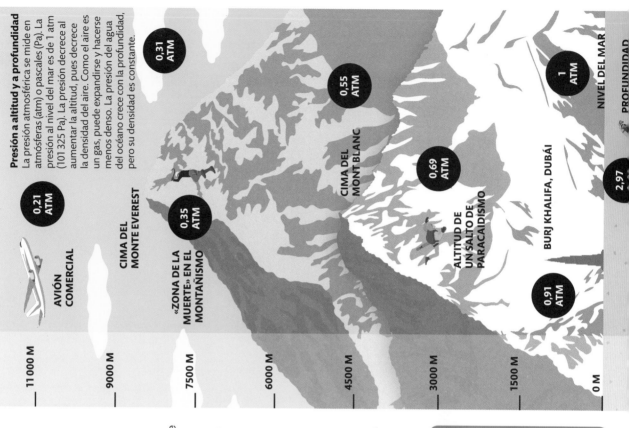

Presión a altitud y profundidad

La presión atmosférica se mide en atmósferas (atm) o pascales (Pa). La presión al nivel del mar es de 1 atm (101 325 Pa). La presión decrece al aumentar la altitud, pues decrece la densidad del aire. Como el aire es un gas, puede expandirse y hacerse menos denso. La presión del agua del océano crece con la profundidad, pero su densidad es constante.

0,21 ATM

AVIÓN COMERCIAL

0,31 ATM

0,35 ATM

CIMA DEL MONTE EVEREST

«ZONA DE LA MUERTE» EN EL MONTAÑISMO

0,55 ATM

CIMA DEL MONT BLANC

0,69 ATM

ALTITUD DE UN SALTO DE PARACAIDISMO

0,91 ATM

BURJ KHALIFA, DUBÁI

1 ATM

NIVEL DEL MAR

2,97

PROFUNDIDAD

11000 M

9000 M

7500 M

6000 M

4500 M

3000 M

1500 M

0 M

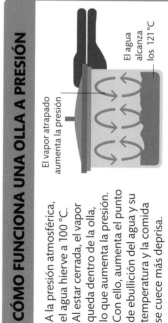

Presión en los líquidos

A diferencia de los gases, es muy difícil comprimir el volumen de los líquidos con presión. Cualquier presión aplicada a un líquido se transfiere a través de él. Así, si en un conducto hay un líquido, una presión aplicada a un extremo pasará hasta el otro extremo. La presión aumenta en la profundidad por el peso del agua de arriba, por eso las paredes de las presas son más gruesas en la base. La presión también está afectada por la densidad. Cuanto más denso es un líquido, mayor es la presión que ejerce.

El cubo agujereado

El aumento de presión en la parte más honda se demuestra con la velocidad a la que pierden agua tres agujeros idénticos en un cubo.

La presión es más baja en la parte superior del cubo

Más agua por encima del agujero del medio aumenta la presión

La presión es mayor en el fondo del cubo

El agua que sale por el agujero de arriba está a baja presión

El agua sale con más presión por el agujero de más abajo

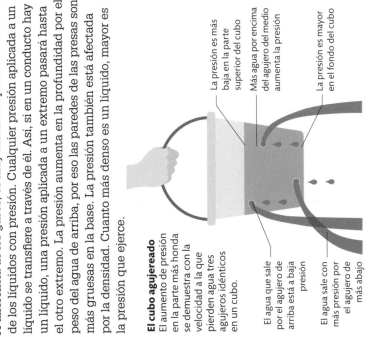

HIDRÁULICA

Un líquido es prácticamente incompresible, lo que le permite transferir presión a través de redes de conductos para operar máquinas. Al usar un conducto entre un cilindro de bombeo y un dispositivo de elevación con el doble de área, la fuerza ejercida se duplica, aunque la presión permanece igual.

El final del tubo es más ancho, con lo que la fuerza ejercida es mayor

Como el conducto es estrecho, se necesita una fuerza pequeña

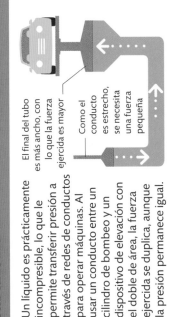

3000 M — PECIO DEL *TITANIC*

298 ATM

363 ATM

BALLENATO DE CUVIER, EL MAMÍFERO MARINO QUE DESCIENDE A MAYOR PROFUNDIDAD

4500 M —

605 ATM

MÁXIMA PROFUNDIDAD DE UN SUBMARINO AUTÓNOMO

6000 M —

7500 M —

702 ATM

PECES BABOSOS, LA FAMILIA DE PECES QUE VIVEN A MAYOR PROFUNDIDAD

9000 M —

1099 ATM

ABISMO DE CHALLENGER, PUNTO MÁS PROFUNDO DEL OCÉANO

11 000 M —

LA PRESIÓN EN EL ABISMO DE CHALLENGER ES 1099 VECES LA DE LA SUPERFICIE DEL MAR

El vuelo

La tecnología del vuelo usa dos principios muy diferentes. Los globos y los dirigibles se basan en que el aire caliente y gases como el hidrógeno y el helio flotan hacia arriba. Todas las demás aeronaves dependen de la generación de sustentación por medio de alas y rotores.

Más ligero que el aire

Un globo normal se eleva hacia el cielo porque está lleno de un gas más ligero que el aire de fuera. La mayoría de los globos tripulados consiguen esto calentando aire para que se expanda, lo que lo hace menos denso y, por tanto, más ligero que el aire frío. Los dirigibles suelen contener hidrógeno o helio. El helio también se usa para hinchar globos en las fiestas. El hidrógeno es el doble de ligero que el helio, pero es muy inflamable, mientras que el helio no es inflamable.

El aire caliente se expande y se hace menos denso

Aire más denso y frío

Aire calentado, más ligero que el aire exterior

SUSTENTACIÓN

La sustentación en un globo

Cuando se calienta aire, sus moléculas se separan. Al haber menos moléculas en el mismo volumen, el aire del globo es menos denso.

Vuelo propulsado

Las aeronaves de alas fijas y los helicópteros son más pesados que el aire. Vuelan usando alas o rotores especialmente diseñados para desviar el aire y reducir la presión sobre ellos. El ángulo entre las alas y el aire contrario es crucial. Para despegar, se extienden los *flaps* de las alas del avión para incrementar el ángulo de ataque y la curvatura del ala, creando así la máxima sustentación posible.

MOVIMIENTO

1 **Preparándose para despegar**
Una aeronave necesita moverse hacia delante para forzar aire sobre sus alas y generar sustentación para despegar. Mientras acelera, sus *flaps* incrementan la sustentación a baja velocidad.

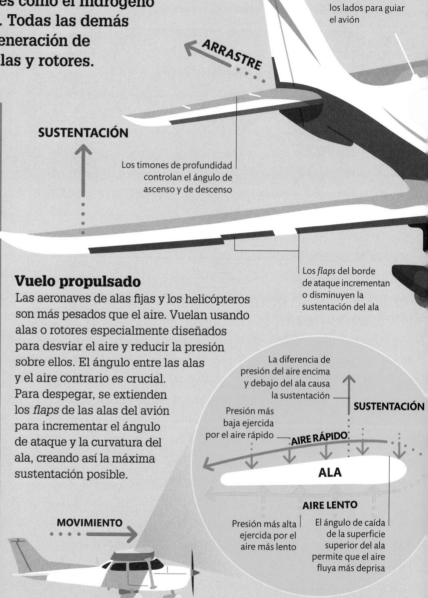

Un timón vertical desvía el aire hacia los lados para guiar el avión

ARRASTRE

SUSTENTACIÓN

Los timones de profundidad controlan el ángulo de ascenso y de descenso

Los *flaps* del borde de ataque incrementan o disminuyen la sustentación del ala

La diferencia de presión del aire encima y debajo del ala causa la sustentación

Presión más baja ejercida por el aire rápido

SUSTENTACIÓN

AIRE RÁPIDO

ALA

AIRE LENTO

Presión más alta ejercida por el aire más lento

El ángulo de caída de la superficie superior del ala permite que el aire fluya más deprisa

2 **El efecto Bernoulli**
La presión varía en función del movimiento de un medio. Es el efecto Bernoulli. La superficie superior del ala tiene una curva más larga que la inferior, para que el aire fluya más rápidamente por encima. Esto reduce la presión sobre el ala y crea sustentación.

EN **CUALQUIER MOMENTO** HAY EN EL AIRE UNOS 9250 AVIONES DE PASAJEROS

SUSTENTACIÓN

Los *flaps* del borde de salida del ala aumentan la sustentación durante el despegue e incrementan el arrastre para frenar al avión durante el aterrizaje. En el vuelo a nivel, se retraen

El propulsor impulsa al avión hacia delante dirigiendo una masa de aire hacia atrás

EMPUJE

GRAVEDAD

3 Vuelo a nivel
La sustentación generada por las alas contrarresta la fuerza de la gravedad, pero solo si el empuje del motor mantiene a la aeronave moviéndose hacia delante lo bastante rápido. Este empuje también debe vencer el arrastre de las fuerzas de sustentación.

¿CUÁL ES EL AVIÓN MÁS PESADO?

El avión de carga Antonov An-225 se fabricó en 1985. Tiene un peso máximo de 640 toneladas y está impulsado por seis motores de turboventilador.

CÓMO GENERA SUSTENTACIÓN UN HELICÓPTERO

Las rápidas palas del rotor de un helicóptero generan la sustentación que lo mantiene en el aire. Al mover hacia delante un control llamado palanca del cíclico, se altera el ángulo de los rotores, impulsando el helicóptero por el aire.

PALAS

INCLINACIÓN

PALANCA DEL CÍCLICO

Inclinar el plato cíclico hace que las palas del rotor cabeceen, lo que aumenta el ángulo de ataque y la sustentación

MOVIMIENTO

El desequilibro en la sustentación hace que finalmente el helicóptero se incline y avance

Primero, el piloto mueve la palanca del cíclico hacia delante, lo que inclina el plato cíclico

Línea de Kármán

La densidad del aire decrece con la altitud. Esto reduce el arrastre y permite volar más deprisa, pero también obliga a volar a mayor velocidad para generar sustentación. No se puede volar por sustentación en el aire sobre los 100 km de altitud. Es la línea de Kármán considerada el límite entre la atmósfera terrestre y el espacio.

TERMOSFERA 80-600 KM

En órbita
Para mantenerse en vuelo por encima de la línea de Kármán, un objeto debe moverse a velocidad orbital, la velocidad a la que la fuerza centrífuga contrarresta la gravedad (ver pp. 214-215).

29 000 km/h

LÍNEA DE KÁRMÁN 100 km

Velocidad a la que debe volar una aeronave para mantenerse en el aire

MESOSFERA 50-80 km

ESTRATOSFERA 16-50 km

Velocidad a la que debe volar un avión comercial para permanecer a una altitud de 12 km

TROPOSFERA 0-16 km

900 km/h

PESO

La fuerza descendente es un peso de 5000 toneladas

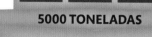

5000 TONELADAS

La carga aumenta la densidad media del barco, pero aún hay huecos de aire, lo que lo hace menos denso que el agua

AIRE DENTRO DEL CASCO

CASCO DE ACERO

Hundimiento

Una pesa de acero macizo es ocho veces más densa que el agua. Al hundirse una pesa de 5000 toneladas, desplaza su volumen de agua, pero esa agua pesa solo 625 toneladas. El peso del agua ejerce una pequeña fuerza de flotamiento hacia arriba, pero no contrarresta la fuerza del peso del acero, por lo que la pesa se hunde.

La fuerza de flotabilidad es de 625 toneladas, insuficiente para evitar que la pesa se hunda.

PESO

5000 TONELADAS

Esta pesa de acero es pequeña y densa, sin huecos de aire

La pesa se hunde

FLOTABILIDAD

El aire dentro del barco lo hace menos denso que el agua

El agua se opone al peso del barco con una fuerza de flotabilidad equivalente de 5000 toneladas

FLOTABILIDAD

A flote

Un barco de carga de acero está lleno de aire, por lo que su densidad media es menor que la del agua. Desplaza su peso entero de 5000 toneladas y permanece a flote, sostenido por 5000 toneladas de mar.

Cómo funciona la flotabilidad

La flotabilidad es una fuerza ascendente ejercida por líquidos y gases sobre sólidos. Funciona en equilibrio con la densidad. Si un objeto es demasiado denso, la flotabilidad no basta para impedir que se hunda.

¿Qué es la flotabilidad?

Cuando se sitúa un objeto en un fluido –líquido o gas–, el objeto desplaza un volumen de fluido equivalente a su volumen. Si el objeto es más denso que el fluido, el volumen desplazado pesará menos que el objeto, por lo que este se hunde. Pero un objeto menos denso que el fluido flota porque la fuerza de flotabilidad contrarresta su peso.

VEJIGA NATATORIA

Como los submarinos, algunos peces ascienden liberando gas disuelto en su sangre a través de la vejiga natatoria. Esto incrementa el volumen de la vejiga, haciendo que el pez sea menos denso y ascienda. Para hundirse, el gas se disuelve de nuevo en la sangre, haciendo que la vejiga se encoja.

Vejiga natatoria

Peso y densidad

Al introducir carga en un barco, sus espacios de aire se llenan de cargamento, más pesado, y su densidad media aumenta. Cada vez que se carga un contenedor, el barco se hunde más en el agua, porque su mayor peso desplaza más agua hasta hallar un nuevo equilibrio entre peso y flotabilidad. La línea de flotación de la mayor carga segura (línea de Plimsoll) se pinta en el casco del barco.

LOS **OBJETOS FLOTANTES DESPLAZAN** SU MISMO **VOLUMEN** DE AGUA

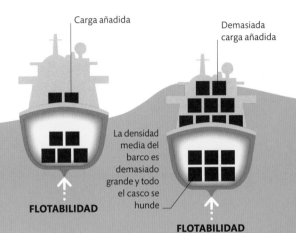

Carga añadida

Demasiada carga añadida

Carga ligera

FLOTABILIDAD

FLOTABILIDAD

La densidad media del barco es demasiado grande y todo el casco se hunde

FLOTABILIDAD

Submarinos

Para hundirse o regresar a la superficie a voluntad, los submarinos manipulan su densidad media con tanques de aire comprimido. En tanto posean una fuente de energía, pueden hacerlo indefinidamente, pues en la superficie bombean aire fresco de la atmósfera en sus tanques para la próxima salida a superficie.

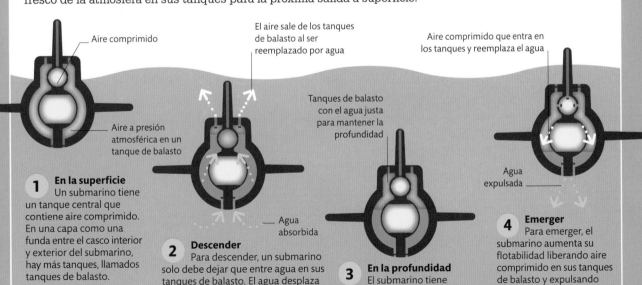

Aire comprimido

El aire sale de los tanques de balasto al ser reemplazado por agua

Aire comprimido que entra en los tanques y reemplaza el agua

Aire a presión atmosférica en un tanque de balasto

Tanques de balasto con el agua justa para mantener la profundidad

Agua expulsada

1 **En la superficie**
Un submarino tiene un tanque central que contiene aire comprimido. En una capa como una funda entre el casco interior y exterior del submarino, hay más tanques, llamados tanques de balasto.

Agua absorbida

2 **Descender**
Para descender, un submarino solo debe dejar que entre agua en sus tanques de balasto. El agua desplaza el aire. La densidad del submarino aumenta, haciéndolo más pesado que el agua, por lo que se hunde.

3 **En la profundidad**
El submarino tiene que equilibrar el agua y el aire de sus tanques para no descender más de lo deseado.

4 **Emerger**
Para emerger, el submarino aumenta su flotabilidad liberando aire comprimido en sus tanques de balasto y expulsando agua. La embarcación se hace menos densa que el agua y asciende.

El vacío

Un vacío perfecto es una región de espacio vacío que no contiene materia. Esto nunca se ha observado en la práctica (incluso el espacio exterior contiene algo de materia, que ejerce una presión considerable), por lo que los vacíos en el mundo real se llaman vacíos parciales.

¿Qué es un vacío?

En el siglo XVIII, se consiguió crear un vacío usando una bomba para absorber el aire de un recipiente. Los experimentos mostraron que una llama se apagaba y que el sonido no podía pasar a través del vacío porque el sonido necesita un medio. La luz no necesita un medio y puede atravesar el vacío.

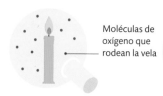
Moléculas de oxígeno que rodean la vela

Tubo fijado a la bomba de vacío
Moléculas expulsadas

Llama en el aire
Una vela arde dentro de un recipiente lleno de aire. El oxígeno del aire reacciona con la cera y crea calor y luz.

Llama extinguida
Succionar el aire para crear un vacío provoca que la llama se extinga. Esto es porque la combustión necesita oxígeno.

Medio	Presión (pascales)	Moléculas por centímetro cúbico
Atmósfera normal	101 325	$2,5 \times 10^{19}$
Aspiradora	aprox. 80 000	1×10^{19}
Termosfera de la Tierra	1-0,0000007	10^7-10^{14}
Superficie de la Luna	1-0,000000009	400 000
Espacio interplanetario		11
Espacio intergaláctico		0,000006

CÓMO FUNCIONA UN TERMO

Un termo usa vacío para impedir que los líquidos calientes se enfríen y que los fríos se calienten. El líquido se encuentra en una cámara rodeada de vacío, que bloquea las corrientes de convección que podrían transferir calor al exterior. El recipiente está bañado en plata para reflejar el calor desde dentro y desde fuera.

Taza de plástico
Tapón
Recipiente
Vacío
Líquido
Superficie plateada

Dentro de un vacío

La materia siempre se expande para llenar espacios vacíos. Este proceso es lo que crea la succión de una aspiradora, pues el aire exterior entra de golpe en el vacío que se crea dentro. Las moléculas de la materia situada en el vacío, especialmente de los líquidos, rompen sus enlaces y forman un gas que llena el vacío.

Sin resistencia
Los objetos que caen en el vacío no experimentan resistencia aérea, que frenaría su descenso. Un martillo y una pluma caen a diferente velocidad por el aire, pero en el vacío caen al mismo tiempo.

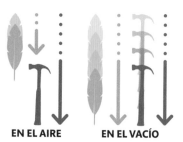
EN EL AIRE
EN EL VACÍO

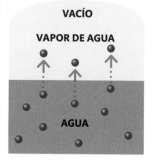
VACÍO
VAPOR DE AGUA
AGUA

Vacío perfecto
Al vacío, las moléculas de agua se convierten en un vapor que llena el espacio. Muy pocas vuelven a unirse al líquido.

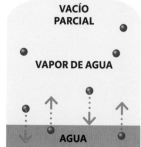
VACÍO PARCIAL
VAPOR DE AGUA
AGUA

Vacío parcial
El agua se evapora, incrementando la presión. El sistema alcanza un equilibrio cuando sus moléculas se mueven en ambas direcciones.

Exposición al vacío

El espacio exterior es un vacío casi perfecto. Los astronautas deben llevar trajes espaciales para protegerlos de la radiación, la luz solar y el frío del espacio vacío, pero también para crear una atmósfera presurizada en torno al cuerpo. Si el traje o el casco fallan, una rápida muerte es casi segura, pero no sería tan dramática como suele aparecer en las películas.

EL **TARDÍGRADO** ES UN ANIMAL MICROSCÓPICO CAPAZ DE **SOBREVIVIR** EN EL **VACÍO DEL ESPACIO**

3 Falta de oxígeno
En el vacío, el oxígeno se convierte en burbujas en la sangre, volviéndolo inútil para los tejidos corporales.

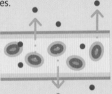

4 Muerte
Sin oxígeno en el cerebro, el astronauta perdería la conciencia en unos 15 segundos. El cerebro moriría en 90 segundos de no recibir suministro de oxígeno.

2 Sequedad
El agua expuesta al vacío se evapora en segundos. Los ojos y el interior de boca y la nariz se secarían y se formaría escarcha en la piel.

5 Expansión del cuerpo
El cuerpo empezaría a descomponerse, segregando líquido y gases que lo hincharían hasta el doble de su tamaño.

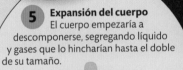

1 Salida rápida
Los gases de los pulmones y del intestino saldrían bruscamente por los orificios corporales, dañando los tejidos delicados del cuerpo.

6 Congelación total
Tras unas horas de exposición al vacío, el cuerpo se enfriaría muy por debajo del punto de congelación del agua y se volvería totalmente sólido.

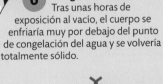

La gravedad

Podemos concebir la fuerza gravitacional como una fuerza de atracción. Atrae al suelo los objetos que caen y mantiene la Tierra en órbita en torno al Sol. Isaac Newton describió la fuerza gravitacional de forma matemática por primera vez en el siglo XVI.

Características de la gravedad

La fuerza gravitacional es una fuerza de atracción que tiende a unir la materia. Como consta en la ley de gravitación universal de Newton, la atracción depende de dos factores: el tamaño de las masas y la distancia entre ellas. La gravedad es la más débil de las cuatro fuerzas fundamentales de la naturaleza (ver p. 27). Aun así, las enormes masas de las estrellas y las galaxias producen grandes fuerzas gravitacionales que actúan a grandes distancias.

Gravedad y masa

Si asumimos que la distancia (D) entre dos objetos no cambia, la atracción de la gravedad (F) es directamente proporcional a sus masas (M). Duplicar la masa de un objeto (2M) duplica la atracción (2F) entre los objetos. Duplicar ambas masas aumenta la atracción en un factor de cuatro (4F).

Gravedad y distancia

La fuerza de la gravedad es inversamente proporcional al cuadrado de la distancia (D) entre dos masas, asumiendo que la masa de esos objetos permanece igual. Duplicar la distancia (2D) disminuye la atracción en un factor de cuatro (¼F). Dividir por dos la distancia (½D) multiplica la gravedad por cuatro (4F).

Velocidad terminal

La gravedad hace que los objetos que caen aceleren y alcancen velocidades cada vez mayores al acercarse a la Tierra. Sin embargo, los objetos que caen durante mucho tiempo alcanzan una velocidad máxima, o terminal. Esto ocurre cuando la fuerza de la gravedad se iguala con la resistencia del aire.

(ver p. 27)

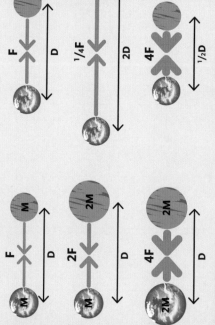

LA VELOCIDAD AUMENTA

El paracaidista acelera porque la resistencia del aire es baja

LEYENDA

· · · · ▶ Movimiento descendente

▶ Gravedad

◀ Resistencia del aire

Gravedad y resistencia del aire
Un paracaidista acelera a 9,8 m/s –la aceleración de todos los objetos que caen–. Al acelerar, la resistencia del aire que empuja contra su cuerpo también aumenta.

¿QUÉ ES LA FUERZA G?

La fuerza g es un cambio en el movimiento que puede hacer que una persona se sienta más pesada al acelerar. La atracción de la gravedad cuando estamos en el suelo es de 1 g.

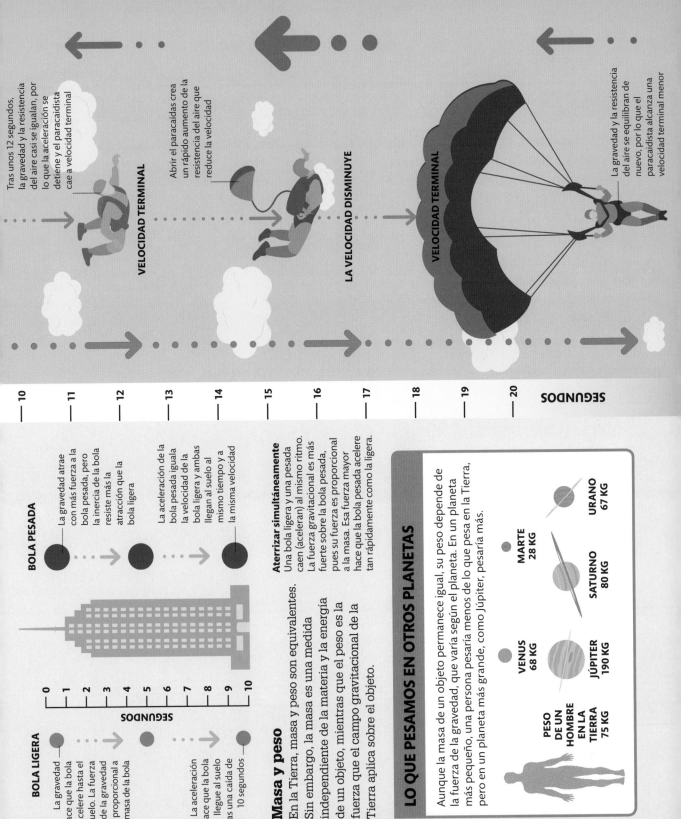

VELOCIDAD TERMINAL

Tras unos 12 segundos, la gravedad y la resistencia del aire casi se igualan, por lo que la aceleración se detiene y el paracaidista cae a velocidad terminal

Abrir el paracaídas crea un rápido aumento de la resistencia del aire que reduce la velocidad

LA VELOCIDAD DISMINUYE

VELOCIDAD TERMINAL

La gravedad y la resistencia del aire se equilibran de nuevo, por lo que el paracaidista alcanza una velocidad terminal menor

SEGUNDOS
10 · 11 · 12 · 13 · 14 · 15 · 16 · 17 · 18 · 19 · 20

BOLA LIGERA

La gravedad hace que la bola acelere hasta el suelo. La fuerza de la gravedad es proporcional a la masa de la bola

La aceleración hace que la bola llegue al suelo tras una caída de 10 segundos

SEGUNDOS
0 1 2 3 4 5 6 7 8 9 10

BOLA PESADA

La gravedad atrae con más fuerza a la bola pesada, pero la inercia de la bola resiste más la atracción que la bola ligera

La aceleración de la bola pesada iguala la velocidad de la bola ligera y ambas llegan al suelo al mismo tiempo y a la misma velocidad

Masa y peso

En la Tierra, masa y peso son equivalentes. Sin embargo, la masa es una medida independiente de la materia y la energía de un objeto, mientras que el peso es la fuerza que el campo gravitacional de la Tierra aplica sobre el objeto.

Aterrizar simultáneamente

Una bola ligera y una pesada caen (aceleran) al mismo ritmo. La fuerza gravitacional es más fuerte sobre la bola pesada, pues su fuerza es proporcional a la masa. Esa fuerza mayor hace que la bola pesada acelere tan rápidamente como la ligera.

LO QUE PESAMOS EN OTROS PLANETAS

Aunque la masa de un objeto permanece igual, su peso depende de la fuerza de la gravedad, que varía según el planeta. En un planeta más pequeño, una persona pesaría menos de lo que pesa en la Tierra, pero en un planeta más grande, como Júpiter, pesaría más.

PESO DE UN HOMBRE EN LA TIERRA 75 KG

VENUS 68 KG

MARTE 28 KG

URANO 67 KG

JÚPITER 190 KG

SATURNO 80 KG

Relatividad especial

En 1905, Albert Einstein propuso una forma revolucionaria de entender cómo funcionan juntos el movimiento, el espacio y el tiempo. La llamó teoría de la relatividad especial, y su propósito era resolver el mayor problema de la física de su tiempo: la contradicción entre los diferentes modos en que la luz y los objetos se mueven por el espacio.

Leyes contradictorias

Las leyes del movimiento dicen que el movimiento de todo objeto es relativo al movimiento de otros objetos. Sin embargo, según las leyes del electromagnetismo, la luz viaja a velocidad constante, siempre llega a un observador a la misma velocidad, aunque la fuente de luz esté inmóvil, moviéndose o alejándose de él.

HAZ DE LUZ

Velocidad de la luz: constante para los tres observadores

Velocidad relativa del vehículo: diferente para alguien inmóvil y para los dos conductores

50 km/h

Pregunta
Dos vehículos en movimiento tienen una velocidad relativa que depende de la posición del observador. Entonces, ¿por qué la velocidad de la luz no cambia según la velocidad del observador?

60 km/h

CONTRACCIÓN

El tiempo se ralentiza y el espacio se contrae en torno a un objeto en movimiento. No puede medirse porque los instrumentos de medida se contraen también. Cuando el objeto se acerca a la velocidad de la luz, el espacio se contrae tanto y el tiempo se dilata tanto desde el punto de vista del observador, que el objeto parece haber dejado de moverse por completo.

PROXIMIDAD A LA VELOCIDAD DE LA LUZ

La bola inmóvil tiene su forma redonda normal

Vista por un observador inmóvil, la bola se contrae en la dirección del movimiento a medida que se acerca a la velocidad de la luz

Dilatación del tiempo

Einstein explicó la contradicción entre la velocidad de la luz y de otros objetos postulando que un objeto que se mueve deprisa en el espacio se mueve despacio en el tiempo. Esto significa que el tiempo transcurre a distintas velocidades para los observadores y para los objetos en movimiento. Para un espectador inmóvil, el tiempo va más deprisa que para un observador que se mueve a una velocidad cercana a la de la luz.

Explicar la velocidad constante de la luz
En una nave espacial a una velocidad cercana a la de la luz, un astronauta mide la velocidad de la luz y ve que recorre una distancia pequeña en un corto período de tiempo. Para un observador estacionario, la luz recorre una distancia mayor en más tiempo. Pero ambos miden luz que se mueve a la misma velocidad.

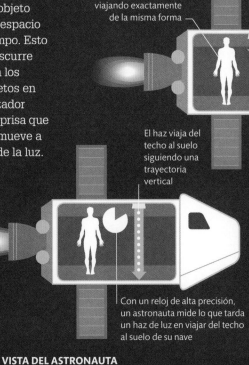

El astronauta está en la misma nave con la luz viajando exactamente de la misma forma

El haz viaja del techo al suelo siguiendo una trayectoria vertical

Con un reloj de alta precisión, un astronauta mide lo que tarda un haz de luz en viajar del techo al suelo de su nave

VISTA DEL ASTRONAUTA

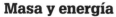

Masa y energía

Al tiempo que se preguntaba por qué la luz viaja siempre a una velocidad fija, Einstein examinó la naturaleza de la masa y de la energía. Vio que masa y energía son equivalentes y relacionó las dos propiedades con su ecuación $E = mc^2$, en la que E es la energía, m la masa y c la velocidad de la luz. Añadir energía a un objeto inmóvil puede hacer que se mueva. Como la energía y la masa son equivalentes, el movimiento hace que el objeto actúe como si fuera más pesado que cuando estaba inmóvil. A bajas velocidades, este efecto es insignificante, pero al aproximarse a la velocidad de la luz, la masa de un objeto se acerca al infinito.

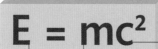

$$E = mc^2$$

La cantidad de energía encerrada en la materia en forma de masa es enorme. En una explosión nuclear, pequeñas cantidades de masa se convierten en enormes cantidades de luz y calor

La masa es una propiedad de la materia que describe su resistencia a los cambios de movimiento. Cuanto más grande es la masa, más energía puede liberar

La luz la transmiten partículas sin masa, por lo que viaja a la mayor velocidad posible, la velocidad de la luz

¿CUÁNDO SE USÓ POR PRIMERA VEZ LA EXPRESIÓN «TEORÍA DE LA RELATIVIDAD ESPECIAL»?

Einstein no la llamó así hasta diez años después de publicarla, y lo hizo para distinguirla de su teoría general de la relatividad. Su trabajo se tituló *Sobre la electrodinámica de los cuerpos en movimiento.*

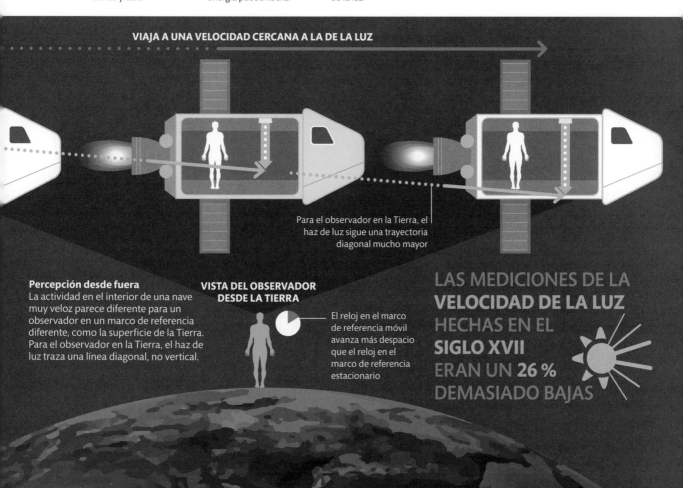

VIAJA A UNA VELOCIDAD CERCANA A LA DE LA LUZ

Para el observador en la Tierra, el haz de luz sigue una trayectoria diagonal mucho mayor

Percepción desde fuera
La actividad en el interior de una nave muy veloz parece diferente para un observador en un marco de referencia diferente, como la superficie de la Tierra. Para el observador en la Tierra, el haz de luz traza una línea diagonal, no vertical.

VISTA DEL OBSERVADOR DESDE LA TIERRA

El reloj en el marco de referencia móvil avanza más despacio que el reloj en el marco de referencia estacionario

LAS MEDICIONES DE LA **VELOCIDAD DE LA LUZ** HECHAS EN EL **SIGLO XVII** ERAN UN **26 %** DEMASIADO BAJAS

Relatividad general

La gravedad, tal como la describió Isaac Newton en 1687, es incompatible con la teoría de la relatividad especial de Albert Einstein. Por eso, en 1916, Einstein unificó la gravedad con sus ideas sobre el espacio y el tiempo en su teoría general de la relatividad.

Espacio-tiempo

La relatividad especial describe cómo los objetos experimentan el espacio y el tiempo de forma diferente dependiendo de su movimiento. Una importante aplicación de esta teoría es que el espacio y el tiempo están siempre unidos. La relatividad general describe el espacio y el tiempo en un continuo de cuatro dimensiones llamado espacio-tiempo, que los objetos muy grandes curvan. Masa y energía son equivalentes y la curvatura que causan en el espacio-tiempo crea los efectos de la gravedad, como la Luna orbitando la Tierra.

¿CÓMO SE PROBÓ LA TEORÍA?

En 1919, el astrónomo Arthur Eddington observó luz desviada durante un eclipse de Sol total. Esto demostró el efecto del espacio-tiempo curvo e hizo a Einstein famoso mundialmente.

LA RELATIVIDAD GENERAL EXPLICA EL MOVIMIENTO DE LOS PLANETAS ALREDEDOR DEL SOL

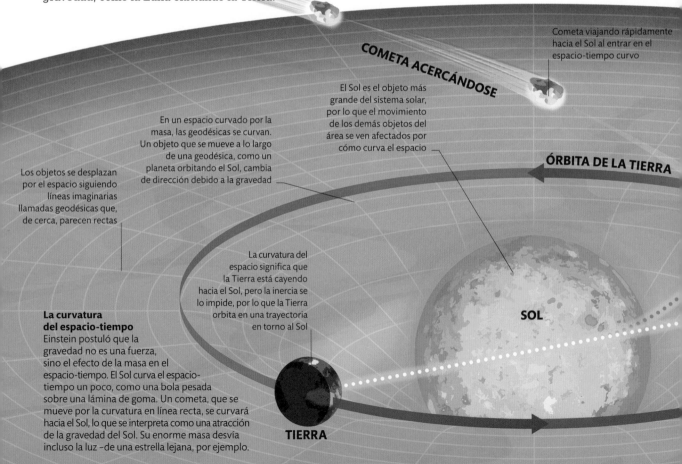

COMETA ACERCÁNDOSE

Cometa viajando rápidamente hacia el Sol al entrar en el espacio-tiempo curvo

El Sol es el objeto más grande del sistema solar, por lo que el movimiento de los demás objetos del área se ven afectados por cómo curva el espacio

En un espacio curvado por la masa, las geodésicas se curvan. Un objeto que se mueve a lo largo de una geodésica, como un planeta orbitando el Sol, cambia de dirección debido a la gravedad

Los objetos se desplazan por el espacio siguiendo líneas imaginarias llamadas geodésicas que, de cerca, parecen rectas

ÓRBITA DE LA TIERRA

La curvatura del espacio significa que la Tierra está cayendo hacia el Sol, pero la inercia se lo impide, por lo que la Tierra orbita en una trayectoria en torno al Sol

SOL

La curvatura del espacio-tiempo

Einstein postuló que la gravedad no es una fuerza, sino el efecto de la masa en el espacio-tiempo. El Sol curva el espacio-tiempo un poco, como una bola pesada sobre una lámina de goma. Un cometa, que se mueve por la curvatura en línea recta, se curvará hacia el Sol, lo que se interpreta como una atracción de la gravedad del Sol. Su enorme masa desvía incluso la luz –de una estrella lejana, por ejemplo.

TIERRA

El principio de equivalencia

Para entender la gravedad, Einstein se imaginó a sí mismo en un ascensor y se preguntó si la fuerza que lo retenía en el suelo era la atracción de la gravedad o el efecto de la inercia mientras el ascensor subía. Desde dentro, no hay modo de saberlo. A esto se lo llama principio de equivalencia. A partir de esta idea, comenzó a verse como un espectador que observaba el universo desde un marco de referencia fijo.

El experimento del ascensor de Einstein

Einstein amplió su experimento mental del ascensor imaginando el aspecto que tendría un haz de luz visto por una persona dentro del ascensor en tres situaciones diferentes. La persona de dentro no es capaz de identificar el movimiento del ascensor por completo pero puede ver el comportamiento del haz de luz. El experimento revela que al viajar muy deprisa o al ser atraído por una poderosa gravedad, el espacio y el haz de luz se curvan.

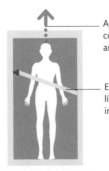

Ascensor

Una persona estacionaria ve la luz moverse horizontalmente

Persona dentro de un ascensor

MOVIMIENTO CERO

Ascensor a velocidad constante hacia arriba

El haz se desplaza en línea recta pero se inclina hacia abajo

Ascensor acelerando hacia arriba

VELOCIDAD CONSTANTE

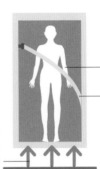

La persona siente que o bien está ascendiendo deprisa o está siendo atraída hacia abajo por la gravedad

La luz se aleja de la persona en una trayectoria curva

ACELERACIÓN

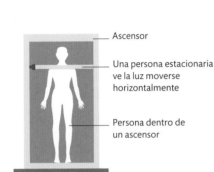

POSICIÓN REAL DE LA ESTRELLA

Los haces de luz también se desvían por el espacio curvo. El haz se curva, y por eso la luz parece provenir de otra parte del cielo

La luz detectada desde la Tierra parece haber viajado desde un lugar situado en línea recta con el observador

POSICIÓN APARENTE DE UNA ESTRELLA

Si el cometa tiene energía suficiente, podrá escapar de la curvatura gravitacional; si no, se dirigirá en espiral hacia el Sol

NAVEGACIÓN POR GPS

El Sistema de Posicionamiento Global (GPS) muestra los efectos de las teorías de Einstein. Los satélites de GPS envían señales de su posición y tiempo exactos, que los sistemas globales de navegación usan para calcular su posición. Sin embargo, como los satélites se mueven a gran velocidad, sus relojes de a bordo avanzan más despacio que en la Tierra, algo con lo que deben contar los sistemas globales de navegación.

Un satélite GPS usa un reloj de alta precisión

El lapso entre el envío y la recepción de la señal dice al sistema de navegación la distancia del satélite

Ondas gravitatorias

La teoría general de la relatividad predijo que los objetos que se mueven por el espacio-tiempo crean en este fluctuaciones llamadas ondas gravitatorias. En 2015, se detectaron esas ondas por primera vez.

AGUJEROS DE GUSANO

Albert Einstein y Nathan Rosen describieron que el espacio-tiempo podría curvarse de modo que dos localizaciones lejanas quedaran unidas por un atajo. Ese puente, o agujero de gusano, crearía atajos para viajes muy largos, pero aún no se ha hallado evidencia de que existan.

La boca conduce a otro lugar en el espacio-tiempo

El espacio se curva sobre sí mismo

¿Qué son?

Cuando la materia acelera a través del espacio de cierta manera, crea ondas gravitatorias. Los eventos gravitacionales más grandes producen ondas de baja frecuencia con enormes períodos de onda. Así, se cree que las ondas del Big Bang tienen millones de años luz de largo. Las ondas gravitatorias ofrecen una forma de ver el universo no basada en la luz. Pueden revelar cosas que ahora son invisibles para nosotros, como saber lo que ocurre dentro de un agujero negro.

PERÍODO DE ONDA

Agujeros negros supermasivos orbitando uno en torno a otro en el centro de galaxias lejanas

Estrella de neutrones y agujeros negros estelares fundiéndose en galaxias lejanas

Ondas gravitatorias detectadas por LIGO

| Edad del universo | | | | Años | | Horas | | Segundos | | ms |

10^{-16} 10^{-14} 10^{-12} 10^{-10} 10^{-8} 10^{-6} 10^{-4} 10^{-2} 1 10^{2}

FRECUENCIA (Hz)

Espectro de ondas gravitatorias
Las ondas de eventos de alta energía, como colisiones de agujeros negros supermasivos, tienen frecuencias muy bajas y períodos de onda muy largos. Los detectores actuales, como LIGO, solo pueden detectar ondas de objetos pesados que se mueven muy deprisa, como colisiones de agujeros negros estelares, de longitud de onda lo bastante corta como para detectarlos.

Dos estrellas orbitando un centro común de masa en nuestra galaxia

Agujeros negros capturados por agujeros supermasivos

Cómo se forman las ondas gravitatorias

Las primeras ondas gravitatorias detectadas por LIGO procedían de la colisión de dos agujeros negros a casi 1,3 billones de años luz de distancia. Esos agujeros negros fueron atraídos el uno hacia el otro por su atracción gravitacional.

La masa de cada agujero negro curvaba continuamente el espacio

El agujero negro tenía 20 veces la masa del Sol pero en un espacio mucho más pequeño

Los rápidos agujeros negros agitaban el espacio-tiempo en violentas fluctuaciones

1 Agujeros negros en colisión
Los dos agujeros negros se unieron debido a la fuerza de la gravedad. Las oscilaciones regulares que detectó LIGO indicaban que las órbitas de los dos agujeros negros eran círculos casi perfectos y que orbitaban uno en torno al otro una 15 veces por segundo.

2 La velocidad de órbita aumenta mucho
A medida que los agujeros negros se acercan entre sí, sus órbitas espirales se hacen más y más pequeñas y ambos aceleran hasta casi la velocidad de la luz. Toda esa masa a una velocidad tan grande produce poderosas ondas gravitatorias que se expanden en todas direcciones.

Cómo funciona LIGO

El LIGO, u Observatorio de Interferometría Láser de Ondas Gravitatorias, detecta ondas gravitatorias por sus efectos en rayos láser disparados por dos tubos de 4 km de largo. Uno de los rayos recorre media longitud de onda más que el otro. Cuando los dos rayos se encuentran, se cancelan y desaparecen. Una onda gravitatoria altera la distancia recorrida por los láseres, por lo que estos producen entonces una señal de luz fluctuante.

2 Los láseres rebotan de un espejo a otro y después se recombinan en el punto en que se dividen. Los láseres viajan con un movimiento sincronizado, lo que impide que llegue ninguna luz al fotodetector.

ESPEJO

ESPEJO

TUBO DE ALMACENAMIENTO

1 Un solo haz de láser se divide en dos y se envía por dos tubos de vacío perpendiculares.

3 Las ondas gravitatorias alteran la trayectoria de los láseres al cambiar la distancia que recorren dentro de los tubos de vacío. Esto hace que la luz llegue al fotodetector.

DIVISOR DE HAZ

LÁSER

FOTODETECTOR

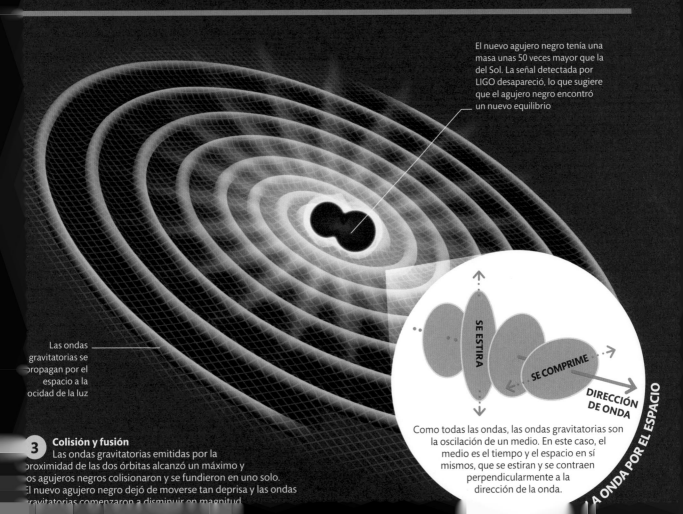

El nuevo agujero negro tenía una masa unas 50 veces mayor que la del Sol. La señal detectada por LIGO desapareció, lo que sugiere que el agujero negro encontró un nuevo equilibrio

Las ondas gravitatorias se propagan por el espacio a la velocidad de la luz

SE ESTIRA

SE COMPRIME

DIRECCIÓN DE ONDA

3 **Colisión y fusión**
Las ondas gravitatorias emitidas por la proximidad de las dos órbitas alcanzó un máximo y los agujeros negros colisionaron y se fundieron en uno solo. El nuevo agujero negro dejó de moverse tan deprisa y las ondas gravitatorias comenzaron a disminuir en magnitud.

Como todas las ondas, las ondas gravitatorias son la oscilación de un medio. En este caso, el medio es el tiempo y el espacio en sí mismos, que se estiran y se contraen perpendicularmente a la dirección de la onda.

LA ONDA POR EL ESPACIO

Teoría de cuerdas

La teoría de cuerdas es un intento de resolver los mayores problemas de la física. Por ejemplo, cómo funciona la gravedad a una escala increíblemente pequeña. Postula que todas las partículas son «cuerdas» de una sola dimensión que forman parte de un tejido universal.

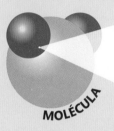

MOLÉCULA

Protón

NÚCLEO

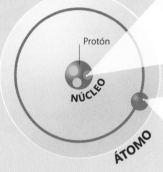

ÁTOMO

Cada cuerda vibra a una frecuencia diferente

QUARK

Las vibraciones corresponden a la velocidad, la rotación y la carga de las partículas

ELECTRÓN

Cuerdas, no partículas

No pueden observarse directamente las partículas subatómicas, solo podemos observar sus efectos. La teoría de cuerdas sugiere que las partículas son diminutas cuerdas vibratorias. Cada partícula elemental, como los electrones y los quarks, posee una vibración distintiva que explica muchas de sus características, como su masa, carga y cantidad de movimiento. Nadie ha descubierto aún cómo demostrar la teoría de cuerdas. De momento, es solo un sistema matemático que parece coincidir con el modo en que se comportan las partículas.

Filamentos de energía
Según la teoría de cuerdas, las partículas elementales, como los electrones y los quarks, de los que están hechos los protones, son cuerdas o filamentos de energía, cada uno con una vibración distintiva.

Gravedad cuántica

La teoría de la gravedad cuántica está pensada para unir la relatividad general, que describe la gravitación de estructuras enormes, como planetas, y la mecánica cuántica, que muestra cómo funcionan las otras tres fuerzas fundamentales a escala atómica. Los efectos de la gravedad cuántica podrían obrar a la escala de la llamada longitud de Planck.

La longitud de Planck
No se puede determinar la localización de dos objetos que se encuentren a menos de una longitud de Planck de distancia, lo que la convierte en la unidad más pequeña con sentido físico.

¿POR QUÉ TIENE QUE HABER UNA TEORÍA DEL TODO?

El universo sigue una serie de reglas que funcionan a escalas grandes y pequeñas. Estas tienen que estar relacionadas y una teoría del todo busca explicar de qué forma.

PERSONA

GLÓBULO ROJO 10^{-6} M

ÁTOMO 10^{-10} M

NÚCLEO ATÓMICO 10^{-15} M

LONGITUD DE PLANCK 10^{-35} M

10^0 m	10^{-3} m	10^{-6} m	10^{-9} m	10^{-12} m	10^{-15} m	10^{-18} m	10^{-33} m	10^{-36} m
1 metro	1 milímetro	1 micrómetro	1 nanómetro	1 picómetro	1 femtómetro	1 attómetro		

Múltiples dimensiones

La teoría de cuerdas sugiere que las cuerdas no solo vibran en las tres dimensiones visibles (ancho, alto y profundidad), sino al menos en siete dimensiones más que permanecen ocultas para nosotros y se describen como «compactas», lo que quiere decir que solo aparecen en las escalas subatómicas más pequeñas, y podrían estar por todas partes y explicar fenómenos misteriosos como la materia oscura y la energía oscura (ver pp. 206-207).

Variedad de Calabi-Yau

Según algunos proponentes de la teoría de cuerdas, las dimensiones extras invisibles para nosotros pueden plegarse en estructuras geométricas llamadas variedades de Calabi-Yau. En la ilustración, una sección bidimensional de una variedad de seis dimensiones llamada quíntico de Calabi-Yau.

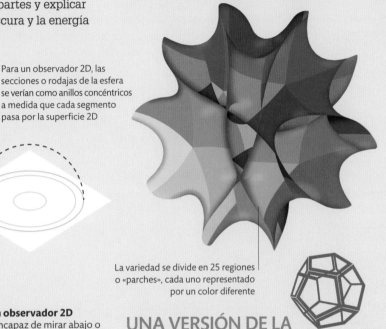

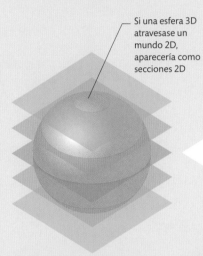

Si una esfera 3D atravesase un mundo 2D, aparecería como secciones 2D

Para un observador 2D, las secciones o rodajas de la esfera se verían como anillos concéntricos a medida que cada segmento pasa por la superficie 2D

La variedad se divide en 25 regiones o «parches», cada uno representado por un color diferente

Formas 3D en un mundo 2D
Imaginar una forma 3D en un mundo de dos dimensiones nos ayuda a entender las dimensiones espaciales superiores. En un mundo bidimensional, una esfera se ve como círculos.

Vista de un observador 2D
Un ser 2D, incapaz de mirar abajo o arriba, al mirar una esfera que se mueve de arriba abajo, ve un círculo que se agranda y se reduce. Esto se debe a la dimensión invisible.

UNA VERSIÓN DE LA **TEORÍA DE CUERDAS,** HABLA DE **10 DIMENSIONES DEL ESPACIO**

S-partículas

Variantes de la teoría de cuerdas sugieren que la materia es solo la forma de energía con menor vibración y que hay otras cuerdas vibrando en octavas más altas, como en la armonía musical. Las vibraciones superiores representan las superpartículas, o s-partículas, cada una de las cuales, en teoría, se empareja con una partícula elemental normal. Algunos proponentes de la teoría de cuerdas predicen que las s-partículas podrían tener masas hasta mil veces mayores que sus partículas correspondientes.

PARTÍCULAS DE MATERIA Y S-PARTÍCULAS PROPUESTAS		PARTÍCULAS DE FUERZA Y S-PARTÍCULAS PROPUESTAS	
Partícula	**S-partícula**	**Partícula**	**S-partícula**
Quark	Squark	Gravitón	Gravitino
Neutrino	Sneutrino	Bosones W	Winos
Electrón	Selectrón	Z°	Zino
Muon	Smuon	Fotón	Fotino
Tau	Stau	Gluon	Gluino
		Bosón de Higgs	Higgsino

LA VIDA

¿Qué es la vida?

La vida es lo más complejo del universo conocido. Las piezas moleculares que la componen y la interacción entre sus partes son más complicadas que las de cualquier ordenador. Tenemos que reducir la biología de un organismo a sus funciones básicas para apreciar qué hace que algo tenga vida.

Signos vitales

Millones de especies de organismos comparten una combinación de rasgos: las características de la vida; solo cuando convergen todas estas características se puede decir que algo está vivo. Un ser vivo consume alimento, respira para liberar energía y excreta residuos. Se mueve, responde a su entorno, crece y se reproduce. Los objetos inertes pueden tener una o dos de estas funciones, pero no todas.

Construcción compleja

Los agentes químicos que componen la vida se ordenan alrededor de una estructura de átomos de carbono y forman algunas de las mayores moléculas que se conocen. Las cadenas de ADN o celulosa pueden medir varios centímetros. Las plantas las crean a partir de dióxido de agua y carbono. Los animales, en cambio, las logran comiendo otros organismos o sus residuos. Estas moléculas de comida actúan como combustible y materiales de construcción.

REPRODUCCIÓN

La replicación del ADN asegura la división celular y la reproducción de los cuerpos, junto con sus instrucciones genéticas. La reproducción promueve la evolución y la colonización de nuevos hábitats.

Cristales
El crecimiento y replicación de los cristales químicos se produce cuando se acumula en forma sólida la materia prima del entorno; sin embargo, no requiere de un metabolismo complejo.

CRECIMIENTO

Las células crecen y se dividen y usan energía para construir más moléculas orgánicas. La multiplicación de las células hace que un organismo multicelular se convierta en un árbol gigante o una ballena.

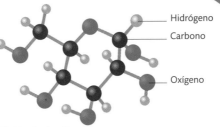

Hidrógeno
Carbono
Oxígeno

Molécula de alimento
La glucosa se compone de 24 átomos; es una de las moléculas de alimento más simples. Igual que en otras biomoléculas, los átomos de carbono conforman su estructura.

Los organismos perciben los cambios en el entorno, por ejemplo la luz, la temperatura o la composición química. Cada estímulo dispara un conjunto específico de respuestas coordinadas.

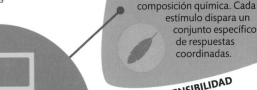

Ordenador
Un ordenador puede detectar y responder a estímulos, además de almacenar información igual que la memoria del cerebro animal, pero esas hazañas no son nada en comparación con las de los seres vivos.

SENSIBILIDAD

Diagrama de Venn de la vida
A pesar de la increíble variación entre todos los organismos, todos los seres vivos comparten estas siete funciones básicas, ya sean bacterias, plantas o animales.

ENTRE LOS **SERES VIVOS MÁS SIMPLES** ESTÁN LAS **BACTERIAS** QUE CAUSAN LA NEUMONÍA, CON TAN SOLO **687 GENES**

NUTRICIÓN

Todo ser vivo necesita un suministro constante de energía y materia prima. Muchos los obtienen en forma de moléculas de alimento orgánico, como proteínas e hidratos de carbono.

MOVIMIENTO

Desde el flujo constante de líquidos y constituyentes en las células microscópicas hasta la potente contracción muscular de los animales, todos los organismos pueden moverse en mayor o menor grado.

LA VIDA ¿DEPENDE DEL CARBONO?

Los autores de ciencia ficción han especulado con la existencia de una biología alternativa basada en el silicio. Sin embargo, el carbono es el único elemento capaz de combinarse con muchos tipos de átomos para formar moléculas muy complejas y, por lo tanto, la vida.

ORGANISMO VIVO

Euglena, un ser unicelular microscópico que habita charcas, puede realizar la fotosíntesis como una planta o consumir alimento como un animal.

EXCRECIÓN

Las constantes reacciones químicas de las células de un organismo producen productos de desecho, como el dióxido de carbono. La excreción es la salida de estos desechos metabólicos del cuerpo.

¿QUÉ ES EL METABOLISMO?

La vida se basa en el metabolismo, una serie de reacciones químicas que modifican las moléculas: una proteína catalizadora concreta, o enzima, propicia cada paso. El metabolismo exclusivo de cada organismo depende de un conjunto de enzimas determinado por las instrucciones genéticas del ADN.

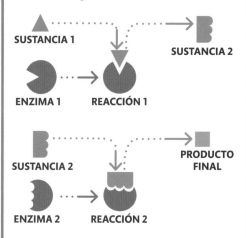

SUSTANCIA 1 → SUSTANCIA 2

ENZIMA 1 → REACCIÓN 1

SUSTANCIA 2 → PRODUCTO FINAL

ENZIMA 2 → REACCIÓN 2

Gran parte del alimento orgánico de un organismo se descompone en reacciones químicas, como si se tratara de un motor que quema combustible. Esta respiración celular libera la energía que usa el cuerpo.

RESPIRACIÓN

Motor de combustión interna
Al consumir y quemar combustible para provocar movimiento y «excretar» desechos, un motor posee cuatro signos vitales. Le falta sensibilidad, crecimiento y reproducción.

Tipos de seres vivos

Clasificamos las cosas para dar sentido al mundo; además de organizar la gran variedad de la vida, la clasificación científica moderna tiene un objetivo adicional: cartografiar las similitudes físicas y genéticas entre especies para reflejar sus relaciones evolutivas.

El árbol de la vida

Las semejanzas entre organismos tan distintos como las bacterias y los animales, especialmente en sus células y genes, prueban que toda la vida viene de un antepasado común. Durante miles de millones de años los seres vivos han creado un gran árbol genealógico. Los científicos los clasifican en una serie de grupos cada vez más pequeños, igual que las grandes ramas se han dividido en ramas más pequeñas durante la evolución. Las ramas más antiguas del árbol corresponden a la aparición de los reinos de la vida; las ramas más externas corresponden a los millones de especies que han existido.

UNA **CUCHARADITA DE TIERRA** PODRÍA CONTENER MÁS DE **100 000 ESPECIES DE MICROBIOS**

NOMBRES CIENTÍFICOS

Cada especie tiene un nombre científico exclusivo para evitar toda ambigüedad, algo que los nombres comunes, como brezo blanco o brezo arbóreo (ambos se refieren a la misma especie, *Erica arborea*), casi nunca consiguen. Los nombres científicos suelen ser descriptivos (*arborea* significa «en forma de árbol») y siempre está compuesto por dos partes: la primera, *Erica*, define un grupo de especies relacionadas, el género. Al incluir la segunda parte (*Erica cinerea* o *E. arborea*), el nombre define la especie.

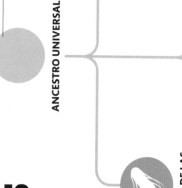

Erica cinerea

Erica arborea

Rhododendron arboreum

El último antepasado universal común, el hipotético precursor de toda la vida en la Tierra

ANCESTRO UNIVERSAL

REINO DE LAS ARQUEAS
Superficialmente parecidas a las bacterias, pero de genes muy diferentes

REINO CROMISTA
Algas con clorofila a y c, ciliados y foraminíferos y semejantes; en su mayoría, unicelulares

REINO DE LAS PLANTAS Y ALGAS RELACIONADAS
Todos sus miembros poseen clorofila a y b

REINO DE LAS BACTERIAS
Los organismos unicelulares más sencillos

Sistema de siete reinos
Se desconocen las relaciones entre las primeras ramificaciones del árbol de la vida, pero existen como mínimo siete grupos principales, o reinos, que se clasifican según semejanzas celulares.

REINO DE LOS PROTOZOOS
Organismos unicelulares, incluye amebas y semejantes.

REINO DE LOS HONGOS

REINO ANIMAL

Grupos naturales y no naturales

Las aves y los insectos tienen alas, pero no es natural agruparlos como «animales voladores». Los grupos naturales, o clados, incluyen a los descendientes de un antepasado común, una bifurcación en el árbol de la vida. Mamíferos y aves pertenecen a clados diferentes. En cambio, los grupos de animales que denominamos peces e invertebrados no lo son, porque no incluyen a todos sus descendientes. Los peces, por ejemplo, no incluyen a los vertebrados terrestres, vástagos suyos.

Grupos dentro de grupos

Si clasificamos solo según sus vínculos, el sistema debe reflejar que las aves descienden de un grupo de terópodos, los dinosaurios erguidos, que incluye al *Tyrannosaurus*. Es decir, se clasifican como un subgrupo de los dinosaurios, ubicados con los reptiles.

INVERTEBRADOS

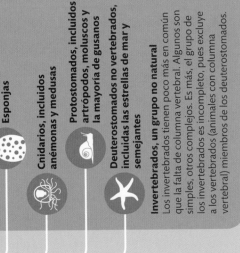

Esponjas

Cnidarios, incluidos anémonas y medusas

Protostomados, incluidos artrópodos, moluscos y la mayoría de gusanos

Deuterostomados no vertebrados, incluidas las estrellas de mar y semejantes

Invertebrados, un grupo no natural
Los invertebrados tienen poco más en común que la falta de columna vertebral. Algunos son simples, otros complejos. Es más, el grupo de los invertebrados es incompleto, pues excluye a los vertebrados (animales con columna vertebral) miembros de los deuterostomados.

PECES

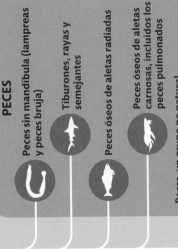

Peces sin mandíbula (lampreas y peces bruja)

Tiburones, rayas y semejantes

Peces óseos de aletas radiadas

Peces óseos de aletas carnosas, incluidos los peces pulmonados

Peces, un grupo no natural
Todos los peces tienen un antepasado común, pero un grupo, los peces óseos de aletas carnosas, dio paso a los animales de cuatro patas (tetrápodos), que ya no son peces. Así que, como los invertebrados, los peces no son un clado. Pero, al contrario que los invertebrados, los peces tienen complejidad similar y comparten muchos rasgos, y por eso conforman un útil grupo no cladístico, o grado.

DINOSAURIOS, AVES Y REPTILES MODERNOS

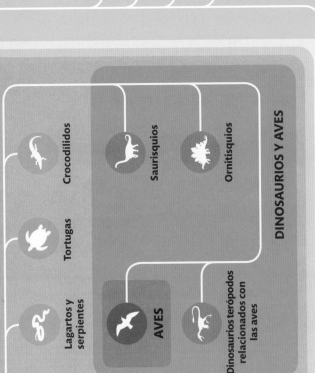

Lagartos y serpientes

Tortugas

Crocodílidos

Saurisquios

Ornitisquios

AVES

Dinosaurios terópodos relacionados con las aves

DINOSAURIOS Y AVES

Mamíferos

AMNIOTAS
Todos los animales cuyos huevos presentan membrana impermeable, o amnios.

TETRÁPODOS
Vertebrados terrestres: todos descienden de un antepasado cuadrúpedo

ANFIBIOS

Virus

Los virus son la viva muestra del impulso por replicarse: pese a no ser realmente seres vivos, estas partículas infecciosas, apenas un grupo de genes, sabotean células vivas para esparcir por el huésped copias suyas. Algunos causan pocos daños, pero otros provocan las enfermedades más temibles.

POLIÉDRICOS

CON ENVOLTURA

HELICOIDALES

COMPLEJOS

Tipos de virus

Los virus presentan distintas formas, pero todos tienen las mismas partes: un grupo de genes en una membrana de proteína. Algunos disponen de ADN, y otros, ARN, la sustancia que usan las células auténticas como paso intermedio para crear proteínas (pp. 158-159). Lo más curioso de todo es que muchos genes de virus están más relacionados con los genes de sus huéspedes que con los de otros virus, lo que indica que quizá sean fragmentos de genes fugados de los cromosomas de los huéspedes.

Ciclo vírico

Todos los virus son parásitos que se contagian por contacto, por el aire o con comida infectada. Realmente no son seres vivos (pp. 150-151), en parte porque son incapaces de replicarse sin la ayuda de otra célula. Igual que los organismos vivos de los que se aprovechan, sus genes le indican cómo debe comportarse para infectar el cuerpo del huésped para una máxima proliferación. Cada tipo de virus tiene sus propios efectos: desde el leve resfriado común del rinovirus hasta el colapso absoluto del sistema del ébola.

El núcleo contiene el ADN de la célula del huésped

NÚCLEO

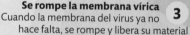

El RE rugoso contiene ribosomas

Ribosomas: partículas que realizan la síntesis de proteínas

Se rompe la membrana vírica **3**
Cuando la membrana del virus ya no hace falta, se rompe y libera su material genético en la célula del huésped.

Estos genes son de ARN (naranja), pero en otros virus pueden ser de ADN

El virus se une a la membrana celular

Las proteínas (triángulos naranjas y esferas azules) componen la cápsula del virus

El virus cruza la membrana celular

Burbuja llena de líquido o vesícula

El virus se une **1**
Las moléculas de la membrana vírica se unen a moléculas concretas de la membrana celular del huésped, lo que le permite atacar a la célula; también explica por qué los virus pueden atacar solo a determinados tipos de tejidos y especies.

El virus penetra en la célula **2**
Muchos virus penetran en la célula a través de una «burbuja» de membrana celular del huésped. Esta burbuja se cierra alrededor del virus en la superficie y crece hacia dentro hasta que el virus ha entrado.

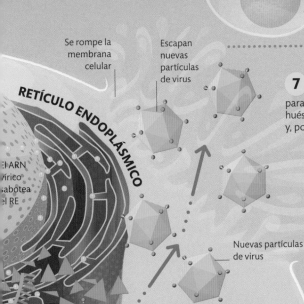

Se rompe la membrana celular

Escapan nuevas partículas de virus

RETÍCULO ENDOPLÁSMICO

El ARN vírico sabotea el RE

Nuevas partículas de virus

7 **Se liberan nuevas partículas de virus**
Las partículas víricas escapan de la célula para infectar otras o dispersarse a un nuevo huésped. A veces se rompe la membrana celular y, por lo tanto, muere la célula huésped.

Virus libre que infectará más células

6 **Nuevos virus**
Se crean nuevas partículas de virus a partir de las piezas de proteínas víricas creadas en los ribosomas y el ARN replicado dentro de la célula huésped.

Se fabrican nuevas proteínas para la membrana vírica

Los genes víricos se copian a sí mismos

5 **El virus sabotea la producción de proteínas del huésped**
El ARN vírico se une a los gránulos que producen proteínas de la célula, los ribosomas, que se fijan a la superficie del retículo endoplásmico (RE) rugoso, donde producen sin saberlo las proteínas que necesita el virus para replicarse.

4 **Se replican los genes víricos**
El material genético del virus produce muchas copias idénticas. Los virus con ARN cuentan con sus propias enzimas para crear primero el ADN, o simplemente se replican directamente. Aquí no se muestra, pero los virus con ADN se dirigen directamente al núcleo del huésped para introducirse en su ADN.

MEMBRANA CELULAR

Lucha contra los virus
Ante un virus, el cuerpo moviliza los glóbulos blancos del sistema inmunitario. Algunos liberan anticuerpos, proteínas que se unen a los virus para desactivarlos, y otros, las «células agresoras», sacrifican a las células que ya han sido infectadas. Los virus no se pueden tratar con antibióticos, ya que solo funcionan contra los microbios, como las bacterias. La primera defensa para el control de los virus son las vacunas, que preparan al sistema inmunitario con una falsa infección.

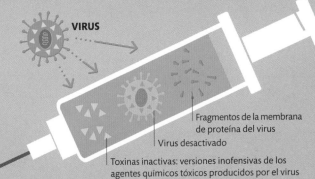

VIRUS

Fragmentos de la membrana de proteína del virus

Virus desactivado

Toxinas inactivas: versiones inofensivas de los agentes químicos tóxicos producidos por el virus

Vacunación
Las vacunas engañan al sistema inmunitario para que ataque a una versión de la infección con potencia suficiente para desencadenar la respuesta inmunitaria pero no para provocar la enfermedad. El sistema inmunitario está preparado para reconocer el virus real y, si lo encuentra, preparar una respuesta rápida y potente.

VIRUS BUENOS

Es posible modificar un virus genéticamente para que lleve fármacos a células concretas y puedan tratarse ciertos tipos de cáncer. Los virus con ADN también pueden llevar genes «sanos» a las células para realizar terapia genética (ilustrada aquí). Otros virus pueden luchar contra bacterias nocivas, lo que supone una alternativa a los antibióticos para tratar infecciones.

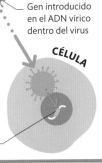

NUEVO GEN
Gen introducido en el ADN vírico dentro del virus

CÉLULA

El virus introduce el gen en el ADN de la célula

LA VIRUELA ES LA **ÚNICA ENFERMEDAD CONTAGIOSA** QUE SE HA **ERRADICADO CON VACUNAS**

Células

Casi todas las partes del cuerpo de todo organismo consisten en unidades vivas denominadas células. Las células procesan alimento y energía, sienten su entorno, crecen y se reparan... en un espacio cinco veces más pequeño que el punto final de esta frase.

Cómo funcionan las células

Una célula está repleta de diminutas estructuras u orgánulos. Igual que los órganos del cuerpo, cada orgánulo realiza una o más tareas especializadas vitales para el funcionamiento de la célula. Todas las células recogen materiales de su entorno para hacer acopio de sustancias complejas.

Los ribosomas recubren el retículo endoplásmico rugoso y le dan su aspecto rugoso

El núcleo almacena el ADN, el manual de instrucciones para fabricar proteínas

El nucléolo participa en la producción de ribosomas

CÉLULA VEGETAL

1

NÚCLEO

RETÍCULO ENDOPLÁSMICO RUGOSO

NUCLÉOLO

RIBOSOMAS

PARED CELULAR

MITOCONDRIA

VESÍCULA

2

APARATO DE GOLGI

PARED CELULAR

3

1 Fabricación de proteínas
La mayoría de las sustancias que necesita la célula son proteínas concretas, que se producen siguiendo las instrucciones genéticas (pp. 158-159) de los ribosomas, que recubren la compleja superficie de un orgánulo, el retículo endoplásmico rugoso.

2 Envasado
Las proteínas viajan en vesículas (pequeñas burbujas celulares) que flotan hacia el aparato de Golgi, el transportista de la célula: envasa y etiqueta las proteínas para determinar dónde se enviarán.

3 Envío
El aparato de Golgi coloca las proteínas en diferentes vesículas según su etiqueta. Las vesículas se desenganchan; las que tienen como destino salir de la célula se unen a la membrana celular y liberan las proteínas.

La mitocondria libera energía para realizar los procesos celulares

La vesícula transporta material, por ejemplo, proteínas

El aparato de Golgi prepara, ordena y distribuye proteínas y otras moléculas

Vesícula liberando proteínas

HASTA **800 000** **CLOROPLASTOS** PUEDEN OCUPAR CADA **MILÍMETRO CUADRADO** DE LA **SUPERFICIE DE UNA HOJA**

El retículo endoplásmico rugoso fabrica proteínas; los productos se transportan por sus complejas membranas

El retículo endoplásmico liso crea y transporta ácidos grasos, grasas y colesterol por la célula

¿CUÁNTO VIVEN LAS CÉLULAS?

Depende de su función: las células de la piel de un animal duran un par de semanas antes de caerse; en cambio, los glóbulos blancos pueden vivir un año o más.

VACUOLA

La vacuola almacena agua, nutrientes y, a veces, toxinas para defender la planta

La fotosíntesis (pp. 168-169) se produce en los cloroplastos

CLOROPLASTO

El citoplasma es el líquido en que tienen lugar muchas reacciones químicas celulares

La membrana celular controla el intercambio de sustancias

LISOSOMA

El lisosoma contiene enzimas digestivas que destruyen a invasores o sustancias no deseadas

MEMBRANA CELULAR

La diversidad de las células

Las células animales, a diferencia de las vegetales, no disponen de pared celular y no pueden crecer tanto. Igual que las de las plantas, su forma varía según su función. Los animales son más enérgicos que las plantas, y muchas de sus células tienen más mitocondrias. No obstante, no poseen cloroplastos, los encargados de la fotosíntesis: como los animales consumen alimento, no los producen.

Distintas células animales

Las células planas de la piel forman una película, pero como no se encargan de fabricar proteínas, tienen pocas mitocondrias. En cambio, el gran número de mitocondrias de un glóbulo blanco hace que este pueda entrar rápidamente en acción para defender al cuerpo.

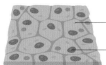

Pocas mitocondrias y vesículas

El núcleo contiene ADN

CÉLULAS DE LA PIEL

Muchas mitocondrias y vesículas

GLÓBULO BLANCO

Células bacterianas

Las células de las bacterias, no se parecen en nada a las de animales o plantas. Las bacterias evolucionaron mucho antes que los animales, las plantas o incluso las algas unicelulares. Tienen pared celular, pero no núcleo diferenciado con su ADN.

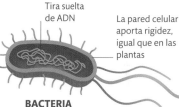

Tira suelta de ADN

La pared celular aporta rigidez, igual que en las plantas

BACTERIA

MÁS CÉLULAS

Las células que forman parte de un cuerpo pluricelular deben duplicarse muchas veces para que crezca o se renueve el cuerpo. El proceso de copia, o mitosis, no es fácil, ya que cada célula debe disponer de su propia copia del genoma, el conjunto completo de instrucciones de ADN del cuerpo, que primero se copia entero antes de que la célula se divida en las células «hijas».

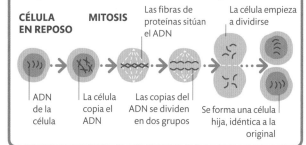

CÉLULA EN REPOSO

MITOSIS

Las fibras de proteínas sitúan el ADN

La célula empieza a dividirse

ADN de la célula

La célula copia el ADN

Las copias del ADN se dividen en dos grupos

Se forma una célula hija, idéntica a la original

¿Qué son los genes?

El ADN codifica la información que controla cómo crecen y viven los seres vivos. Sus instrucciones se traducen en las proteínas que necesita un organismo. Cada gen es un fragmento de ADN con el código para crear una proteína.

Creación de proteínas

Cientos de tipos de proteínas desempeñan los procesos celulares de la vida. A veces son enzimas que aceleran, o catalizan, las reacciones químicas; otras hacen cruzar materiales a través de las membranas celulares o realizan otras tareas vitales, todas siguiendo las instrucciones de los genes del ADN. Cada gen debe copiarse en una molécula, el ARN, que lleva las instrucciones del núcleo a la maquinaria productora de proteínas de la célula.

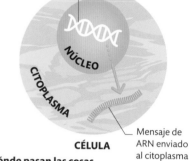

La larga molécula de ADN está enrollada en el núcleo

NÚCLEO

CITOPLASMA

CÉLULA

Mensaje de ARN enviado al citoplasma

Dónde pasan las cosas
El ADN es tan largo e intrincado que debe permanecer en el núcleo. Las proteínas, en cambio, se producen en el citoplasma de la célula; por ello, las copias de los genes se envían en forma de ARN mensajero.

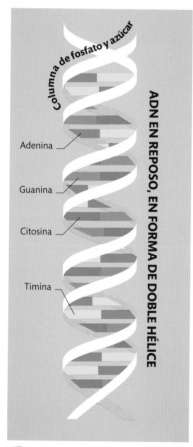

Columna de fosfato y azúcar

Adenina

Guanina

Citosina

Timina

ADN EN REPOSO, EN FORMA DE DOBLE HÉLICE

ADN SEPARADO

Aparece la secuencia de bases, que actúa como plantilla para crear una nueva cadena

Bloque con citosina

Uracilo

La guanina se une a la citosina

1 **Estructura del ADN**
La molécula de ADN es una doble hélice formada por dos cadenas en espiral. Cuatro unidades químicas, o bases, se emparejan entre ambas cadenas de manera complementaria: la adenina con la timina; la guanina con la citosina.

2 **El ADN se separa**
Las instrucciones genéticas se codifican en la secuencia de bases de una de las cadenas. Sus partes, o genes, con el código de proteínas específicas quedan expuestos cuando la doble hélice se separa en dos partes.

3 **El ARN se forma según el ADN**
Se produce una cadena de ARN a partir del gen expuesto, pues su secuencia de bases es complementaria a la del gen. En el ARN, la adenina se empareja con el uracilo en lugar de la timina.

EL CÓDIGO GENÉTICO, UN IDIOMA UNIVERSAL

Cada tipo de organismo tiene su propio conjunto de genes, pero la manera de traducir la secuencia de bases en diferentes aminoácidos es igual en todos los organismos, ya sean bacterias, plantas o animales: cada codón (grupo de tres bases) se traduce siempre en el mismo aminoácido. Por ejemplo, AAA codifica el aminoácido lisina, AAC es la asparagina, etc.

AGC CAT TCA GGA CGT...

CUANDO SE **COPIA EL ADN** HUMANO **SE AÑADEN**

50

BASES POR SEGUNDO

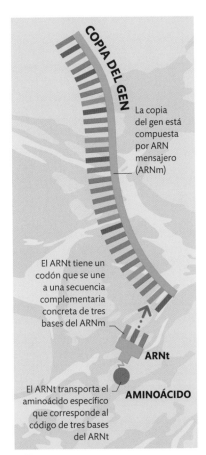

COPIA DEL GEN

La copia del gen está compuesta por ARN mensajero (ARNm)

El ARNt tiene un codón que se une a una secuencia complementaria concreta de tres bases del ARNm

El ARNt transporta el aminoácido específico que corresponde al código de tres bases del ARNt

ARNt

AMINOÁCIDO

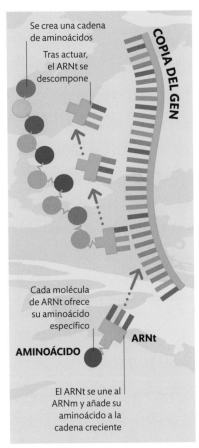

Se crea una cadena de aminoácidos

Tras actuar, el ARNt se descompone

COPIA DEL GEN

Cada molécula de ARNt ofrece su aminoácido específico

AMINOÁCIDO

ARNt

El ARNt se une al ARNm y añade su aminoácido a la cadena creciente

Muchas proteínas, incluidas las enzimas, tienen una compleja forma globular

PROTEÍNA

Los distintos colores representan los diversos tipos de aminoácidos.

4 **El gen abandona el núcleo**
La cadena acabada de ARN mensajero (ARNm), el reflejo del gen, se separa y pasa al citoplasma de la célula, donde atrae moléculas específicas de ARN de transferencia (ARNt).

5 **Traducción en aminoácidos**
Las moléculas de ARNt reconocen y se unen a secuencias específicas del ARNm. Cada ARNt incluye un aminoácido específico que se une a una cadena cada vez mayor. La secuencia de bases se traduce en aminoácidos.

6 **Aminoácidos y proteínas**
La secuencia específica de aminoácidos, determinada por el orden de las bases en el gen, controla cómo la cadena se dobla en una compleja molécula de proteínas, lo que determina su forma y función.

Reproducción

La vida produce más vida y los organismos encuentran maneras diferentes de transmitir la mayor cantidad posible de sus genes a la siguiente generación. Algunos seres vivos solo se fragmentan; la reproducción sexual, en cambio, aporta variedad genética.

Reproducción asexual

Todos los organismos copian su ADN al dividirse las células. Algunos replican el cuerpo entero, también en un proceso de copia de sí mismos (pp. 186-187). La reproducción asexual, sin fecundación, resulta en una descendencia idéntica, igualmente susceptible a enfermedades o a cualquier crisis ecológica. No obstante, su simplicidad la hace ideal para una rápida proliferación.

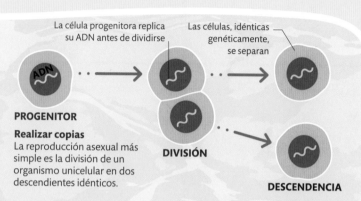

La célula progenitora replica su ADN antes de dividirse

Las células, idénticas genéticamente, se separan

PROGENITOR

Realizar copias
La reproducción asexual más simple es la división de un organismo unicelular en dos descendientes idénticos.

DIVISIÓN

DESCENDENCIA

Yemas
Los animales simples, como las anémonas de mar, pueden producir crías a partir de brotes de su cuerpo.

El crecimiento de la pared del cuerpo crea una yema

La yema madura y se hace adulta

Partenogénesis
Algunos animales paren sin haber fecundado. Los huevos de pulgón pueden convertirse en crías dentro de una madre virgen.

Los pulgones paren crías vivas

Reproducción vegetativa
El crecimiento en ramificación de muchas plantas las hace idóneas para reproducirse asexualmente de brotes o esquejes.

La nueva planta nace a partir de un brote

Estrategias reproductoras

Hay distintas maneras de invertir en la siguiente generación: algunos organismos producen muchas crías para contrarrestar que estas tienen baja probabilidad de sobrevivir. Otros son mucho menos prolíficos, pero casi todas las crías sobreviven gracias a los cuidados que reciben de sus progenitores.

Mucha descendencia
Las ranas producen cientos de huevos en cada desove, y así lo hacen año tras año. Sin embargo, casi todas las crías serán presa de los predadores.

RANA

HUEVOS DE RANA

Pocas crías
El cóndor de California, un ave rapaz, empieza a reproducirse a los ocho años y produce, como máximo, un único huevo cada dos años.

CÓNDOR

HUEVO DE CÓNDOR

BARRERAS REPRODUCTORAS

El apareamiento entre especies diferentes es muy raro porque suelen existir barreras reproductoras que lo evitan. Las aves solo responden a los cantos de cortejo de su propia especie. Tigres y leones están separados por geografía y hábitat. A veces aparecen híbridos naturales, aunque no consiguen sobrevivir porque suelen ser poco fértiles. Sin embargo, en cautividad no existen las barreras naturales y es más probable que aparezcan híbridos, como el ligre.

LIGRE, CRUCE DE LEÓN Y TIGRESA

Reproducción sexual

La reproducción sexual produce crías genéticamente diferentes entre sí y de los progenitores, ya que la división celular en los órganos sexuales genera espermatozoides u óvulos con combinaciones genéticas singulares. En la fecundación, estas se mezclan y, por lo tanto, cada nueva generación, expuesta a los azares de un entorno cambiante, tendrá más probabilidades de dar con una combinación ganadora.

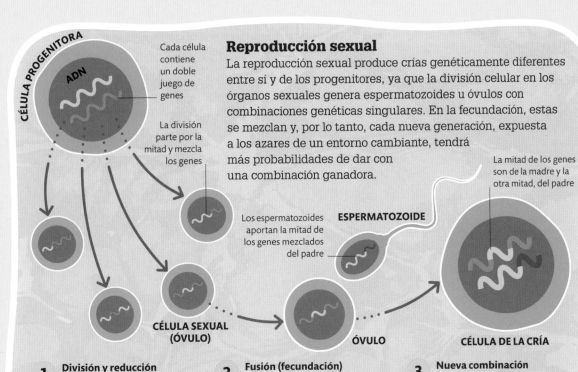

CÉLULA PROGENITORA

ADN

Cada célula contiene un doble juego de genes

La división parte por la mitad y mezcla los genes

Los espermatozoides aportan la mitad de los genes mezclados del padre

ESPERMATOZOIDE

La mitad de los genes son de la madre y la otra mitad, del padre

CÉLULA SEXUAL (ÓVULO)

ÓVULO

CÉLULA DE LA CRÍA

1   División y reducción
La meiosis, un tipo de división celular, produce las células sexuales (óvulos y espermatozoides) dividiendo el número de cromosomas y mezclando los genes.

2   Fusión (fecundación)
Los organismos suelen producir muchas células sexuales masculinas móviles y pequeñas, y pocos óvulos más grandes. Cuando se fusionan, la célula resultante tiene una mezcla genética de ambos progenitores.

3   Nueva combinación
La fecundación normaliza el número de genes pero produce crías genéticamente únicas, cuya nueva combinación genética se replica en cada célula del cuerpo.

Sexo vegetal
Las plantas de semillas transfieren las células sexuales masculinas, en granos de polen, a los órganos femeninos. Cada grano dispone de un tubo microscópico para que la célula masculina llegue al óvulo del interior de la flor.

Óvulo dentro de su saco u ovario

Célula sexual masculina en el polen

HEMBRA   **MACHO**

Sexo animal
Los espermatozoides usan su cola en forma de látigo para nadar hasta el óvulo. La fecundación de muchos animales acuáticos se produce en el agua del entorno. En tierra, en cambio, los espermatozoides deben entrar en el cuerpo de la hembra, así que la fecundación es interna.

Óvulo

Espermatozoide

HEMBRA   **MACHO**

EL PEZ LUNA PONE 300 MILLONES DE HUEVOS DE GOLPE, MÁS QUE CUALQUIER OTRO VERTEBRADO

Transmisión genética

Las crías heredan las características de sus progenitores porque los genes influyen sobre sus rasgos (pp. 158-159). Cada vez que una célula se divide, sus genes se copian; también están en óvulos y espermatozoides para transmitirlos a la siguiente generación. En la fecundación se mezclan los genes de los progenitores. La combinación resultante de genes variados es la base de la herencia.

Herencia básica

Los patrones de herencia más simples implican una relación directa entre un gen y su rasgo. Por ejemplo, un solo gen controla el color del pelaje del tigre. La variante normal de este gen da un pelaje naranja; la mutada, más rara, da pelo blanco. Cada célula del cuerpo tiene al menos dos copias de cada tipo de gen, pero como la versión naranja es siempre dominante, deben coincidir dos copias de la mutación blanca para que se manifieste, momento en el que se leerá la versión blanca y aparecerá un cachorro de pelaje blanco.

EL TIGRE BLANCO NO ES UNA ESPECIE: CASI TODOS SON **TIGRES DE BENGALA** Y PUEDEN APAREARSE CON EJEMPLARES NARANJA

1 **Herencia familiar**
Ambos padres tienen la misma combinación genética en cuanto a los genes que determinan el color del pelaje: una variante naranja y una blanca. Sin embargo, el padre y la madre pueden tener muchos otros genes diferentes.

CÉLULA

CÉLULA

Cromosoma con gen de pelaje blanco

Cromosoma con el gen de pelaje naranja normal

TIGRE DE BENGALA MACHO

TIGRE DE BENGALA HEMBRA

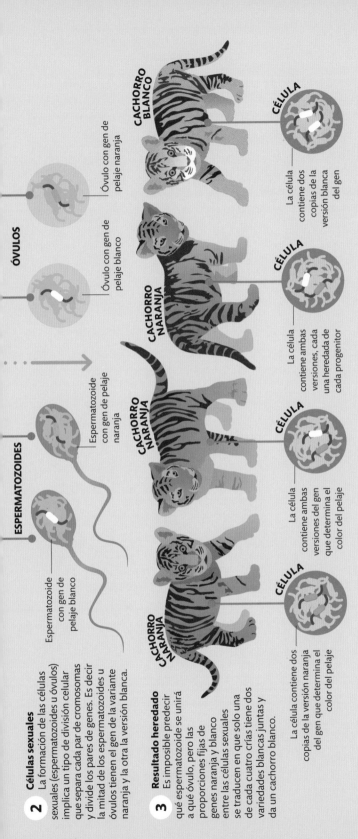

ÓVULOS

Óvulo con gen de pelaje naranja

Óvulo con gen de pelaje blanco

ESPERMATOZOIDES

Espermatozoide con gen de pelaje blanco

Espermatozoide con gen de pelaje naranja

CACHORRO BLANCO

CACHORRO NARANJA

CACHORRO NARANJA

CACHORRO NARANJA

CÉLULA

La célula contiene dos copias de la versión blanca del gen

CÉLULA

La célula contiene ambas versiones, cada una heredada de cada progenitor

CÉLULA

La célula contiene ambas versiones del gen que determina el color del pelaje

CÉLULA

La célula contiene dos copias de la versión naranja del gen que determina el color del pelaje

2 Células sexuales
La formación de las células sexuales (espermatozoides u óvulos) implica un tipo de división celular que separa cada par de cromosomas y divide los pares de genes. Es decir la mitad de los espermatozoides u óvulos tienen el gen de la variante naranja y la otra la versión blanca.

3 Resultado heredado
Es imposible predecir qué espermatozoide se unirá a qué óvulo, pero las proporciones fijas de genes naranja y blanco entre las células sexuales se traducen en que solo una de cada cuatro crías tiene dos variedades blancas juntas y da un cachorro blanco.

Variación uniforme

No todos los rasgos se heredan de manera que aporten las proporciones fijas que vemos en los colores del pelaje del tigre, sino que la mayoría de los rasgos son el resultado de la interacción de diversos genes. Por ejemplo, varios genes que afectan al crecimiento de huesos y músculos influyen sobre la altura de los humanos, lo que da una descendencia intermedia con un patrón de variación uniforme.

¿Qué altura tendrán tus hijos?
La altura humana se ve influida por varios genes y también por otros factores, como la dieta. En general, los progenitores altos tendrán descendencia más alta, pero es imposible predecir su altura final.

PADRE

MADRE

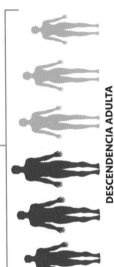

DESCENDENCIA ADULTA

¿SE TRANSMITEN CAMBIOS LOGRADOS EN VIDA DE LOS PROGENITORES?

Los llamados efectos epigenéticos se producen cuando los agentes químicos se unen al ADN en la vida de un organismo y cambian la lectura de los genes. En algunos casos esos cambios pueden transmitirse a las crías.

¿Cómo surgió la vida?

Tal vez no sepamos nunca cómo surgió la vida a partir de materia inerte, pero tenemos pistas sobre ello en las rocas que nos rodean y en los organismos de la actualidad, que sugieren que la situación hace miles de millones de años pudo favorecer la creación de moléculas cada vez más complejas hasta llegar a las primeras células.

Ingredientes de la vida

Cuando apareció la vida en la Tierra, el mundo era un lugar inhóspito muy distinto al actual: un paisaje volcánico en una atmósfera de gases tóxicos incapaces de bloquear los abrasadores rayos del Sol. Los experimentos muestran que en estas condiciones, con tanta energía, los agentes químicos simples como el dióxido de carbono, el metano, el agua y el amoníaco podrían combinarse para formar las primeras moléculas orgánicas. Con la condensación de estos materiales en los océanos, lo más probable es que la aparición de la vida no fuera casual, sino inevitable.

Caldo primigenio

Hace más de 4000 millones de años la corteza terrestre era abrasadora e inestable, estaba bombardeada por asteroides y sufría una constante inestabilidad volcánica. Sin embargo, quedó agua líquida en lugares donde se formaron océanos y mares, y nació la vida.

INGREDIENTES INORGÁNICOS

Dióxido de carbono

Amoníaco

Oxígeno

Agua

Metano

1 La primera atmósfera no contenía oxígeno gaseoso, pero disponía de una mezcla compleja de otros gases. El dióxido de carbono, el amoníaco y otros dieron origen a los elementos principales de la vida: carbono, hidrógeno, oxígeno y nitrógeno.

ENTRADA DE ENERGÍA (CALOR GEOTÉRMICO Y RAYOS)

MOLÉCULAS ORGÁNICAS MÁS SENCILLAS

Aminoácidos

Azúcares

2 Al cargarse con la energía suficiente, las sustancias inorgánicas reaccionaron juntas para formar algunas de las piezas básicas de la vida, como aminoácidos y azúcares simples. Estas moléculas ligeramente más complejas se denominan «orgánicas» (pp. 50-51), ya que contienen carbono y son capaces de albergar vida.

CHISPA DE VIDA

En 1952, Stanley Miller y Harold Urey de la Universidad de Chicago demostraron que podían formarse moléculas orgánicas complejas a partir de materiales inorgánicos. Recrearon las condiciones de la Tierra primigenia aportando energía a la mezcla inorgánica en forma de chispa para simular los rayos y formaron aminoácidos simples, las piezas básicas de las proteínas biológicas.

Las moléculas complejas se condensan en el lateral del recipiente

Rayo simulado

Líquido condensado

Agua en ebullición, metano, amoníaco e hidrógeno

Calor

Moléculas recogidas para su análisis

EXPERIMENTO DE MILLER-UREY

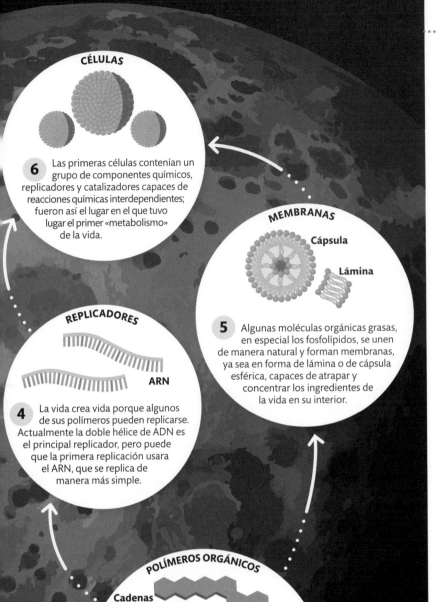

CÉLULAS

6 Las primeras células contenían un grupo de componentes químicos, replicadores y catalizadores capaces de reacciones químicas interdependientes; fueron así el lugar en el que tuvo lugar el primer «metabolismo» de la vida.

MEMBRANAS

Cápsula

Lámina

5 Algunas moléculas orgánicas grasas, en especial los fosfolípidos, se unen de manera natural y forman membranas, ya sea en forma de lámina o de cápsula esférica, capaces de atrapar y concentrar los ingredientes de la vida en su interior.

REPLICADORES

ARN

4 La vida crea vida porque algunos de sus polímeros pueden replicarse. Actualmente la doble hélice de ADN es el principal replicador, pero puede que la primera replicación usara el ARN, que se replica de manera más simple.

POLÍMEROS ORGÁNICOS

Cadenas de azúcar

Fosfolípido

Péptido

3 Se produjeron moléculas más grandes, como proteínas, ADN y lípidos (grasas), en forma de polímeros. Este proceso de formación de polímeros podría haberse catalizado (acelerado) en aquellos lugares ricos en minerales, como en las profundidades oceánicas.

LA TIERRA TIENE **4540 MILLONES DE AÑOS** Y LA **VIDA** EN ELLA PUEDE REMONTARSE HASTA HACE **4280 MILLONES DE AÑOS**

Vida a partir de la no vida

Las moléculas orgánicas más simples no son capaces de producir células por sí solas. Las pequeñas moléculas orgánicas deben unirse para formar otras mayores, como las proteínas y el ADN. Ante la ausencia de otros organismos, las grandes moléculas debieron de sobrevivir lo suficiente para quedar encapsuladas, por azar, dentro de membranas grasas. Se cree que las chimeneas volcánicas de las profundidades oceánicas, que siguen siendo ricas en minerales capaces de catalizar reacciones químicas, podrían haber actuado a modo de «viveros» donde se formaron las primeras protocélulas.

¿POR QUÉ NO HAY VIDA EN EL RESTO DEL SISTEMA SOLAR?

Solo la Tierra tiene las condiciones «perfectas» para la vida (una superficie sólida con océanos de agua líquida); a veces esto se conoce como el efecto Ricitos de Oro.

¿Cómo se evoluciona?

Organismos tan diferentes como árboles, humanos y flores tienen unos genes tan parecidos que hacen inevitable la siguiente conclusión de que la vida se originó en un único antepasado común, punto de inicio de un enorme árbol genealógico. La evolución durante generaciones ha dotado de diversidad a las ramas de ese árbol.

El caso de las tortugas gigantes de las Galápagos

La vida evoluciona de manera especial cuando queda aislada en lugares remotos. El ADN muestra que las tortugas gigantes de las Galápagos son parientes cercanos de las tortugas continentales y que las formas propias de las islas aparecieron en pocos millones de años de una única colonización.

¿PODEMOS VER LA EVOLUCIÓN EN ACCIÓN?

La evolución es lenta, pero la cría en laboratorio de organismos de crecimiento rápido, como las moscas de la fruta, ha dado cepas incapaces de aparearse entre sí y, por lo tanto, deben considerarse nuevas especies.

1 Variación
Toda población natural varía gracias a mutaciones aleatorias, errores al copiar el ADN. Las mutaciones de los genes son infrecuentes pero inevitables. Se acumulan con el tiempo y causan variaciones de tamaño, forma y color en la población de tortugas. Esta variación es el caldo de cultivo de la evolución.

2 Dispersión
Es probable que las tortugas más grandes de Sudamérica, actualmente extintas, fueran los antepasados de las gigantes de las Galápagos, donde llegaron llevadas por la corriente de Humboldt del océano Pacífico desde Sudamérica.

SUDAMÉRICA

ISLAS GALÁPAGOS

Los colores muestran la variada población natural de tortugas

2

1

Las corrientes oceánicas llevan a las tortugas flotando hasta las Galápagos

Las mutaciones naturales son las responsables de la variación de color

Las más grandes se adaptaron a las llanuras secas

PINTA

Las tortugas de la isla Pinta se extinguieron en 2012; la población de cada isla es única y es posible que sean especies de pleno derecho

GENOVESA

MARCHENA

SANTIAGO

3

ISLAS GALÁPAGOS

FERNANDINA

PINZÓN

SANTA CRUZ

La isla más grande, con sus diferentes hábitats, tiene más de un tipo de tortuga

ISABELA

SAN CRISTÓBAL

FLOREANA

ESPAÑOLA

Es probable que San Cristóbal fuera la primera isla que colonizaron las tortugas

3 Aislamiento
Las tortugas quedaron aisladas y evolucionaron de forma distinta a las continentales. Las que se habían adaptado a los hábitats áridos sobrevivieron en las secas Galápagos y se extendieron. En los sitios más secos, las que tenían un caparazón tipo montura llegaban a la vegetación más alta y por ello, con el paso del tiempo, se fueron imponiendo al resto.

CLAVE

Hábitat húmedo

Hábitat seco

Hábitat árido

Población ancestral de tortugas continentales

Tortuga gigante con caparazón tipo cúpula

Tortuga gigante con caparazón tipo montura

Supervivencia del más adaptado

La variación genética puede suponer la diferencia entre vivir o morir. Un insecto que coma hojas y sea de color verde hoja pasará desapercibido ante sus predadores y le será más fácil sobrevivir y aparearse que a los de otros colores. Esta «selección natural» es la piedra angular de la teoría de Darwin, que explica que las especies evolucionan porque ciertas variantes se adaptan mejor y logran sobrevivir y tener más descendencia. Esto inspiró al filósofo victoriano Herbert Spencer a pronunciar su famoso lema: «La supervivencia del más adaptado».

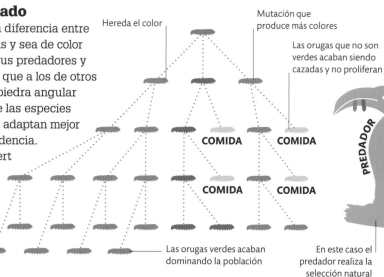

Hereda el color

Mutación que produce más colores

Las orugas que no son verdes acaban siendo cazadas y no proliferan

COMIDA COMIDA

COMIDA COMIDA

PREDADOR

Predadores selectivos
Las orugas verdes se camuflan ante los predadores. Las mutaciones grises y marrones se ocultan peor en el entorno y la selección «reduce» su población.

Las orugas verdes acaban dominando la población

En este caso el predador realiza la selección natural

Nuevas especies a partir de las antiguas

La selección natural sola no hace que las poblaciones se separen hasta ser nuevas especies. Para ello, deben quedar aisladas hasta el punto de no aparearse, ya sea por aislamiento geográfico, como las tortugas de las Galápagos, o por barreras de comportamiento o biológicas, que suelen surgir al separarse las poblaciones. Cualquier cosa que divida la población y dé tiempo a la evolución para generar ese aislamiento reproductor puede hacer aparecer nuevas especies.

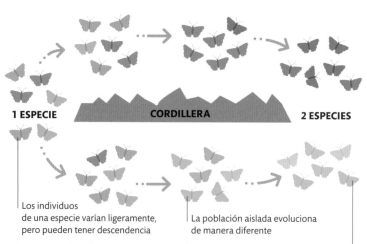

1 ESPECIE   CORDILLERA   2 ESPECIES

Los individuos de una especie varían ligeramente, pero pueden tener descendencia

La población aislada evoluciona de manera diferente

Cómo se pueden formar nuevas especies
La selección natural hará que las mariposas evolucionen de manera diferente en ambos lados de una nueva cordillera. Tras un tiempo suficiente, sus diferencias serán tan importantes que no podrán aparearse.

Las poblaciones son ahora especies nuevas y no pueden aparearse incluso después de volver a unirse

MACROEVOLUCIÓN

Los pequeños cambios en pocas generaciones se acumulan en millones de años para que las especies distintas puedan dar pie a grupos de organismos completamente nuevos. Esta es la macroevolución (evolución a gran escala); el registro fósil de formas extintas ayuda a demostrar que a partir del mismo antepasado se pueden crear seres vivos tan diferentes como las secuoyas gigantes o los girasoles.

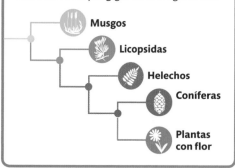

Musgos

Licopsidas

Helechos

Coníferas

Plantas con flor

UN **GEN** PUEDE **MUTAR** MUY RARAMENTE, EN **UN CASO DE CADA MILLÓN**

Las plantas nutren el mundo

La fotosíntesis que genera los azúcares vitales en las partes verdes de las plantas sostiene prácticamente todas las cadenas tróficas del planeta. Miles de millones de paneles solares microscópicos de las células vegetales emplean la luz del Sol para fabricar alimento con agua y dióxido de carbono.

SOL

La fotosíntesis convierte la energía lumínica de los rayos del Sol en la energía química del azúcar

¿POR QUÉ ES VERDE LA CLOROFILA?

La clorofila absorbe las longitudes de onda roja y azul de la luz, aprovecha la energía de esta luz para la fotosíntesis. La energía de la luz verde no se usa, se refleja y por ello llega a nuestros ojos.

El proceso químico

Más del 90 % de las moléculas de alimento orgánico contienen los elementos carbono, hidrógeno y oxígeno. Cuando las plantas fabrican alimento, el dióxido de carbono que se absorbe del aire aporta el carbono y el oxígeno; el agua captada del suelo aporta el hidrógeno. Primero la energía lumínica que absorbe la clorofila separa el energético hidrógeno del agua. A continuación este hidrógeno se combina con dióxido de carbono para formar azúcares. El proceso entero se produce en unos gránulos denominados cloroplastos.

El tallo contiene vasos microscópicos para transportar azúcar

El estoma es uno de los muchos poros de la hoja que capta el dióxido de carbono

OXÍGENO LIBERADO

DIÓXIDO DE CARBONO CAPTADO

Cloroplasto

CÉLULAS DE LA HOJA

Fábricas de fotosíntesis
Los cloroplastos se concentran en las células de las capas superiores de las hojas, lo que es ideal para captar el máximo de luz posible. Cada célula contiene docenas de cloroplastos; cada hoja, miles de millones.

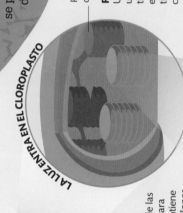

LA LUZ ENTRA EN EL CLOROPLASTO

Pila de membranas de tilacoides

Producción de alimento
Un cloroplasto funciona gracias a unas pilas de membranas, los tilacoides, suspendidas en un líquido, el estroma. La clorofila se une a los tilacoides; tanto las membranas como el líquido tienen enzimas potenciadoras de reacciones.

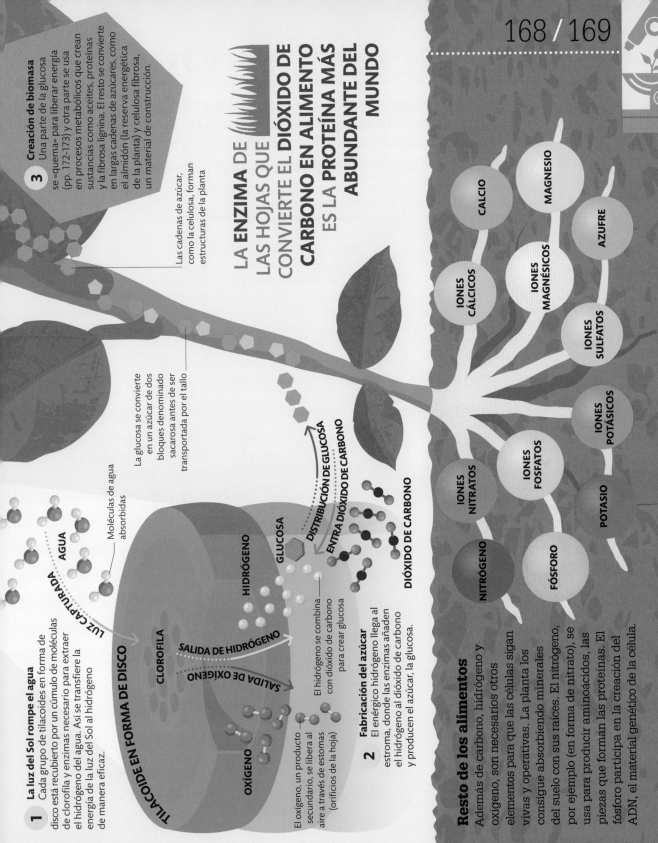

LA **ENZIMA** DE LAS HOJAS QUE CONVIERTE EL **DIÓXIDO DE CARBONO** EN ALIMENTO ES LA **PROTEÍNA MÁS ABUNDANTE DEL MUNDO**

3 Creación de biomasa

Una parte de la glucosa se «quema» para liberar energía (pp. 172-173) y otra parte se usa en procesos metabólicos que crean sustancias como aceites, proteínas y la fibrosa lignina. El resto se convierte en largas cadenas de azúcares, como el almidón (la reserva energética de la planta) y celulosa fibrosa, un material de construcción.

Las cadenas de azúcar, como la celulosa, forman estructuras de la planta

La glucosa se convierte en un azúcar de dos bloques denominado sacarosa antes de ser transportada por el tallo

Moléculas de agua absorbidas

1 La luz del Sol rompe el agua

Cada grupo de tilacoides en forma de disco está recubierto por un cúmulo de moléculas de clorofila y enzimas necesario para extraer el hidrógeno del agua. Así se transfiere la energía de la luz del Sol al hidrógeno de manera eficaz.

LUZ CAPTURADA

AGUA

TILACOIDE EN FORMA DE DISCO

CLOROFILA

SALIDA DE HIDRÓGENO

SALIDA DE OXÍGENO

HIDRÓGENO

GLUCOSA

DISTRIBUCIÓN DE GLUCOSA

ENTRA DIÓXIDO DE CARBONO

DIÓXIDO DE CARBONO

OXÍGENO

El oxígeno, un producto secundario, se libera al aire a través de estomas (orificios de la hoja)

2 Fabricación del azúcar

El enérgico hidrógeno llega al estroma, donde las enzimas añaden el hidrógeno al dióxido de carbono y producen el azúcar, la glucosa.

El hidrógeno se combina con dióxido de carbono para crear glucosa

Resto de los alimentos

Además de carbono, hidrógeno y oxígeno, son necesarios otros elementos para que las células sigan vivas y operativas. La planta los consigue absorbiendo minerales del suelo con sus raíces. El nitrógeno, por ejemplo (en forma de nitrato), se usa para producir aminoácidos, las piezas que forman las proteínas. El fósforo participa en la creación del ADN, el material genético de la célula.

CALCIO

MAGNESIO

IONES CÁLCICOS

IONES MAGNÉSICOS

AZUFRE

IONES SULFATOS

IONES POTÁSICOS

IONES NITRATOS

IONES FOSFATOS

POTASIO

NITRÓGENO

FÓSFORO

Cómo crecen las plantas

Unas sustancias regulan las vidas de las plantas, controlan todos los aspectos de su crecimiento, desde la germinación de las semillas hasta la floración. Los reguladores del crecimiento se producen en cantidades minúsculas, pero influyen en gran medida sobre la forma final de la planta madura.

ANILLOS DEL ÁRBOL

La velocidad de crecimiento de la planta varía según la temperatura y la precipitación: es muy rápida en verano y casi se detiene en invierno. Esto causa los anillos del tronco del árbol. Incluso en los trópicos, donde apenas existe invierno que frene el crecimiento, los árboles crecen más rápido en la temporada húmeda y producen anillos igual que los de las zonas temperadas. Los árboles tropicales, de crecimiento constante, no presentan anillos.

Cada anillo pálido indica el crecimiento rápido de verano; el anillo más antiguo es el del centro

SECCIÓN DE UN TRONCO DE ÁRBOL

Estimular el crecimiento

En cada fase de la vida de una planta, los reguladores del crecimiento garantizan el desarrollo coordinado. Se producen en las células de los brotes, las raíces o las hojas y se distribuyen por los tejidos desde su punto de origen. Se transportan hasta otras partes de la planta por la savia. El resultado depende del equilibrio entre dos o más reguladores. Algunos se contrarrestan, mientras que otros se retroalimentan. Un mismo regulador puede tener efectos opuestos en diferentes partes de la planta.

CLAVE
- Agua
- Giberelina
- Auxina
- Citocininas
- Florígeno

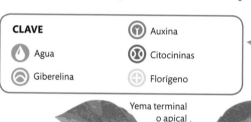

Yema terminal o apical

Yema axilar

La auxina se produce en la región de crecimiento del brote conocida como meristemo apical

La auxina de la punta del brote estimula la dominancia apical: suprime las ramas laterales de las yemas axilares

3 **Brote dominante**
La auxina se genera de manera constante en la punta del brote, donde evita que la planta saque brotes laterales y la planta joven conseguirá salir de la sombra de las plantas vecinas. Mientras tanto, el regulador citocinina hace que crezcan las raíces.

1 **La semilla germina**
El agua que absorbe la semilla estimula su embrión para que produzca giberelina, un regulador de crecimiento, que a su vez activa una enzima que descompone la reserva de almidón de la semilla en azúcar para tener energía para poder crecer.

2 **La auxina hace crecer el brote**
La punta del brote produce un regulador, la auxina, que debilita las paredes celulares para que puedan crecer y así el brote pueda subir. Parte de la auxina pasa a las raíces.

Parte de la auxina viaja por los vasos de savia en desarrollo para estimular la ramificación de las raíces

La giberelina se produce en las zonas de crecimiento: las raíces y los brotes

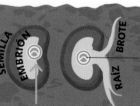

SEMILLA

EMBRIÓN

RAÍZ

BROTE

La giberelina del embrión estimula la germinación

El agua se absorbe del suelo

La citocinina estimula la división celular y hace crecer las raíces

Respuesta rápida

La auxina es la responsable de que los brotes de las plantas se dirijan hacia el Sol. Si la luz brilla en una única dirección, la auxina se desplaza al lado sombreado para que las células crezcan más en esa zona. Así el brote se curva y se dirige hacia la luz; las hojas acaban mirando al Sol. Esta acción puede ser tan rápida como para seguir al astro por el cielo.

Todo el tejido de la planta cuenta con auxina

BROTE A OSCURAS

La auxina se aleja de la luz

BROTE EXPUESTO A LA LUZ DEL SOL

Las células del lado contrario crecen por influencia de la auxina e inclinan la planta hacia la luz

REACCIÓN A LA LUZ DEL SOL

6 Floración

Al alcanzar la madurez sexual, la planta produce un regulador, el florígeno, en las hojas, a menudo tras determinados estímulos del entorno, como por ejemplo el cambio en la duración del día. La savia transporta el florígeno, que estimula a las yemas para que produzcan flores en lugar de hojas.

FLOR

Flor producida por una yema reproductora

BROTE REPRODUCTOR

La giberelina colabora con las auxinas para que crezca el tallo

El crecimiento posterior es posible gracias al alimento creado en las hojas por la fotosíntesis

BROTE VEGETATIVO

La auxina continúa inhibiendo las ramas laterales; por eso al podar un brote de crecimiento se elimina la fuente de auxina y aparece un follaje más espeso

Las hojas producen el florígeno en el momento ideal para la floración según la especie de la planta

El meristemo lateral interno produce nuevos vasos de transporte, que forman tejido fibroso al madurar

4 Ramificación

Parte de la citocinina sube por la savia de la planta hacia los brotes que crecen hacia arriba, empieza a desactivar la auxina y hace que la planta se ramifique hacia fuera. La ramificación hace que la planta sea más espesa y produzca más hojas para atrapar la energía lumínica.

CORTEZA
TEJIDO FIBROSO
VASOS DE TRANSPORTE

El meristemo lateral externo produce tejido corchoso que se convertirá en la corteza

5 Más grosor

La combinación de los reguladores del crecimiento hace que el tallo se haga más grueso para soportar el mayor peso del follaje. En las plantas leñosas aparece un fino cilindro de células divisoras (el meristemo lateral) a lo largo del tallo que genera las capas de madera en su centro.

La citocinina y la auxina tienen efectos contrarios en las raíces y los brotes

ALGUNOS TIPOS DE
BAMBÚ GIGANTE
PUEDEN CRECER
HACIA ARRIBA UNOS
90 CM POR DÍA

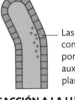

Respiración

La vida necesita energía para seguir adelante. Se usa en las mismas células, donde la maquinaria microscópica de la vida se esfuerza para procesar alimentos, crear nuevos materiales y responder a los cambios. La respiración celular genera esta energía en una serie de pasos para descomponer el alimento.

Mitocondria

CÉLULAS MUSCULARES

El combustible de las células

Prácticamente todas las formas de vida, de los microbios a los robles, obtienen su energía descomponiendo glucosa. La manera más eficaz es dividirla por completo, de manera que los seis átomos de carbono de la glucosa se separen en seis moléculas de dióxido de carbono. No obstante, para hacerlo hace falta oxígeno, igual que para cualquier combustión. Los animales aportan glucosa y oxígeno a las células con su sistema circulatorio. En ellas, se inicia una cadena de reacciones en el plasma celular y acaba en las mitocondrias, las plantas energéticas de la célula. Todo este proceso libera la máxima cantidad posible de energía.

VASO SANGUÍNEO

1 Reparto del combustible
Los animales grandes necesitan vasos sanguíneos para cubrir las necesidades de las células: el oxígeno puede llegar de pulmones o branquias y la glucosa de los intestinos. Las plantas y microbios absorben los nutrientes directamente del entorno; las plantas producen la glucosa en las células a través de la fotosíntesis.

Glucosa en el vaso sanguíneo

SEIS MOLÉCULAS DE OXÍGENO

LIBERACIÓN DE ENERGÍA

PIRUVATO

Esta etapa de la respiración consume seis moléculas de oxígeno por cada molécula de glucosa

MITOCONDRIA

3 El oxígeno libera la potencia de la glucosa
Las moléculas de piruvato llegan a las mitocondrias, donde una serie de reacciones más complejas usan oxígeno para acabar de descomponer y aprovechar el piruvato al máximo.

GLUCOSA

PIRUVATO

Se puede producir glucosa dividiendo el glucógeno

LIBERACIÓN DE ENERGÍA

2 Energía sin oxígeno
Los primeros pasos de la respiración se producen en la célula, donde cada molécula de glucosa se divide en dos moléculas de piruvato. Este paso no consume oxígeno y libera tan solo el 5% de la energía potencial de la glucosa. Esta «respiración anaeróbica» es rápida y sirve para emergencias.

OXÍGENO

GLUCÓGENO

El glucógeno es un almacenamiento a corto plazo que puede usar la célula como fuente de glucosa

CÉLULA MUSCULAR

4 **Productos de desecho**
Las reacciones mitocondriales liberan dióxido de carbono y agua. Es posible usar parte de esta agua; la sangre se lleva el dióxido de carbono tóxico.

SEIS MOLÉCULAS DE DIÓXIDO DE CARBONO

El cuerpo puede usar el agua o expulsarla en forma de sudor u orina

SEIS MOLÉCULAS DE AGUA

...RACIÓN ...ENERGÍA

PIRUVATO

La energía que libera la división del piruvato supone el 95 % de la energía original de la glucosa

¿A qué se destina la energía?

Todos los organismos usan energía para mantener las funciones de las células, el metabolismo basal; además, hace falta más esfuerzo para moverse, crecer y reproducirse. Proporcionalmente, los animales destinan más energía que las plantas a moverse porque la contracción muscular requiere energía. Los animales de sangre caliente son los de mayor demanda energética. El mayor gasto energético se dedica a mantener el calor de la temperatura corporal.

CLAVE
- Metabolismo
- Reproducción
- Generación de calor corporal
- Crecimiento
- Movimiento

Planta
Las plantas usan la energía lumínica para producir alimento con la fotosíntesis, pero sus células deben respirar para liberar energía y para sus procesos vitales.

Serpiente: sangre fría
Como otros animales, la serpiente dedica gran parte de su energía a moverse. No usa energía para calentarse el cuerpo, sino que confía en el Sol para ello.

Ratón adulto de sangre caliente
En proporción, los animales pequeños de sangre caliente pierden más calor, y dedican la mayor parte de su energía a calentar su cuerpo.

INTERCAMBIO DE GASES

La respiración celular no es lo mismo que la respiración pulmonar. La respiración celular libera energía y se produce en todas las células de los organismos. La respiración pulmonar (o ventilación) es el movimiento de los pulmones. Aporta un flujo constante de oxígeno nuevo a la sangre, además de retirar el dióxido de carbono.

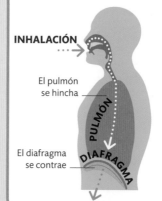

INHALACIÓN

El pulmón se hincha

PULMÓN

El diafragma se contrae

DIAFRAGMA

EXHALACIÓN

El pulmón se deshincha

El diafragma se relaja

¿LAS PLANTAS RESPIRAN CO_2?

No. A la luz del sol, las plantas absorben dióxido de carbono para producir azúcar, pero no lo respiran. Las células de las plantas respiran como las de los animales: absorben oxígeno y liberan CO_2.

LOS MANGLARES CRECEN EN UN **BARRO SIN AIRE.** SUS RAÍCES CRECEN ARRIBA PARA **OBTENER OXÍGENO**

El ciclo del carbono

Los átomos de carbono se desplazan por el aire, los océanos, la tierra y los cuerpos de los seres vivos a través de procesos biológicos y físicos. Las acumulaciones de carbono se conocen como «sumideros de carbono»; este se desplaza entre ellos a distintas velocidades.

Equilibrio natural

Cada año la fotosíntesis concentra carbono en las algas y plantas y pasa el dióxido de carbono (CO_2) del aire a los alimentos. La respiración celular y la combustión natural devuelven el carbono al aire más o menos en partes iguales. Otras transiciones mucho más lentas que duran millones de años desplazan el carbono a través de las rocas. Pero con la quema de combustibles fósiles, la liberación de CO_2 se acelera rápidamente, con la emisión adicional de 8200 millones de toneladas de carbono cada año.

ATMÓSFERA

El CO_2 supone únicamente el 0,04 % de la atmósfera.

653 000 MILLONES DE TONELADAS

COMBUSTIÓN ARTIFICIAL

8200 millones de toneladas

Al quemarse materia orgánica y combustibles fósiles, se forma CO_2. El consumo de combustibles fósiles por parte de los humanos para generar energía sucede mucho más rápido que el resto del ciclo y está liberando más CO_2 en la atmósfera que el que se recupera de manera natural.

200000 millones de toneladas

Respiración celular

La mayoría de los seres vivos producen CO_2 como producto de desecho al respirar. La respiración de las bacterias y otros organismos que descomponen la materia muerta producen una gran cantidad de CO_2, así como los incendios forestales y otros tipos de combustión.

PROCESOS NATURALES

Actividad volcánica

COMBUSTIBLES FÓSILES

Las formas de vida fosilizadas formaron reservas subterráneas de carbono.

3,75 BILLONES DE TONELADAS

Plantas

SERES VIVOS Y MATERIA INERTE

Todas las formas de vida tiene carbono en el cuerpo. La mate inerte también tiene carbono

2,72 BILLONES DE TONELAD

FOSILIZACIÓN

La materia muerta que se compacta con poco oxígeno no se acaba de descomponer y su carbono permanece en el suelo. Al cabo de millones de años, el carbono de las ciénagas prehistóricas y el plancton oceánico forman carbón, petróleo y gas metano.

Materia muerta

ROCAS

Algunos tipos de rocas contienen carbono que se libera en el aire en las erupciones volcánicas.

MÁS DE 68 TRILLONES DE TONELADAS

PROCESOS GEOLÓGICOS

Erosión

Para que se cree una roca, o para que esta se disuelva, tienen que pasar millones de años. El carbono disuelto en el agua del océano se solidifica en las conchas calcáreas de los animales oceánicos y estas acaban formando piedra caliza.

Sedimentación

CLAVE

Algunas partes del ciclo del carbono duran poco; otras millones de años.

— Lento (millones de años)
— Rápido, natural (durante nuestra vida)
— Rápido, artificial (durante nuestra vida)

Las plantas terrestres usan la energía de la luz del Sol para fijar el CO_2 en moléculas mayores y más complejas, como los azúcares. Las algas unicelulares realizan algo similar en las aguas superficiales del océano. El carbono orgánico penetra así en las cadenas tróficas.

FOTOSÍNTESIS

Animales

204 000 millones de toneladas

INTERCAMBIO AIRE-MAR

El CO_2 se disuelve con facilidad en los océanos. Reacciona con el agua y forma una mezcla que contiene ácido carbónico y carbonato calcáreo. El proceso es reversible, por lo que existe el mismo intercambio lento entre el aire y el agua en la superficie.

Algas unicelulares

OCÉANOS

El agua del océano almacena carbono en forma de CO_2, ácido carbónico, carbonato de hidrógeno y carbonato.

33,9 BILLONES DE TONELADAS

Captura del carbono

La combustión humana y la respiración celular liberan 208 200 millones de toneladas de CO_2 en la atmósfera cada año. La fotosíntesis absorbe 204 000 millones de toneladas. Se acumulan, pues, 4200 millones de toneladas. El aumento del CO_2, un gas de efecto invernadero (p. 245), provoca calentamiento global (pp. 246-247). Gracias a la tecnología, la industria puede capturar el carbono en lugar de liberarlo en la atmósfera.

CAPTURA DEL CARBONO

1 Minería y energía
Los combustibles fósiles se extraen de vetas del subsuelo. Su consumo genera energía, pero también libera CO_2 como producto de desecho.

2 Captura del CO_2
En lugar de liberar el CO_2 en la atmósfera, algunas plantas de combustibles fósiles separan el CO_2 de los gases residuales y lo conservan aparte.

3 Transporte
El CO_2 se transporta por medio de gasoductos o se envía de la planta al lugar de almacenaje o inyección.

4 Inyección
El CO_2 que se recupera se inyecta bajo tierra en rocas porosas o campos petrolíferos vacíos y se cierra con un «tapón» impermeable al gas, para atraparlo y almacenarlo.

ACIDIFICACIÓN OCEÁNICA

Cuando sube el nivel de CO_2 en la atmósfera, penetra más CO_2 en el océano, reacciona con el agua y produce así más ácido carbónico. Un aumento del 30 % de la acidez oceánica desde 1750 ha tenido consecuencias importantes en la vida marina: ha provocado corrosión en los moluscos y el retroceso del coral.

MOLUSCO SANO

MOLUSCO GASTADO

Envejecimiento

Como todo lo que tiene piezas que se mueven, los seres vivos muestran signos del paso del tiempo. Los seres vivos pueden repararse pero al final los cuerpos acaban funcionando mal.

¿Qué es envejecer?

Puede relacionarse el declive de las funciones biológicas a lo largo del tiempo con la pérdida de propiedades de células, cromosomas y genes. Las células de los seres vivos pluricelulares se dividen de manera constante para crear otras nuevas; en general, empiezan a deteriorarse tras 50 divisiones, y por ello baja la producción de nuevas células, hasta que se acaba. Esto se asocia a que la composición genética cada vez es más inestable, lo que termina por hacer que las células (y por lo tanto el cuerpo) no funcionen bien. Los efectos se vinculan a muchos fenómenos degenerativos, desde una recuperación lenta tras una lesión hasta la demencia.

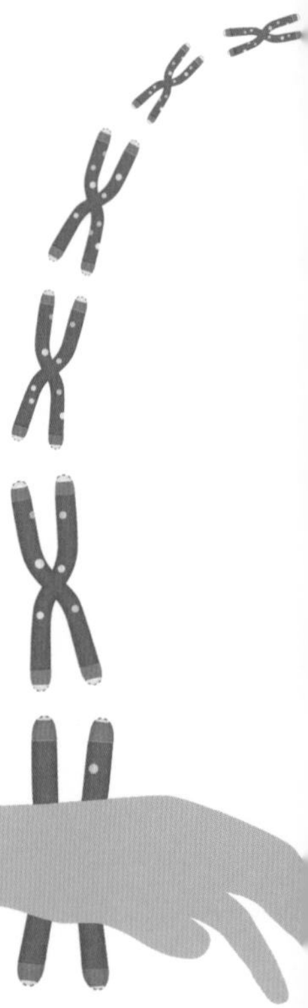

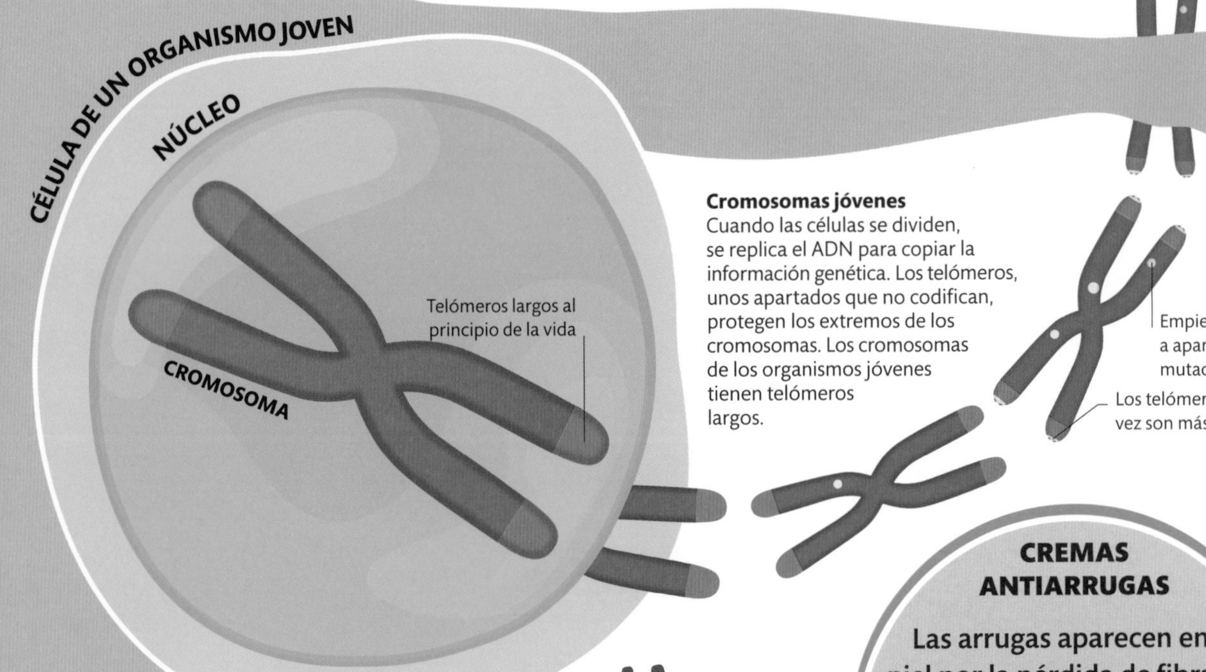

CÉLULA DE UN ORGANISMO JOVEN

NÚCLEO

CROMOSOMA

Telómeros largos al principio de la vida

Cromosomas jóvenes

Cuando las células se dividen, se replica el ADN para copiar la información genética. Los telómeros, unos apartados que no codifican, protegen los extremos de los cromosomas. Los cromosomas de los organismos jóvenes tienen telómeros largos.

Empiezan a aparecer mutaciones

Los telómeros cada vez son más cortos

CREMAS ANTIARRUGAS

Las arrugas aparecen en la piel por la pérdida de fibras de proteína. Las cremas antiarrugas contienen antioxidantes y elementos que aumentan la producción de estas fibras, lo que hace que la piel quede más firme.

UNO DE LOS **SERES VIVOS MÁS LONGEVOS** ES UN **PINO** CUYA EDAD SE CALCULA EN MÁS DE **5000 AÑOS**

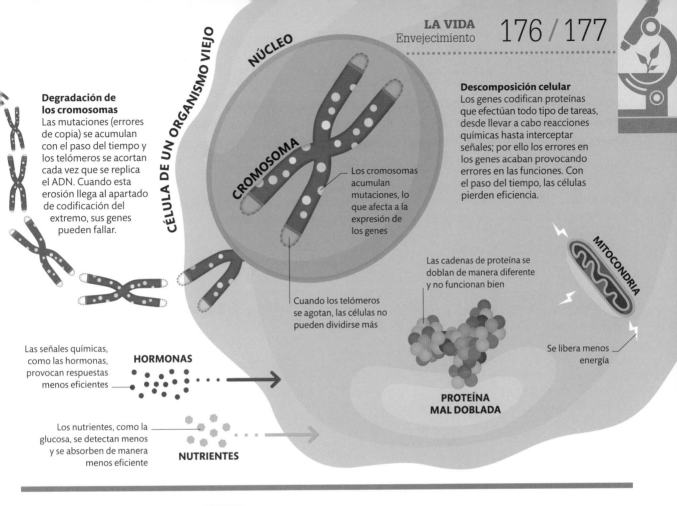

NÚCLEO

CÉLULA DE UN ORGANISMO VIEJO

Degradación de los cromosomas

Las mutaciones (errores de copia) se acumulan con el paso del tiempo y los telómeros se acortan cada vez que se replica el ADN. Cuando esta erosión llega al apartado de codificación del extremo, sus genes pueden fallar.

CROMOSOMA

Los cromosomas acumulan mutaciones, lo que afecta a la expresión de los genes

Descomposición celular

Los genes codifican proteínas que efectúan todo tipo de tareas, desde llevar a cabo reacciones químicas hasta interceptar señales; por ello los errores en los genes acaban provocando errores en las funciones. Con el paso del tiempo, las células pierden eficiencia.

Cuando los telómeros se agotan, las células no pueden dividirse más

Las cadenas de proteína se doblan de manera diferente y no funcionan bien

MITOCONDRIA

Se libera menos energía

Las señales químicas, como las hormonas, provocan respuestas menos eficientes

HORMONAS

PROTEÍNA MAL DOBLADA

Los nutrientes, como la glucosa, se detectan menos y se absorben de manera menos eficiente

NUTRIENTES

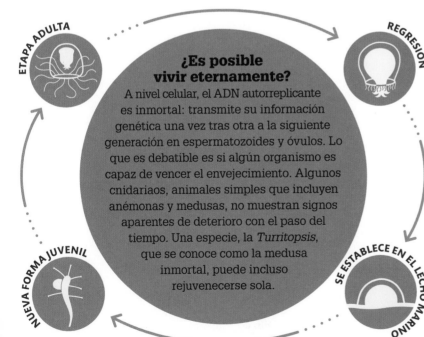

ETAPA ADULTA

REGRESIÓN

¿Es posible vivir eternamente?

A nivel celular, el ADN autorreplicante es inmortal: transmite su información genética una vez tras otra a la siguiente generación en espermatozoides y óvulos. Lo que es debatible es si algún organismo es capaz de vencer el envejecimiento. Algunos cnidariaos, animales simples que incluyen anémonas y medusas, no muestran signos aparentes de deterioro con el paso del tiempo. Una especie, la *Turritopsis*, que se conoce como la medusa inmortal, puede incluso rejuvenecerse sola.

NUEVA FORMA JUVENIL

SE ESTABLECE EN EL LECHO MARINO

RETRASAR SUS EFECTOS

Hay fármacos experimentales que contrarrestan o reparan daños en el ADN y, en un futuro, se podría usar terapia genética (pp. 182-183) para reiniciar las células viejas. La mejor forma de reducir el riesgo de los trastornos degenerativos típicos de la edad avanzada sigue siendo un mejor estilo de vida: hacer ejercicio habitualmente y llevar una buena dieta. Así también se alarga la esperanza de vida.

 Fármacos

 Terapia genética

 Dieta

 Ejercicio

Genomas

Las moléculas de ADN contienen la información genética de cada ser vivo, cuyo conjunto completo se denomina genoma. Analizando el genoma en el laboratorio podemos detectar genes concretos, entender cómo funcionan e incluso producir una «huella genética» exclusiva de cada individuo.

Cómo se organiza el ADN

El ADN se compone de genes, que guardan información para crear proteínas (pp. 158-159). Las moléculas de ADN de las bacterias flotan libres por el citoplasma de la célula, pero los organismos con células más complejas, como las plantas y los animales, tienen cadenas de ADN muy largas, todas ellas dentro del núcleo. Durante la división celular se enrollan aún más hasta formar un cromosoma y así evitar que se enmarañen.

GEN 1 Parte de codificación

Intrón (parte sin codificación)

Algunas partes del ADN sin codificación entre genes contienen instrucciones para activarse o desactivarse

Parte de codificación

GEN 2

Intrón

Las partes de codificación de los genes indican a las células cómo crear las proteínas

Un cromosoma se compone de cadenas de ADN muy comprimidas

ADN INTERGÉNICO

El ADN sin codificación entre los genes se denomina ADN intergénico

CROMOSOMA

Los pares de cromosomas contienen los mismos tipos de genes

CÉLULA

NÚCLEO

Genoma humano
El genoma humano completo se compone de 23 pares de cromosomas.

ADN basura

Los genes suelen estar separados por fragmentos de ADN que no codifican proteínas. Parte de este ADN sin codificación controla la activación o desactivación de los genes para que las células se especialicen en diferentes tareas. El ADN de animales y plantas también contiene secuencias sin codificación en el interior de los genes. Estas porciones, denominadas intrones, se eliminan del mensaje antes de crear la proteína. Ayudan a editar diferentes porciones de codificación de un gen para que pueda realizar varias proteínas. Sin embargo, hay tramos de ADN entre genes o en su interior sin un objetivo claro; es lo que suele conocerse como «ADN basura» y puede haber perdido sus funciones durante el transcurso de la evolución.

Huella genética

La secuencia de bases químicas del ADN de cada individuo (pp. 158-159) es exclusiva, salvo en los gemelos, lo que convierte el ADN en una buena herramienta para la comparación cruzada de muestras de sangre, saliva, semen u otro material biológico. La huella genética compara apartados repetitivos del ADN denominados repeticiones en tándem, cuya longitud es diferente en cada individuo.

SOSPECHOSO 1   SOSPECHOSO 2   SOSPECHOSO 3

1 **Recogida de muestras**
Se recogen muestras de ADN del arma del crimen y de los sospechosos, normalmente de la boca. El ADN se copia una vez tras otra para disponer de una gran cantidad para analizar.

2 **Fragmentación del ADN**
El ADN se divide en fragmentos que escinden específicamente las repeticiones en tándem para obtener una mezcla de fragmentos de varios tamaños, según su longitud.

Carga negativa

Las repeticiones más largas aparecen en el extremo superior del gel

La huella genética coincide con la huella genética del sospechoso 3

4 **Coincidencia**
Si la huella genética del arma coincide con la de algún sospechoso, es posible identificar al culpable.

3 **Separación de fragmentos**
Se aplica una carga eléctrica a un bloque de gel que separa el ADN con carga negativa. Los fragmentos pequeños se desplazan más rápido hacia el polo positivo y, por lo tanto, cubren una mayor distancia. Cada grupo de fragmentos se tinta para obtener un patrón de franjas exclusivo para cada individuo.

ARMA DEL CRIMEN

HUELLA GENÉTICA EN EL ARMA

Las repeticiones más cortas están en el extremo inferior del gel

Carga positiva

Las cadenas de ADN se desplazan bien por el gel

GEN 3

Como en el resto de los genes, solo una pequeña parte del gen 3 codifica proteínas.

El intrón del gen puede controlar la activación o desactivación del gen, o contener el inútil ADN «basura»

SI SE **DESENROLLARA EL ADN DE UNA CÉLULA HUMANA,** TENDRÍA UNA LONGITUD DE **MÁS DE 2 M**

EL PROYECTO GENOMA HUMANO

En 2003 se completó el Proyecto Genoma Humano, una colaboración internacional entre investigadores que había empezado en 1990 con el objetivo de documentar la secuencia de 3000 millones de piezas, o bases, que conforman el ADN humano. Aunque la secuencia concreta es distinta en cada persona, el proyecto publicó una secuencia promedio obtenida a partir de diversos donantes anónimos que supuso un gran paso para entender mejor los genes humanos en general.

Ingeniería genética

La información genética está tan vinculada a la identidad de cada ser vivo que parece una fantasía que podamos llegar a manipularla. Aun así, la ciencia puede alterar esta información para cambiar características y obtener beneficios médicos y en otros campos.

Reescribir los datos genéticos

Con la ingeniería genética se modifica la composición genética de un ser vivo añadiendo, retirando o alterando genes. Como los genes son fragmentos de ADN que codifican proteínas (p. 158), al alterarse de una manera concreta se cambian sus propiedades para fabricar proteínas, lo que puede modificar las características del organismo. Es posible recortar genes de los cromosomas (p. 178) o copiarlos de otro material genético, el ARN (pp. 158-159). Un catalizador químico, o enzima, es el responsable de cada paso.

SE VENDEN **COMO MASCOTAS PECES** MODIFICADOS GENÉTICAMENTE QUE **BRILLAN EN LA OSCURIDAD**

Producir insulina

El código genético para producir insulina de las células humanas se puede extraer e introducirlo en bacterias, que después servirán como fábricas vivientes de insulina para tratar a diabéticos. El código se obtiene a través de las copias del ARN de la célula, más fácil de extraer que el ADN; también se edita para eliminar las partes sin codificación (p. 179).

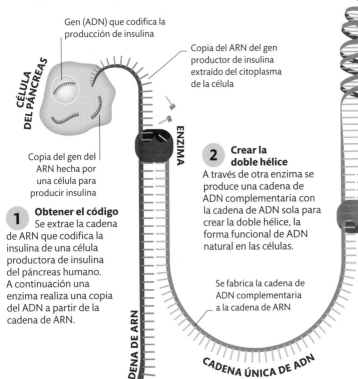

Gen (ADN) que codifica la producción de insulina

CÉLULA DEL PÁNCREAS

Copia del gen del ARN hecha por una célula para producir insulina

Copia del ARN del gen productor de insulina extraído del citoplasma de la célula

1 **Obtener el código**
Se extrae la cadena de ARN que codifica la insulina de una célula productora de insulina del páncreas humano. A continuación una enzima realiza una copia del ADN a partir de la cadena de ARN.

ENZIMA

CADENA DE ARN

2 **Crear la doble hélice**
A través de otra enzima se produce una cadena de ADN complementaria con la cadena de ADN sola para crear la doble hélice, la forma funcional de ADN natural en las células.

Se fabrica la cadena de ADN complementaria a la cadena de ARN

CADENA ÚNICA DE ADN

HÉLICE DE ADN

La doble hélice contiene el gen de la insulina

Doble hélice de ADN desenrollada para poder copiar el gen

3 **Hacer copias**
La doble hélice con el gen se desenrolla y replica varias veces para obtener muchas copias genéticamente idénticas, de la misma manera que se replica el ADN de manera natural.

ENZIMA

Enzima de replicación del ADN

Se añaden piezas de ADN para crear la conocida forma de doble hélice

ADN CON EL GEN DE LA INSULINA

¿Por qué cambiar genes?

La ingeniería genética puede ser muy útil. Además de diseñar microbios para que produzcan en masa proteínas importantes para la medicina, se pueden dar rasgos concretos a plantas y animales; la terapia genética tiene la capacidad de tratar trastornos genéticos.

EJEMPLOS DE INGENIERÍA GENÉTICA

Productos médicos
Al contrario que las proteínas de origen animal, las de microbios genéticamente modificados se pueden producir en masa.

Plantas y animales modificados genéticamente (MG)
Se pueden modificar para mejorar su valor nutricional o aumentar la resistencia a sequías, enfermedades o plagas.

Terapia genética (pp. 182-183).
Se puede hacer que células con trastornos genéticos vuelvan a actuar de manera normal tras introducir el gen adecuado.

¿CÓMO LOS CONTROLAMOS?

La introducción de plantas con genes ajenos preocupa porque podrían proliferar sin control y convertirse en «superhierbas» en estado salvaje. Los cultivos de plantas MG incluso podrían polinizar accidentalmente plantas silvestres que, a su vez, podrían convertirse en malas hierbas perniciosas. El «traspaso genético» entre plantas MG y no MG se ha documentado, pero los científicos no se ponen de acuerdo sobre su posible impacto ambiental.

4 Preparación de la unión

Los anillos de ADN denominados plásmidos (que aparecen de manera natural dentro de las bacterias) se abren con una enzima específica y dejan fragmentos de una única cadena colgando en los extremos cortados, con una secuencia específica de bases.

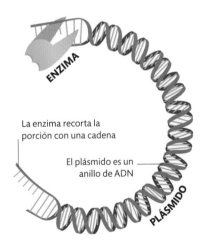

La enzima recorta la porción con una cadena

El plásmido es un anillo de ADN

ENZIMA

PLÁSMIDO

La bacteria absorbe el plásmido con el gen de la insulina

Insulina producida por la bacteria

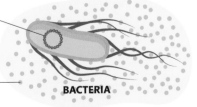

BACTERIA

5 Inserción del gen

Se añaden puntas de una única cadena al ADN del gen. Los flecos se complementan con los del plásmido y, por lo tanto, las cadenas se combinan al momento. Otra enzima sella la conexión para que se creen plásmidos con el gen de la insulina.

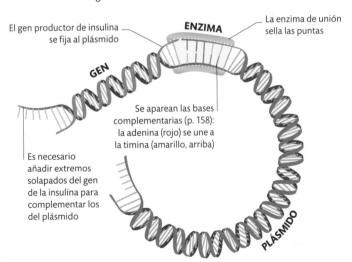

El gen productor de insulina se fija al plásmido

ENZIMA

La enzima de unión sella las puntas

GEN

Se aparean las bases complementarias (p. 158): la adenina (rojo) se une a la timina (amarillo, arriba)

Es necesario añadir extremos solapados del gen de la insulina para complementar los del plásmido

PLÁSMIDO

6 Producción de insulina

Las bacterias absorben los plásmidos modificados genéticamente con el gen de la insulina. Los plásmidos se replican cuando se reproducen las bacterias, que producen insulina. Esta se puede separar del cultivo y purificar.

Terapia genética

Determinados tipos de enfermedades requieren un tratamiento especialmente sofisticado, con el ADN como medicina. La terapia genética aporta a las células una información genética que cambia su conducta para curar una enfermedad.

Cómo funciona la terapia genética

Los genes son secciones del ADN que indican a las células cómo crear determinados tipos de proteínas. Introduciendo un gen en una célula, la terapia genética puede corregir errores en el ADN que hacen que no se produzcan las proteínas adecuadas o activar una nueva tarea que contrarreste una enfermedad. Esta técnica es mejor en enfermedades provocadas por un único gen (como la fibrosis quística) que en las causadas por la combinación de varios genes. Se introduce el gen curativo en la célula, dentro de una partícula denominada vector, que puede ser un virus desactivado o una gotita grasa conocida como liposoma.

PERSONA CON FIBROSIS QUÍSTICA

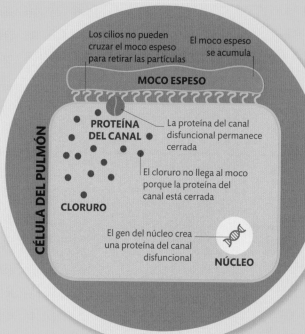

Los cilios no pueden cruzar el moco espeso para retirar las partículas

El moco espeso se acumula

MOCO ESPESO

PROTEÍNA DEL CANAL

La proteína del canal disfuncional permanece cerrada

El cloruro no llega al moco porque la proteína del canal está cerrada

CLORURO

El gen del núcleo crea una proteína del canal disfuncional

NÚCLEO

CÉLULA DEL PULMÓN

1 Fibrosis quística
Los afectados de fibrosis quística tienen problemas en las células pulmonares: sus genes disfuncionales codifican proteínas de canal cerradas, por lo que el moco que recubre las vías respiratorias es demasiado espeso y dificulta la respiración.

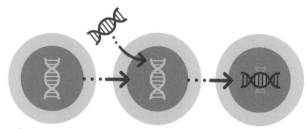

CÉLULA CON UN GEN ALTERADO

NUEVO GEN AÑADIDO

EL NUEVO GEN SUPRIME AL GEN ALTERADO

LA CÉLULA RECUPERA SU FUNCIÓN NORMAL

Inhibición genética
Un gen introducido produce una proteína que suprime la acción de un gen patológico. Sus objetivos incluyen determinados tipos de genes que podrían desencadenar una división celular descontrolada y provocar un cáncer.

LA **TERAPIA GENÉTICA** INTENTA **TRATAR CIERTOS TIPOS** DE **CÁNCER**

¿LA TERAPIA GENÉTICA ES UNA CURA PERMANENTE?

Las células tratadas se multiplican, pero acaban muriendo y siendo sustituidas por células enfermas; por ello, las terapias actuales duran poco y son necesarios varios tratamientos.

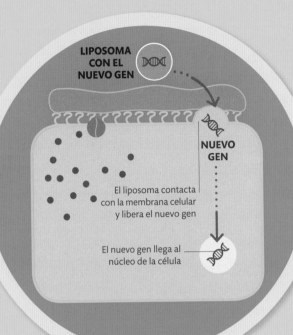

LIPOSOMA
CON EL
NUEVO GEN

NUEVO
GEN

El liposoma contacta
con la membrana celular
y libera el nuevo gen

El nuevo gen llega al
núcleo de la célula

El moco absorbe
agua y se vuelve
más viscoso

El cloruro cruza la
proteína del canal

MOCO VISCOSO

NUEVA PROTEÍNA
DEL CANAL

La nueva
proteína del
canal se abre y
permite el paso
del cloruro

Los aminoácidos codificados
por el nuevo gen crean las
proteínas del canal correctas

2 **Se añade el gen**
Un inhalador introduce los liposomas en el
cuerpo. Estos contienen los genes adecuados de
la proteína del canal y llegan a través de las vías
respiratorias a las células que las recubren, donde
se combinan con el ADN del núcleo de la célula.

3 **El gen restablece la función**
Los nuevos genes indican a las células cómo
producir las proteínas del canal adecuadas, para
que el cloruro pueda llegar al moco. El moco, más
salado, absorbe el agua de las células y se hace
más viscoso, lo que facilita la respiración.

Matar células concretas
Los genes suicidas que
atacan específicamente
células enfermas hacen
que estas células se
autodestruyan, o las
marcan como enemigos
para que el sistema
inmunitario las ataque.

CÉLULA
ENFERMA

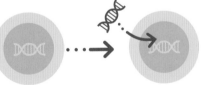

GEN SUICIDA
AÑADIDO

EL GEN SUICIDA ACTIVA
LA AUTODESTRUCCIÓN

LA CÉLULA
ENFERMA MUERE

¿SE HEREDAN LOS NUEVOS GENES?

La terapia genética convencional, o terapia genética somática,
introduce genes en células del cuerpo que no participen en la
producción de óvulos o espermatozoides. Cuando estas células
se multiplican, los genes replicados permanecen en los tejidos
afectados y no se transmiten a los descendientes. La terapia
genética germinal, considerada no ética por muchos, añadiría
genes a óvulos o espermatozoides para heredar sus genes.

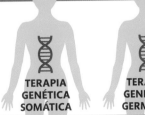

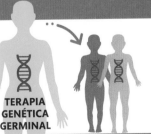

TERAPIA
GENÉTICA
SOMÁTICA

TERAPIA
GENÉTICA
GERMINAL

Células madre

El cuerpo de los animales se compone de células especializadas en tareas como el transporte de oxígeno o la transmisión de impulsos nerviosos. Solo una pequeña reserva de células no especializadas, o células madre, conservan la capacidad de dar pie a esta diversidad, un potencial aprovechable para curar enfermedades.

Tipos de célula madre

No es de extrañar que las células de los embriones sean las que tienen el mayor potencial para formar diferentes tejidos: una bolita de células embrionarias se convertirá en un cuerpo con todas sus partes. Sin embargo, cuando se diferencian, sus células pierden la versatilidad, pues se dedican solo a sus tareas especializadas. Solo algunas partes del cuerpo, como la médula ósea, conservan las células madre, aunque con una capacidad limitada para diversificarse.

ÉTICA Y CÉLULAS MADRE

Las células madre embrionarias tienen gran potencial para usos terapéuticos, pero muchos no consideran aceptable éticamente el uso de embriones humanos. Obtener células madre de embriones es ilegal en algunos países. Las células madre adultas, como las de la médula ósea o el cordón umbilical, están libres de polémica, pero su potencial es limitado y no son tan útiles para encontrar tratamientos de trastornos como la diabetes y el Parkinson.

CÉLULA MUSCULAR — NEURONA — CÉLULA PLACENTARIA — CÉLULA EPITELIAL — MÓRULA (EMBRIÓN) — CÉLULA CUTÁNEA — CÉLULA GRASA — GLÓBULO ROJO — GLÓBULO BLANCO

Primeras células madre del embrión

Cuando todavía es una bola maciza, conocida como mórula, las células del embrión primigenio tienen el mayor potencial de desarrollo. Cada una de estas células madre «totipotentes» tiene la capacidad de formar cualquier parte del embrión; en la mayoría de los mamíferos incluyen las membranas que acabarán formando la placenta.

Terapia con células madre

Las células madre pueden ayudar a crear tejidos sanos para tratar enfermedades. Los trasplantes de médula ósea, por ejemplo, dependen de la capacidad de formación de células sanguíneas de las células madre adultas para tratar trastornos como la leucemia. La terapia con células madre también podría reparar las células productoras de insulina en los diabéticos. Los ensayos, normalmente con animales, usan células madre de embriones o células adultas tratadas para aumentar su potencial.

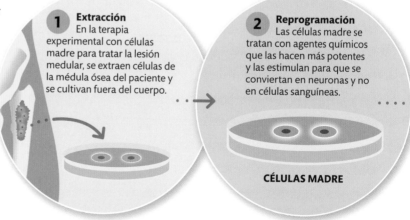

1 Extracción
En la terapia experimental con células madre para tratar la lesión medular, se extraen células de la médula ósea del paciente y se cultivan fuera del cuerpo.

2 Reprogramación
Las células madre se tratan con agentes químicos que las hacen más potentes y las estimulan para que se conviertan en neuronas y no en células sanguíneas.

CÉLULAS MADRE

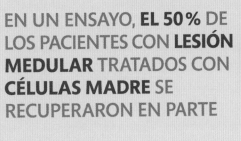

CÉLULA MUSCULAR

NEURONA

CÉLULA EPITELIAL

BLASTOCITO (EMBRIÓN)

Las células del exterior no son pluripotentes; en los mamíferos solo se convierten en la placenta

Las células del interior del blastocito son células madre pluripotentes

MÉDULA ÓSEA

Uno de varios tipos de glóbulos blancos

CÉLULA GRASA

CÉLULA CUTÁNEA

GLÓBULO ROJO

GLÓBULO BLANCO

GLÓBULOS ROJOS

GLÓBULOS BLANCOS

Células madre del embrión primigenio

Cuando el embrión llega a la siguiente etapa, una esfera de células hueca denominada blastocito, se ha alcanzado el primer paso de la especialización. En la mayoría de los mamíferos la capa de células exteriores forman la placenta. Solo la masa de células del interior, con células madre «pluripotentes», formarán las partes del cuerpo del embrión.

Células madre adultas

El cuerpo adulto conserva algunas células madre, que solo pueden convertirse en un abanico limitado de tipos de células; se consideran «multipotentes». Por ejemplo, la mayoría de los huesos del cuerpo contienen células madre multipotentes en la médula ósea que pueden diferenciarse en diversos tipos de células sanguíneas.

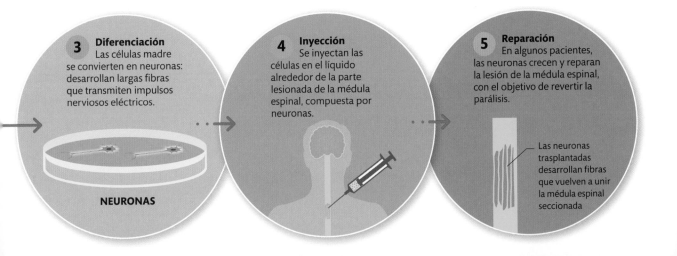

3 **Diferenciación**
Las células madre se convierten en neuronas: desarrollan largas fibras que transmiten impulsos nerviosos eléctricos.

NEURONAS

4 **Inyección**
Se inyectan las células en el líquido alrededor de la parte lesionada de la médula espinal, compuesta por neuronas.

5 **Reparación**
En algunos pacientes, las neuronas crecen y reparan la lesión de la médula espinal, con el objetivo de revertir la parálisis.

Las neuronas trasplantadas desarrollan fibras que vuelven a unir la médula espinal seccionada

Clonación

Los clones son organismos genéticamente idénticos. La tecnología puede manipular la clonación, lo que tiene implicaciones más allá de la propia medicina.

Cómo funciona la clonación

La clonación se basa en el ADN autorreplicante que dirige la división de las células y multiplica cualquier ser vivo que se pueda reproducir de manera asexual. Las técnicas de laboratorio van más allá y manipulan ciertos tipos de células y tejidos no especializados para producir clones que no aparecerían de forma natural.

¿LOS GEMELOS SON CLONES?

Así es: los gemelos son clones, pues surgen cuando un único óvulo fecundado se divide en dos células en el útero, que acabarán desarrollando embriones genéticamente idénticos.

CLONACIÓN NATURAL

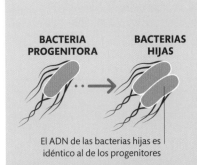

BACTERIA PROGENITORA → **BACTERIAS HIJAS**

El ADN de las bacterias hijas es idéntico al de los progenitores

Reproducción asexual en microbios

Los microbios, como las bacterias, se reproducen de manera asexual, clonándose. El ADN se replica justo antes de la división celular. Cada célula contendrá una copia idéntica del ADN.

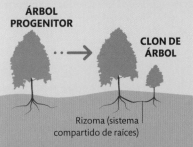

ÁRBOL PROGENITOR → **CLON DE ÁRBOL**

Rizoma (sistema compartido de raíces)

Reproducción asexual en plantas

Los sistemas subterráneos de raíces conocidos como rizomas contienen el tejido necesario para que broten nuevos árboles genéticamente idénticos a las plantas progenitoras. Los álamos producen unas de las mayores extensiones de clones del planeta.

PLANTA PROGENITORA

Recortes de raíz

Los recortes se convierten en masas de células o callos

Reguladores del crecimiento

Los callos se convierten en clones de la planta original

Cultivo de tejido

Algunas partes de las plantas se convierten en plantas nuevas si reciben reguladores del crecimiento. Las diminutas plantas brotan en una gelatina estéril y rica en nutrientes antes de plantarse en el suelo.

CLONACIÓN ARTIFICIAL

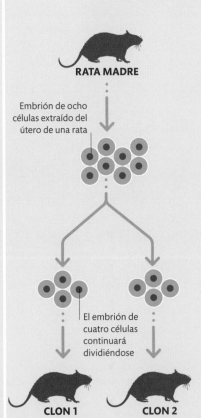

RATA MADRE

Embrión de ocho células extraído del útero de una rata

El embrión de cuatro células continuará dividiéndose

CLON 1　　**CLON 2**

Fragmentación embrionaria

Las primeras técnicas de clonación de animales con éxito se hacían dividiendo embriones. Si se realiza en una etapa temprana, las células no especializadas del embrión conservan la capacidad de poder formar todas las partes del cuerpo.

UNA **CABRA MONTÉS**
FUE EL **PRIMER**
ANIMAL QUE
SE **RESUCITÓ**
TRAS SU EXTINCIÓN,
PERO MURIÓ AL CABO
DE **7 MINUTOS**

¿RESUCITAR ESPECIES EXTINTAS?

Las muestras conservadas ofrecen la atractiva posibilidad de resucitar especies extintas. Sin embargo, el ADN se degrada con el tiempo: el ADN viejo no posee las instrucciones vitales para crear un embrión viable. Los científicos tienen secuencias de ADN de tejidos congelados de mamut especialmente intactos, pero están demasiado dañadas e incompletas para clonarse. Los científicos planean unir genes de mamut y de elefante asiático (el pariente vivo más cercano al mamut) para crear un embrión híbrido que se podría desarrollar en un útero artificial. No obstante, este experimento no está libre de controversia ética.

MAMUT LANUDO

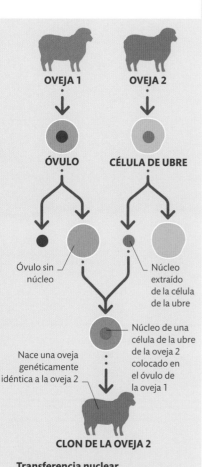

OVEJA 1   **OVEJA 2**

ÓVULO   **CÉLULA DE UBRE**

Óvulo sin núcleo

Núcleo extraído de la célula de la ubre

Núcleo de una célula de la ubre de la oveja 2 colocado en el óvulo de la oveja 1

Nace una oveja genéticamente idéntica a la oveja 2

CLON DE LA OVEJA 2

Transferencia nuclear
Pueden producirse clones con tejido somático (del cuerpo). Se retira el núcleo de un óvulo y se reprograma con el de una célula del cuerpo del donante con potencial para producir un clon. La oveja Dolly se clonó con esta técnica.

2

Célula del cuerpo
Todas las células del cuerpo poseen un grupo completo de genes humanos, incluidos los que producen el tejido defectuoso.

3

Retirada del núcleo
Se retira el núcleo, con el material genético. Se desecha el citoplasma celular.

1

Paciente
El paciente sufre una enfermedad y ciertos tejidos no funcionan de manera adecuada.

Clonación terapéutica

La clonación permite tratar enfermedades con las propias células del paciente para que formen tejidos que puedan trasplantarse otra vez al cuerpo. La coincidencia genética reduce el rechazo al mínimo. Los ensayos con animales de laboratorio han demostrado que las células clonadas pueden regenerar el tejido nervioso y reducir los síntomas del Parkinson. Los avances en esta técnica pueden llevar a la producción de órganos enteros para su trasplante.

6

Nuevo tejido
Las células embrionarias no especializadas, o células madre, generan tejido para trasplantarlo al paciente y tratar su enfermedad.

5

Crecimiento del embrión
Crece un embrión, que consiste en una bola de células genéticamente idénticas al paciente.

4

Inserción del núcleo
El núcleo se introduce en un óvulo o una célula embrionaria cuyo núcleo se ha retirado.

EL ESPACIO

Estrellas

Una estrella es una gran bola de gas brillante que cobra vida cuando las reacciones nucleares encienden su núcleo. Las estrellas más grandes brillan más pero se apagan antes que las pequeñas, que consumen lentamente su combustible. La masa de la estrella también determina la naturaleza de su muerte.

Nace una estrella

Las estrellas se forman en gélidas nubes de polvo y gas interestelar conocidas como nebulosas. Las agrupaciones de gas se fragmentan y, si llegan a la densidad adecuada, se colapsan bajo su propia gravedad y liberan calor. Si producen el calor suficiente para iniciar la fusión termonuclear (p. 193), nace una estrella. Este proceso puede tardar varios millones de años.

(p. 193)

¿CUÁNTO VIVEN LAS ESTRELLAS?

La vida de una estrella depende de su tamaño. Las más grandes pueden durar cientos de miles de años, mientras que las más pequeñas pueden arder durante billones de años.

Polvo y gas (principalmente hidrógeno)

El núcleo se colapsa bajo su propio peso

Materia absorbida

Vientos estelares hacia fuera

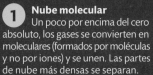

1 Nube molecular
Un poco por encima del cero absoluto, los gases se convierten en moleculares (formados por moléculas y no por iones) y se unen. Las partes de nube más densas se separan.

2 Fragmento en colapso
Un denso fragmento de gases se colapsa y eleva la temperatura del núcleo. El momento angular convierte el fragmento en un disco giratorio.

3 La protoestrella se forma
La densa región central forma una protoestrella, y el disco puede convertirse en un sistema planetario. Su tamaño se multiplica por 100 gracias a la materia que absorbe.

4 Inicio de la fusión
La caída de materia hacia el interior se detiene cuando se inicia la fusión termonuclear. Se consume hidrógeno y se producen potentes vientos estelares.

Vida y muerte de una estrella

La mayoría de las protoestrellas se convertirán en estrellas medianas o de «secuencia principal», estables gracias a un equilibrio de fuerzas: la presión de los gases calientes en expansión contra la gravedad interna. El ciclo de vida de una estrella depende de su masa: cambia de tamaño, temperatura y color al envejecer. Algunas estrellas se apagan, y otras acaban con una explosiva supernova y dejan su material para la formación de estrellas y planetas. Como la mayoría de los elementos del universo se han creado en las reacciones nucleares de las estrellas, se puede afirmar que nuestro mundo es de polvo de estrellas.

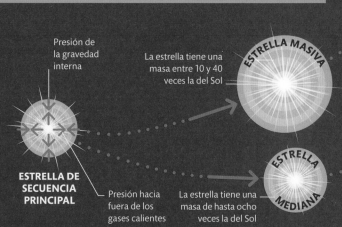

Presión de la gravedad interna

ESTRELLA DE SECUENCIA PRINCIPAL

Presión hacia fuera de los gases calientes

ESTRELLA MASIVA

La estrella tiene una masa entre 10 y 40 veces la del Sol

ESTRELLA MEDIANA

La estrella tiene una masa de hasta ocho veces la del Sol

AGUJERO NEGRO

Las estrellas más grandes se convierten en agujeros negros

La estrella se queda sin combustible; las capas exteriores se colapsan con el núcleo y explotan hacia fuera a 30 000 km/s

ESTRELLA DE NEUTRONES

El núcleo compacto que deja una supernova solo está compuesto por neutrones y gira a gran velocidad

El material que queda tras una supernova se esparce tras millones de años en nubes de gas cercanas

ENANA NEGRA

La enana blanca puede acabar apagada y convertida en un frío objeto oscuro, una enana negra; pero el universo no tiene la edad suficiente para que existan

SUPERNOVA

ESCOMBROS Y POLVO

ENANA BLANCA

Aquí está el núcleo de la nebulosa planetaria; está muy caliente

La estrella se expande y enfría; cambia de color y se torna roja

ESTRELLA SUPERGIGANTE ROJA

NEBULOSA PLANETARIA

Durante una fase relativamente corta, la estrella presenta una capa de gas caliente que le da aspecto de planeta

ESTRELLA GIGANTE ROJA

La estrella se expande y enfría al agotar el hidrógeno

RECICLAJE ESTELAR

El Big Bang solo creó hidrógeno, helio y litio. Casi todos los elementos más pesados se crearon en estrellas o explosiones de supernovas, donde se liberan estos materiales para que se formen estrellas y planetas nuevos.

1 Los elementos pesados pasan a las nubes moleculares que después se colapsarán

2 Los fragmentos colapsados se calientan y forman protoestrellas

3 Reacciones termonucleares forman las estrellas

4 Las estrellas emiten material y vuelve a empezar el ciclo

UNA **CUCHARADITA** DE MATERIAL DE **ESTRELLA DE NEUTRONES** PESA **5000 MILLONES DE TONELADAS**

El Sol

El Sol es la estrella más cercana. Es una enana amarilla, una estrella de tamaño medio que genera energía con la fusión nuclear. Se calcula que está a la mitad de su vida; lo más probable es que continúe estable durante 5000 millones años más.

El Sol por dentro y por fuera

El Sol está compuesto principalmente por los gases hidrógeno y helio en estado de plasma: el gas está tan caliente que sus átomos han perdido los electrones y se han ionizado (pp. 20-21). El Sol se divide en seis regiones: el núcleo central en su interior, donde tiene lugar la fusión nuclear, está rodeado por las zonas radiativa y convectiva; en el exterior, la superficie visible, o fotósfera, está envuelta por la cromósfera y la región más exterior, la corona.

CORONA
CROMÓSFERA
FOTÓSFERA
ZONA CONVECTIVA
ZONA RADIATIVA
NÚCLEO

La fusión del núcleo, cuya temperatura llega a los 15 millones de grados centígrados, produce todo el calor y la luz del Sol

En la zona radiativa, los fotones saltan de partícula en partícula antes de acabar escapando hacia el exterior

La temperatura de la zona convectiva, donde suben las burbujas de plasma caliente, cae hasta los 1,5 millones de grados centígrados

HIDRÓGENO 70,6 %

HELIO 27,4 %

ELEMENTOS PESADOS 2 %
oxígeno, nitrógeno, carbono, neón, hierro y otros

La masa del Sol
El hidrógeno supone más o menos el 75 % de la masa del Sol. Su masa global es de unas 330 000 veces la de la Tierra.

La corona, la capa más externa del Sol, se extiende hacia el espacio

Las manchas solares son áreas oscuras relativamente frías de la fotósfera que están causadas por la concentración del campo magnético solar, que inhiben la transferencia de calor al exterior

EL **SOL** ES EL **OBJETO DEL SISTEMA SOLAR MÁS CERCANO** A UNA **ESFERA PERFECTA**

Actividad solar y la Tierra

Los cambios en la actividad de la superficie del Sol se notan en la Tierra. Las partículas de una eyección de masa coronal pueden cruzar las paredes de una nave espacial (y poner en riesgo a los astronautas), estropear satélites y provocar subidas de tensión en las redes eléctricas del planeta. La actividad de las manchas solares también afecta al clima: su aumento hace aumentar la radiación solar. Los períodos sin manchas solares también se han relacionado con períodos fríos en la historia de la Tierra.

Una fulguración solar es una intensa explosión de radiación producida al liberarse la energía magnética asociada a las manchas solares

Una prominencia es un anillo de plasma que parte hacia el espacio pero que continúa unido a la fotósfera

Una eyección de masa coronal es la liberación inusualmente grande de plasma de la corona

La cromósfera es una fina capa de la atmósfera del Sol: es el aro rojo que lo rodea y se hace aparente durante un eclipse solar total

La radiación que escapa de la fotósfera, cuya temperatura ronda los 5500 °C, es lo que percibimos como luz solar

LA FUENTE DE ENERGÍA DEL SOL

La gran masa del Sol ejerce una presión y temperatura inmensas en el núcleo, donde se produce la fusión nuclear. Los núcleos de los átomos de hidrógeno se unen a otro núcleo de hidrógeno para formar un núcleo de helio. Durante el proceso se liberan otras partículas subatómicas y radiación, además de una increíble cantidad de energía.

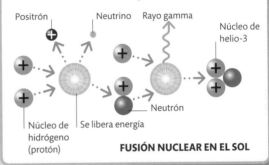

Positrón · Neutrino · Rayo gamma · Núcleo de helio-3 · Núcleo de hidrógeno (protón) · Se libera energía · Neutrón

FUSIÓN NUCLEAR EN EL SOL

Los agujeros coronales son áreas con el plasma menos denso y relativamente frío y oscuro

¿CUÁNTO TARDA LA LUZ DEL SOL EN LLEGAR A LA TIERRA?

Un fotón puede tardar varios cientos de miles de años en llegar desde el núcleo a la superficie del Sol. Sin embargo, desde ahí solo tardará ocho minutos en llegar a la Tierra.

El sistema solar

El sistema solar está compuesto por el Sol, nuestra estrella local, en su centro, y ocho planetas en órbita. También incluye más de 170 lunas, varios planetas enanos, asteroides, cometas y otros cuerpos estelares.

Cómo se formó

El sistema solar apareció cuando al condensarse una nebulosa, una nube de gélido gas y polvo (p. 190). El Sol se formó en el caliente centro del disco, mientras que la materia más alejada se convirtió en planetas y lunas. El material rocoso es lo único que soportó el calor cerca del Sol y formó los planetas interiores; la gélida materia gaseosa se agrupó en las regiones más alejadas del disco para formar los planetas exteriores.

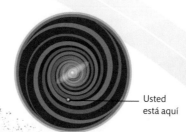

Usted está aquí

Nuestro lugar en la Vía Láctea
Nuestro sistema solar está en uno de los brazos interiores de la galaxia Vía Láctea. El Sol es una de sus 100-400 miles de millones de estrellas.

¿CUÁNTOS AÑOS TIENE EL SISTEMA SOLAR?

El sistema solar tiene unos 4600 millones de años. La edad se ha calculado determinando la descomposición radiactiva de los meteoritos que han impactado contra la Tierra.

Júpiter
Es el planeta más grande y tiene una mancha roja gigante: una tormenta que apareció hace unos 300 años.

Lunas de Júpiter
Júpiter tiene 69 lunas; Ganímedes, la mayor, es más grande que Mercurio, y se cree que Europa tiene agua líquida bajo su superficie helada.

779 millones de km hasta el Sol

SATURNO TIENE TAN POCA DENSIDAD QUE EL PLANETA **FLOTARÍA EN EL AGUA**

228 millones de km de distancia media hasta el Sol

Diámetro: 6792 km

150 millones de km hasta el Sol

Marte
El frío planeta rojo tiene un tercio de la gravedad de la Tierra.

108 millones de km hasta el Sol

Tierra
Es el planeta más denso. El agua cubre el 70 % de su superficie.

Diámetro: 12 756 km

Venus
Venus es el planeta más caliente y gira tan lentamente que su día es más largo que su año.

Diámetro: 12 104 km

58 millones de km de distancia media hasta el Sol

Mercurio
Mercurio, el planeta más pequeño, orbita a 47 km por segundo.

Diámetro: 4879 km

Cinturón de asteroides
El cinturón de asteroides está situado entre las órbitas de Marte y Júpiter. Aquí es donde se aloja el planeta enano Ceres.

SOL

1433 millones de km hasta el Sol

2872 millones de km de distancia media hasta el Sol

4495 millones de km hasta el Sol

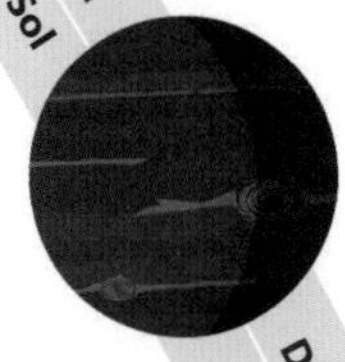

Neptuno
Los vendavales de Neptuno soplan a 2000 km/h: es el planeta más ventoso.

Diámetro: 49 528 km

Saturno
Saturno tiene el sistema de anillos más grande del sistema solar.

Urano
Aunque no es el planeta más alejado del Sol, Urano presenta la menor temperatura registrada.

Diámetro: 51 118 km

Diámetro: 120 536 km

Órbitas planetarias

Cuanto más cerca está un planeta del Sol, más le afecta la gravedad solar y mayor es su velocidad orbital. Mercurio, el planeta más cercano, tiene la órbita más rápida, y Neptuno, el más lejano, tiene la más lenta. Los planetas describen rutas en forma de elipse ligeramente modificadas por las fuerzas que ejercen los planetas entre sí.

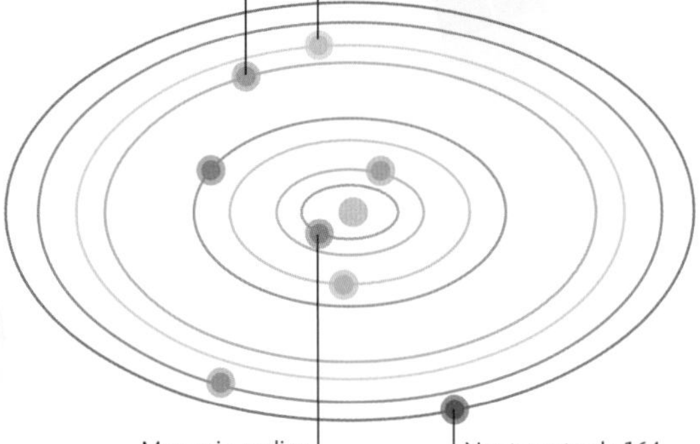

Anillos de Saturno
Los anillos se componen principalmente de hielo de agua, con trazas de materiales rocosos. Se cree que son restos de una o más lunas que colisionaron con asteroides o cometas.

Diámetro: 142 984 km

Un año (1 órbita) de Júpiter son casi 12 años terrestres

Saturno tarda 29,5 años terrestres en orbitar una vez el Sol

PLANETAS ENANOS

Los planetas enanos, como Plutón, tienen suficiente gravedad y masa para formar un cuerpo esférico y orbitar alrededor del Sol. Al contrario que los planetas, no han despejado su ruta orbital y aún la comparten con asteroides y cometas.

PLUTÓN

Mercurio realiza una órbita alrededor del Sol cada 88 días

Neptuno tarda 164 años terrestres en completar una órbita

Basura espacial

Cuando se formó el sistema solar, se crearon cuerpos de diferentes tamaños con fragmentos de roca y hielo; los más grandes se convirtieron en planetas. Algunas partes quedaron en forma de meteoroides, asteroides y cometas, y a veces llegan a la Tierra.

¿PODEMOS DETENER UN IMPACTO LETAL?

Regar un cometa o asteroide con yeso o carbón podría cambiar la manera en que lo calienta la luz del sol y modificar así su órbita. Para cambiarla más deprisa se podrían detonar explosivos cerca de un objeto.

Meteoroides

Los meteoroides son partículas de asteroides o cometas. Estos pequeños cuerpos rocosos o metálicos suelen tener el tamaño de un grano de arena o un guijarro; sin embargo, también pueden superar el metro de ancho. Al penetrar en la atmósfera de un planeta e incendiarse al caer se denominan meteoritos. Algunos incluso llegan a sobrevivir hasta llegar al suelo; aproximadamente entre el 90 y el 95 % de los meteoritos se calcinan por completo al cruzar nuestra atmósfera. El brillo que emiten en el cielo se debe más a su velocidad de entrada que a su tamaño.

A veces la ISS cambia de trayectoria para evitar la basura espacial. Una probabilidad de impacto del 0,001 % de cualquier posible colisión se considera peligrosa.

ESTACIÓN ESPACIAL INTERNACIONAL

Los meteoroides surgen del cinturón de asteroides y orbitan alrededor del Sol

TIERRA

METEOROIDE

Cuando caen, se calientan tanto que su capa exterior se vaporiza o se destruye

METEORITO
Los meteoritos son de hierro (en general, el 90 %) o de roca, compuestos por oxígeno, silicio, magnesio y otros elementos

Piezas de satélite

El *Vanguard 1*, los restos espaciales más antiguos, seguirán en órbita durante más de 200 años

Asteroides

Los asteroides son objetos de roca o metal que giran alrededor del Sol, especialmente entre las órbitas de Marte y Júpiter, en lo que se conoce como el cinturón de asteroides. La mayoría tienen diámetros inferiores a 1 km, pero algunos (como Ceres, el mayor planeta enano) miden más de 100 km de punta a punta y ejercen una fuerza gravitatoria significativa. La gravedad de Júpiter no deja que los asteroides se unan para formar planetas.

ASTEROIDE

Todavía es posible encontrar una caja de herramientas perdida en un paseo espacial de la ISS

El guante espacial que perdió Ed White en el primer paseo espacial de Estados Unidos

Un misil chino destruyó un antiguo satélite meteorológico el 2007 y dejó 3000 piezas de basura más en órbita

Basura espacial

Millones de objetos, desde fragmentos de pintura hasta enormes piezas de metal del tamaño de un camión, flotan por el sistema solar, principalmente orbitando alrededor de la Tierra. La basura espacial, cada vez más numerosa, es una amenaza creciente para las naves espaciales como la Estación Espacial Internacional. En las superficies de Venus, Marte y la Luna también hay naves abandonadas.

Cinturón de Kuiper, nube de Oort

Los planetas atraen a los cuerpos del cinturón de Kuiper, una banda de objetos en forma de disco más allá de la órbita de Neptuno, y los convierten en cometas. Los de la nube de Oort, una gran nube esférica de escombros en el sistema solar exterior, se ven afectados por la gravedad del paso de estrellas.

Órbita de cometa
Los cometas se clasifican según la duración de su órbita alrededor del Sol. Los de período corto tienen órbitas de menos de 200 años; su origen está en el cinturón de Kuiper. Los de período largo tardan más de 200 años y vienen de la nube de Oort.

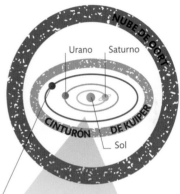

NUBE DE OORT

Urano   Saturno

CINTURÓN   DE KUIPER

Sol

Neptuno

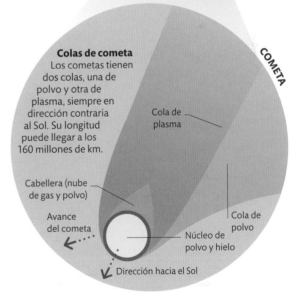

COMETA

Colas de cometa
Los cometas tienen dos colas, una de polvo y otra de plasma, siempre en dirección contraria al Sol. Su longitud puede llegar a los 160 millones de km.

Cola de plasma

Cabellera (nube de gas y polvo)

Avance del cometa

Núcleo de polvo y hielo

Cola de polvo

Dirección hacia el Sol

DESPLAZÁNDOSE A **36 000 KM/H,** **UN OBJETO DE 10 CM** PUEDE CAUSAR UN DAÑO EQUIVALENTE A **25** **BARRENOS DE DINAMITA**

Agujeros negros

Un agujero negro es una región del espacio donde la materia ocupa un diminuto punto infinitesimal de densidad infinita. Es tan denso que nada puede escapar a su atracción gravitatoria, ni la luz, y por eso los agujeros negros son invisibles. La única manera de detectarlo es observando sus efectos sobre el entorno.

SE SOSPECHA QUE EL AGUJERO NEGRO **MÁS CERCANO** ESTÁ A UNOS 3000 AÑOS LUZ

Colapso completo

La mayoría de los agujeros negros se forman como resultado de la muerte de una estrella masiva (cuya masa es como mínimo 10 veces la masa del Sol). La materia que atrae la gravedad del agujero negro suele formar un disco giratorio que emite rayos X y otras radiaciones que pueden detectar los astrónomos.

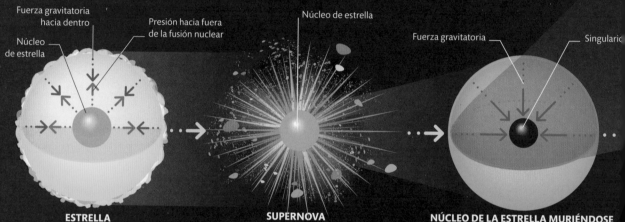

Fuerza gravitatoria hacia dentro

Presión hacia fuera de la fusión nuclear

Núcleo de estrella

Núcleo de estrella

Fuerza gravitatoria

Singularidad

ESTRELLA

SUPERNOVA

NÚCLEO DE LA ESTRELLA MURIÉNDOSE

1 Estrella estable
Las reacciones nucleares de una estrella crean energía y presión hacia fuera. Mientras se equilibren con la fuerza de la gravedad que tira hacia dentro, la estrella permanece estable. Sin embargo, cuando agota su combustible, la gravedad se impone.

2 Muerte explosiva
Cuando se detienen las reacciones nucleares, la estrella muere, pues no puede resistir la fuerza de su propia gravedad y se colapsa. Esto provoca una explosión de supernova que esparce las partes exteriores de la estrella hacia el espacio.

3 Colapso del núcleo
Si el núcleo que queda tras la supernova continúa siendo masivo (más de tres veces la masa del Sol), continúa encogiéndose y se colapsa bajo su propio peso en un punto de densidad infinita conocido como singularidad.

TIPOS DE AGUJERO NEGRO

Hay agujeros negros de dos tipos: estelares y supermasivos. Un agujero negro estelar se forma cuando una estrella explota en forma de supernova al final de su vida (ver arriba). Los agujeros negros supermasivos son mayores y se encuentran en los centros de las galaxias, rodeados a menudo por remolinos de materia extremadamente caliente. Durante el Big Bang se podrían haber formado agujeros negros de un tercer tipo: agujeros negros primordiales. Si así fue, la mayoría debieron de ser minúsculos y se evaporaron rápidamente. Para haber llegado hasta hoy, deberían haber nacido como mínimo con la masa de una gran montaña.

Nuestro sistema solar

ESTELAR
Diámetro del horizonte de sucesos: 30–300 km
Masa: 5–50 soles

SUPERMASIVO
Diámetro del horizonte de sucesos: del tamaño del sistema solar
Masa: miles de millones de soles

PRIMORDIAL
Diámetro del horizonte de sucesos: un núcleo atómico pequeño
Masa: superior a la de una montaña

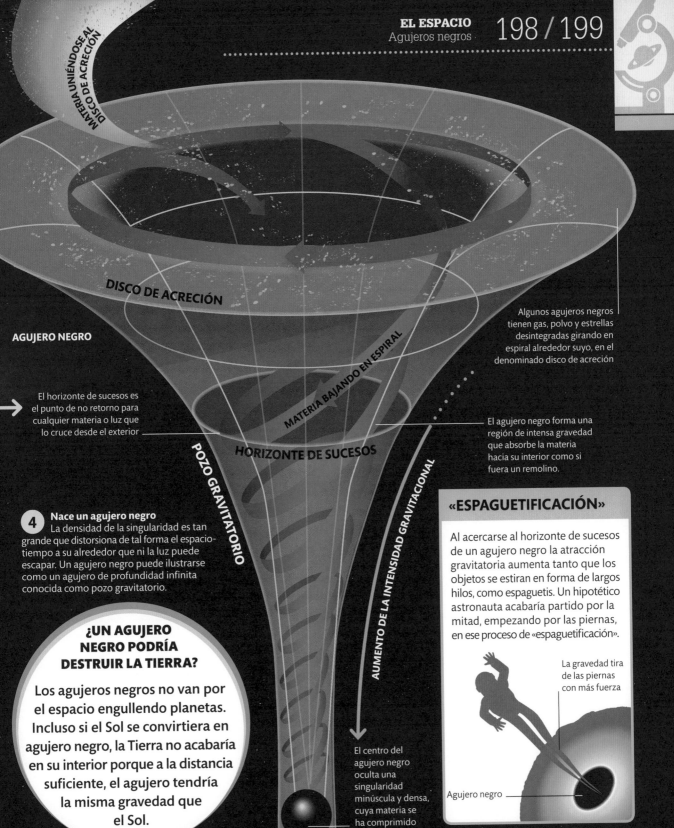

MATERIA UNIÉNDOSE AL
DISCO DE ACRECIÓN

DISCO DE ACRECIÓN

AGUJERO NEGRO

Algunos agujeros negros
tienen gas, polvo y estrellas
desintegradas girando en
espiral alrededor suyo, en el
denominado disco de acreción

El horizonte de sucesos es
el punto de no retorno para
cualquier materia o luz que
lo cruce desde el exterior

MATERIA BAJANDO EN ESPIRAL

El agujero negro forma una
región de intensa gravedad
que absorbe la materia
hacia su interior como si
fuera un remolino.

HORIZONTE DE SUCESOS

POZO GRAVITATORIO

AUMENTO DE LA INTENSIDAD GRAVITACIONAL

4 **Nace un agujero negro**
La densidad de la singularidad es tan
grande que distorsiona de tal forma el espacio-
tiempo a su alrededor que ni la luz puede
escapar. Un agujero negro puede ilustrarse
como un agujero de profundidad infinita
conocida como pozo gravitatorio.

«ESPAGUETIFICACIÓN»

Al acercarse al horizonte de sucesos
de un agujero negro la atracción
gravitatoria aumenta tanto que los
objetos se estiran en forma de largos
hilos, como espaguetis. Un hipotético
astronauta acabaría partido por la
mitad, empezando por las piernas,
en ese proceso de «espaguetificación».

La gravedad tira
de las piernas
con más fuerza

Agujero negro

**¿UN AGUJERO
NEGRO PODRÍA
DESTRUIR LA TIERRA?**

Los agujeros negros no van por
el espacio engullendo planetas.
Incluso si el Sol se convirtiera en
agujero negro, la Tierra no acabaría
en su interior porque a la distancia
suficiente, el agujero tendría
la misma gravedad que
el Sol.

El centro del
agujero negro
oculta una
singularidad
minúscula y densa,
cuya materia se
ha comprimido

Galaxias

Las galaxias son enormes sistemas con millones o miles de millones de estrellas, nubes de gas y polvo, o nebulosas, y una cantidad desconocida de materia oscura (pp. 206-207), que se mantiene unida gracias a la atracción gravitatoria. Nuestra galaxia es la Vía Láctea.

¿QUÉ TAMAÑO TIENE LA VÍA LÁCTEA?

Mide unos 100 000 años luz de lado a lado; su disco tiene un grosor de unos 1000 años luz. Nuestro sistema solar tarda 230 millones de años en dar una vuelta completa alrededor del agujero negro central.

Tipos de galaxias

Hay unos dos billones de galaxias en el universo observable, aunque puede haber más (pp. 204-205). Las galaxias se dividen en tres tipos: elípticas, espirales e irregulares. Algunas son combinaciones de estos tipos, como las lenticulares, parcialmente elípticas, parcialmente espirales, son planas, pero su espiral no tiene brazos definidos.

Galaxias espirales
Las espirales son discos planos giratorios con estructuras de brazos, una concentración en el núcleo y un halo alrededor. En las lenticulares, los brazos parten de una barra central y no del núcleo.

Galaxias elípticas
Las galaxias elípticas van desde las formas casi esféricas hasta las de pelota de rugby; se clasifican según lo circulares o planas que son. Al contrario que las espirales, no tienen un único eje de rotación.

Galaxias irregulares
Estas galaxias no tienen estructura simétrica ni núcleo, o es diminuto. Algunas contienen estrellas nuevas y calientes; otras, gran cantidad de polvo, lo que dificulta distinguir cada estrella por separado.

La Vía Láctea
Nuestro sistema solar está ubicado en el brazo de Orión de una gran galaxia lenticular formada por unos 100-400 000 millones de estrellas girando alrededor de un agujero negro supermasivo. Vista de lado, nuestra galaxia parece aplanada, con un brillante núcleo en el centro y una región de halo con cúmulos de estrellas.

VISTA LATERAL DE LA VÍA LÁCTEA

El ancho halo está formado por cúmulos globulares de estrellas

Disco fino

Acumulación en el centro

Sagitario A*: el agujero negro del centro de la Vía Láctea

Brazo de Escudo-Centauro

Brazo de Orión

Ubicación del sistema solar

Brazo de Carina-Sagitario

Dirección de rotación de los brazos en espiral cerca del centro de la galaxia

Brazo exterior

Brazo de Perseo

Brazo de Norma

Colisión galáctica

Las colisiones entre galaxias son habituales: actualmente la Vía Láctea está en plena colisión con la galaxia Enana elíptica de Sagitario. Sin embargo, la distancia entre las estrellas es tan descomunal que casi nunca chocan. Aunque no lleguen a chocar entre sí, cada galaxia todavía puede modificar la forma de la otra, igual que las interacciones pueden comprimir sus nubes de gas e iniciar otra formación de estrellas.

Choque galáctico

Estas dos galaxias espirales están en colisión y cada una atrae el brazo principal de la espiral de la otra. Al cabo de millones de años es probable que se unan para formar una galaxia elíptica.

Colisión de los brazos en espiral

Forma modificada por la interacción con la otra galaxia

GALAXIAS ACTIVAS

Al contrario que las normales, las galaxias activas emiten mucha más energía que la que pueden producir sus estrellas, gracias a la acreción (acumulación) de material en el agujero negro supermasivo del centro de cada galaxia.

Chorros de partículas

Disco de acreción

Toro de gas y polvo

NÚCLEO Y TORO

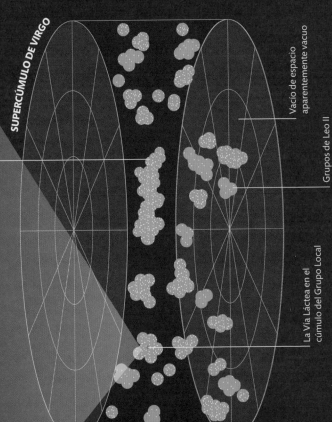

Cúmulo de Virgo

SUPERCÚMULO DE VIRGO

Vacío de espacio aparentemente vacuo

Grupos de Leo II

La Vía Láctea en el cúmulo del Grupo Local

Supercúmulo de Virgo

Nuestra galaxia forma parte de un cúmulo denominado el Grupo Local, que a su vez forma parte del supercúmulo de Virgo. Este supercúmulo está dominado por el cúmulo de la galaxia de Virgo, compuesto por un máximo de 2000 galaxias.

Cúmulos y supercúmulos

El 75 % de las galaxias no están distribuidas al azar, sino agrupadas. Están conectadas por una red cósmica de filamentos de materia ordinaria y oscura; los cúmulos de galaxias se forman en los puntos donde estos filamentos se cruzan. Cuando colisionan dos cúmulos de galaxias se forma un supercúmulo, de los que existen unos 10 millones. El mayor de estos, la gran muralla Sloan, mide 1400 millones de años luz de lado a lado. Se cree que la energía oscura acabará rompiendo estos supercúmulos.

El Big Bang

La mayoría de los astrónomos creen que el universo tuvo un inicio concreto hace 13 800 millones de años en un suceso conocido como el Big Bang. A partir de un punto infinitésimamente pequeño, denso y caliente se formó toda la materia, energía, espacio y tiempo. Desde el Big Bang el universo cada vez es más grande y frío.

¿QUÉ HABÍA ANTES DEL BIG BANG?

Si el tiempo empezó con el Big Bang, pues... no había nada. O quizá el material de nuestro universo procede de un universo previo.

ACTUALIDAD

Algunas galaxias empiezan a cobrar forma de espiral

Se forman las primeras estrellas

Hasta la formación de las primeras estrellas, el universo estaba a oscuras

2000-3000 MILLONES DE AÑOS TRAS EL BIG BANG

500-600 MILLONES DE AÑOS TRAS EL BIG BANG

DE 380 000 A 200 MILLONES DE AÑOS TRAS EL BIG BANG

Átomo de hidrógeno

Átomo de deuterio

Átomo de helio-3

Espacio en expansión

El universo se expande, lo que sugiere que había sido más pequeño. En una ínfima fracción de su primer segundo, parte del universo creció más rápido que la velocidad de la luz; esto se conoce como inflación. La velocidad de expansión se redujo al cabo de poco, pero el universo sigue creciendo. A gran escala, todos los objetos se separan entre sí; cuanto más lejos están, más rápido se alejan. Esto se ha observado en un efecto conocido como corrimiento al rojo.

Galaxia que se aleja del observador

El observador percibe la galaxia como más roja

Corrimiento al rojo

Cuando un objeto se aleja a gran velocidad de su observador, sus ondas de luz se estiran, y las líneas del espectro del objeto (p. 211) se desplazan hacia el extremo rojo. La distancia entre un objeto y la Tierra se puede calcular según su desplazamiento hacia el rojo.

La longitud de onda se estira

Línea del espectro original

Línea del espectro desplazada hacia el rojo

En el principio

Inicialmente el universo era pura energía. Al enfriarse, energía y materia compartieron un estado intercambiable: la masa-energía. Al final de la inflación empezaron a aparecer las primeras partículas subatómicas, muchas de las cuales ya no existen. Las que quedaron componen toda la materia del universo actual. Tras unos 400 000 años, se formaron los primeros átomos.

Los electrones se combinan con núcleos atómicos para formar los primeros átomos

Las colisiones entre protones y neutrones forman los primeros núcleos atómicos

Se forman los primeros protones y neutrones, así como los antiprotones y antineutrones

Las fuerzas fundamentales se han separado y las leyes de la física son las mismas que hoy

Con el fin de la inflación emerge un mar de partículas y antipartículas

PRUEBAS DEL BIG BANG

Los científicos que propusieron la teoría del Big Bang predijeron que este habría dejado una débil radiación de calor proveniente de cualquier dirección del cielo. En 1964 dos astrónomos de Estados Unidos la hallaron con una gran antena de radio en forma de cuerno en Nueva Jersey: es la radiación cósmica de fondo.

Leyes de la física

Al principio no existían las cuatro fuerzas básicas que gobiernan la interacción entre partículas (pp. 26-27), sino que se crearon poco después de la aparición del universo. Justo tras el Big Bang, en un tiempo conocido como la época de Planck, cuando materia y energía aún no se habían separado, existía una única fuerza unificada o superfuerza. Una trillonésima parte de segundo tras el Big Bang ya se había separado en el electromagnetismo, las fuerzas nucleares fuerte y débil y la gravedad.

FUERZA NUCLEAR FUERTE

FUERZA NUCLEAR DÉBIL

ELECTROMAGNETISMO

GRAVEDAD

FUERZA ELECTRODÉBIL

GRAN FUERZA UNIFICADA

400 000 AÑOS TRAS EL BIG BANG

Núcleo de hidrógeno

Núcleo de deuterio

Núcleo de helio

1-3 MINUTOS TRAS EL BIG BANG

Antineutrón

Neutrón

Protón

Antiprotón

Positrón

UNA MILLONÉSIMA PARTE DE SEGUNDO TRAS EL BIG BANG

Electrón

Cuark

Anticuark

UNA TRILLONÉSIMA PARTE DE SEGUNDO TRAS EL BIG BANG

Fotón

Gluon

10^{-32} SEGUNDOS TRAS EL BIG BANG

10^{-36} SEGUNDOS TRAS EL BIG BANG

10^{-43} SEG. TRAS EL BIG BANG

Empieza la inflación y el universo se expande a una velocidad enorme

La gravedad es la primera fuerza fundamental que aparece

BIG BANG

Big Bang
Durante el primer segundo de tiempo se formaron las fuerzas fundamentales y las partículas subatómicas. Tuvieron que pasar varios cientos de miles de años para que surgieran los átomos y millones de años para que se desarrollaran primero las estrellas y después las galaxias.

EN SU **PRIMER SEGUNDO**, EL JOVEN UNIVERSO PASÓ DE LA NADA A MEDIR **MILES DE MILLONES DE KILÓMETROS**

¿Qué tamaño tiene el universo?

¿El espacio es infinito? ¿Qué forma tiene el universo? Aunque los astrónomos no hayan contestado estas preguntas, pueden calcular el tamaño de la parte del universo que vemos. Estudiando la densidad de la masa y la energía también pueden sacar conclusiones sobre la geometría del espacio.

Más allá del universo observable hay regiones cuya luz aún no nos ha llegado, pero que acabarán siendo visibles

Esta es la distancia actual desde la Tierra hasta los objetos visibles más alejados del universo

El límite del universo observable se conoce como el horizonte de partículas

Tierra

13 800 MILLONES DE AÑOS LUZ

46 000 MILLONES DE AÑOS LUZ

Esta es la distancia que ha viajado la luz desde los objetos más alejados

Como el espacio se expande uniformemente en todas direcciones, parece que estemos en el centro del universo y que todo se aleje; este fenómeno se produce desde cualquier punto del universo

LÍMITE DEL UNIVERSO OBSERVABLE

LAS **GALAXIAS MÁS ALEJADAS** SE VEN **10 000 MILLONES DE VECES MÁS TENUES** QUE LOS **OBJETOS MENOS BRILLANTES** A SIMPLE VISTA

El universo observable

El espacio que podemos ver y estudiar se conoce como universo observable. Una región esférica en cuyo centro está la Tierra es el espacio a través del que la luz ha tenido tiempo de llegar a nosotros desde el Big Bang. Cuando un objeto se aleja, la luz que emite se desplaza hacia el extremo rojo del espectro cuando cruza el espacio hacia nosotros (p. 202). La luz detectable con más corrimiento hacia el rojo llega desde unos 13 800 millones de años luz, lo que nos indica el hipotético tamaño del universo si fuera estático. También indica que debe de tener unos 13 800 millones de años. Sabemos que desde su aparición el universo se ha expandido

Determinar la distancia en un espacio en expansión

El espacio está en expansión y por ello la distancia real hasta un objeto en el espacio, la distancia comóvil, es superior a la distancia que ha cruzado la luz del objeto para llegar a nosotros, la distancia retrospectiva. Teniendo en cuenta la expansión del espacio, el límite del universo observable se sitúa a 46 500 millones de años luz.

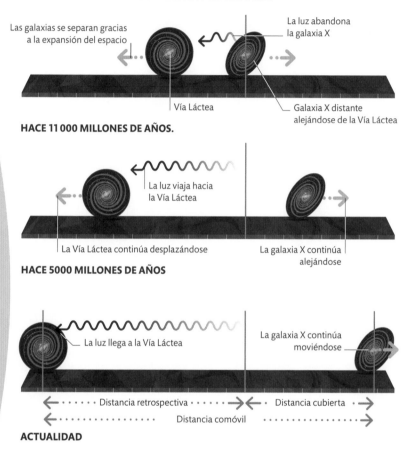

Las galaxias se separan gracias a la expansión del espacio

La luz abandona la galaxia X

Vía Láctea

Galaxia X distante alejándose de la Vía Láctea

HACE 11 000 MILLONES DE AÑOS.

La luz viaja hacia la Vía Láctea

La Vía Láctea continúa desplazándose

La galaxia X continúa alejándose

HACE 5000 MILLONES DE AÑOS

La luz llega a la Vía Láctea

La galaxia X continúa moviéndose

← ···· Distancia retrospectiva ···· → ← Distancia cubierta →

← ···· Distancia comóvil ···· →

ACTUALIDAD

¿A QUÉ VELOCIDAD SE EXPANDE EL ESPACIO?

A escalas relativamente pequeñas, por ejemplo dentro de las galaxias, los objetos en el espacio se mantienen a distancias fijas gracias a la gravedad. A escalas superiores, la expansión del espacio se traduce en que los objetos se están alejando entre sí, igual que los puntos pintados sobre la superficie de un globo al hincharlo. Además, cuanto más lejos están dos objetos, más rápido se separan. Las últimas medidas indican que dos objetos separados por un megapársec (unos 3 millones de años luz) se separan a unos 74 km/s.

Formas del universo

El universo tiene tres posibles geometrías, cada una con su curvatura espacio-tiempo diferente. Estas curvaturas no se parecen a las que conocemos, pero pueden representarse en 2D. Se cree que nuestro universo es plano o casi plano. Diversas teorías sobre el destino final del universo se basan en estas geometrías (pp. 208-209).

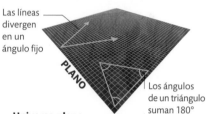

Las líneas divergen en un ángulo fijo

PLANO

Los ángulos de un triángulo suman 180°

Universo plano
La analogía en 2D de un universo plano es un plano con las reglas habituales de la geometría. Por ejemplo, las líneas paralelas nunca se cruzan.

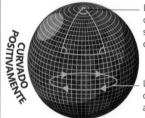

Los ángulos de un triángulo suman más de 180°

CURVADO POSITIVAMENTE

Las líneas divergentes vuelven a converger

Universo curvado positivamente
Un universo cuyo espacio-tiempo está curvado positivamente es «cerrado», y su masa y extensión son finitas. Las líneas paralelas convergen en una superficie esférica en esta analogía en 2D.

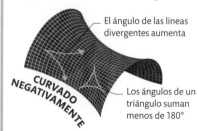

El ángulo de las líneas divergentes aumenta

CURVADO NEGATIVAMENTE

Los ángulos de un triángulo suman menos de 180°

Universo curvado negativamente
En este escenario, el universo es «abierto» e infinito. La analogía en 2D es la de un espacio en forma de silla de montar donde las líneas divergentes se van separando.

Materia y energía oscuras

La mayor parte del universo se compone por materia oscura y energía oscura. No podemos observar directamente estos tipos de materia y energía, pero sabemos de su existencia por su interacción con la materia ordinaria y las ondas de luz.

Ausencia de masa y energía

La masa y la energía son dos formas de un único fenómeno denominado masa-energía (p. 141). Los astrónomos intentan detectar toda la masa-energía del universo, pero no son capaces de ver su mayor parte; no obstante, tiene que existir más masa que la que vemos, porque sin ella los cúmulos de galaxias se separarían. Y tiene que haber más energía porque algo se opone a la gravedad y acelera la expansión del espacio.

 EL **DETECTOR DE MATERIA OSCURA** MÁS SENSIBLE DEL MUNDO ESTÁ A **1,5 KM BAJO TIERRA**

MATERIA OSCURA 26,8 %

ÁTOMOS 4,9 %

ENERGÍA OSCURA 68,3 %

¿Cuánta falta?
La materia visible ordinaria, compuesta de átomos, solo es una pequeña proporción de la masa-energía del universo. Gran parte del resto es energía oscura.

Materia oscura

La materia oscura forma halos alrededor de la materia ordinaria, o «bariónica»; sin embargo, apenas interactúa con ella, no refleja ni absorbe luz ni se puede detectar por su radiación electromagnética. Sí se observan sus efectos gravitatorios en galaxias y estrellas, y sus efectos al modificar las rutas de las ondas de luz. Se desconoce la naturaleza de la materia oscura, pero los astrónomos creen que podría tomar dos formas: MACHO y WIMP.

Lente gravitacional
Una gran masa puede actuar como una lente y distorsionar los campos gravitatorios, lo que altera las rutas de las ondas de luz y cambia el aspecto de las galaxias. Un efecto débil alarga la forma de las galaxias, mientras que un efecto potente altera sus posiciones o incluso llega a duplicarlas.

La luz gira hacia la Vía Láctea porque el cúmulo hace de lente

Un observador en la Vía Láctea percibe una imagen distorsionada de la galaxia lejana

LA VÍA LÁCTEA

MACHO	WIMP	
Puede que alguna materia oscura se componga de objetos densos (agujeros negros y enanas marrones) conocidos como MACHO (objetos masivos de halo compacto, en inglés), que emiten tan poca luz que solo se ven como si fueran lentes gravitacionales (ver arriba). Aún así, los MACHO no pueden contener toda la masa de la materia oscura.	Otros candidatos son las partículas masivas de interacción débil (WIMP), partículas extrañas creadas al principio del universo que interactúan a través de la fuerza débil (p. 27) y la gravedad.	
	Caliente	**Frío**
	Esta forma teórica de materia oscura consiste en partículas que se desplazan casi a la velocidad de la luz.	Casi toda la materia oscura, como las WIMP, se cree que es fría, una forma de materia que se mueve lentamente.

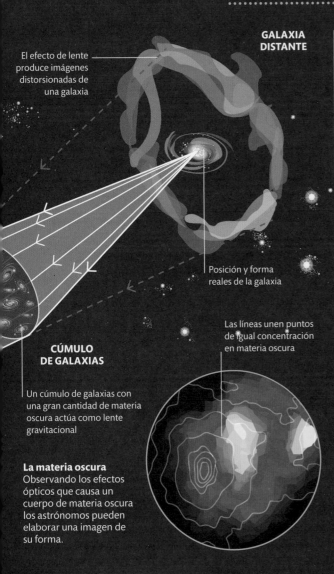

GALAXIA DISTANTE

El efecto de lente produce imágenes distorsionadas de una galaxia

Posición y forma reales de la galaxia

CÚMULO DE GALAXIAS

Un cúmulo de galaxias con una gran cantidad de materia oscura actúa como lente gravitacional

Las líneas unen puntos de igual concentración en materia oscura

La materia oscura
Observando los efectos ópticos que causa un cuerpo de materia oscura los astrónomos pueden elaborar una imagen de su forma.

Energía oscura

Midiendo la distancia que nos separa de remotas supernovas se ha demostrado que la expansión del universo se está acelerando. Este hallazgo indujo la aparición de la teoría de la energía oscura, una fuerza opuesta a la gravedad y que explica la planicie de nuestro universo y la aceleración de su expansión. La materia oscura dominó el joven universo, pero ahora la energía oscura ocupa su lugar y sus efectos cada vez son mayores a medida que crece el universo.

Los cúmulos de galaxias en expansión se separan entre sí

ACTUALIDAD

EXPANSIÓN ACELERADA

EXPANSIÓN MÁS LENTA

RÁPIDA EXPANSIÓN DEL UNIVERSO PRIMIGENIO

Cúmulo de galaxias en el universo joven

Supernova distante, estudiada para determinar la velocidad de expansión

EL BIG BANG

¿EXISTE MATERIA OSCURA EN LA TIERRA?

Sí... quizá. Según algunos cálculos, miles de millones de partículas de materia oscura cruzan nuestro cuerpo cada segundo.

Aceleración de la expansión
Tras el Big Bang, la rápida expansión inicial se frenó al cabo de poco. Desde hace unos 7500 millones de años, como demuestra la gran abertura de la curva, los objetos se separan a mayor velocidad por la fuerza de la energía oscura.

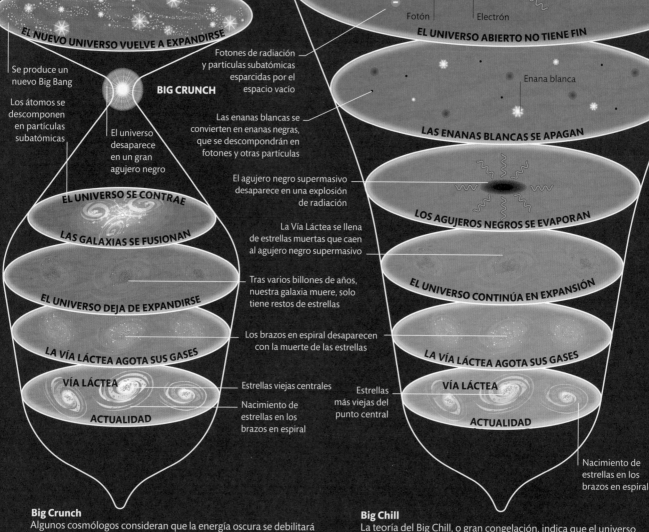

EL NUEVO UNIVERSO VUELVE A EXPANDIRSE

Se produce un nuevo Big Bang

Los átomos se descomponen en partículas subatómicas

El universo desaparece en un gran agujero negro

BIG CRUNCH

EL UNIVERSO SE CONTRAE

LAS GALAXIAS SE FUSIONAN

EL UNIVERSO DEJA DE EXPANDIRSE

LA VÍA LÁCTEA AGOTA SUS GASES

VÍA LÁCTEA

ACTUALIDAD

Fotones de radiación y partículas subatómicas esparcidas por el espacio vacío

Las enanas blancas se convierten en enanas negras, que se descompondrán en fotones y otras partículas

El agujero negro supermasivo desaparece en una explosión de radiación

La Vía Láctea se llena de estrellas muertas que caen al agujero negro supermasivo

Tras varios billones de años, nuestra galaxia muere, solo tiene restos de estrellas

Los brazos en espiral desaparecen con la muerte de las estrellas

Estrellas viejas centrales

Nacimiento de estrellas en los brazos en espiral

Fotón   Electrón

EL UNIVERSO ABIERTO NO TIENE FIN

Enana blanca

LAS ENANAS BLANCAS SE APAGAN

LOS AGUJEROS NEGROS SE EVAPORAN

EL UNIVERSO CONTINÚA EN EXPANSIÓN

LA VÍA LÁCTEA AGOTA SUS GASES

VÍA LÁCTEA

ACTUALIDAD

Estrellas más viejas del punto central

Nacimiento de estrellas en los brazos en espiral

Big Crunch

Algunos cosmólogos consideran que la energía oscura se debilitará con el paso del tiempo, la gravedad podrá ganar la batalla y hacer que el universo deje de crecer y se contraiga. Durante billones de años las galaxias colisionarían y la temperatura del universo subiría hasta el punto de llegar a incinerar las estrellas. Los átomos se descompondrían y un agujero negro gigante lo devoraría todo, incluso a sí mismo. Otros sostienen la teoría de que como las partículas chocarían entre sí, se produciría un segundo Big Bang: el Big Bounce, o gran rebote.

Big Chill

La teoría del Big Chill, o gran congelación, indica que el universo seguirá expandiéndose hasta que la energía y la materia se hayan repartido uniformemente en todo el universo, y como resultado no habrá suficiente energía para crear nuevas estrellas. Las temperaturas bajarán hasta el cero absoluto, las estrellas morirán y el universo quedará a oscuras.

Cómo acaba todo

Se desconoce cuál será el destino final del universo: ya sea colapsándose y desembocando en otro Big Bang, cerrándose de manera fría y silenciosa, acabando en un final violento, o creciendo infinitamente, los científicos solo pueden especular en este sentido.

¿CUÁNDO PODRÍA ACABAR EL UNIVERSO?

En la mayoría de las situaciones posibles el final del universo no llegará hasta dentro de miles de millones de años. Sin embargo, en teoría, el Big Change podría producirse en cualquier momento.

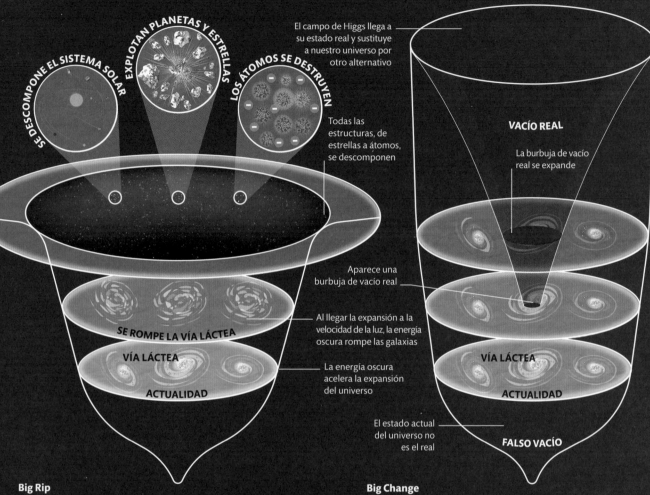

SE DESCOMPONE EL SISTEMA SOLAR

EXPLOTAN PLANETAS Y ESTRELLAS

LOS ÁTOMOS SE DESTRUYEN

El campo de Higgs llega a su estado real y sustituye a nuestro universo por otro alternativo

Todas las estructuras, de estrellas a átomos, se descomponen

VACÍO REAL

La burbuja de vacío real se expande

SE ROMPE LA VÍA LÁCTEA

Aparece una burbuja de vacío real

Al llegar la expansión a la velocidad de la luz, la energía oscura rompe las galaxias

VÍA LÁCTEA

ACTUALIDAD

La energía oscura acelera la expansión del universo

VÍA LÁCTEA

ACTUALIDAD

El estado actual del universo no es el real

FALSO VACÍO

Big Rip

En una hipotética situación conocida como el Big Rip, o gran desgarramiento, el universo acabará rompiéndose. Si el espacio entre galaxias está lleno de energía oscura, que contrarresta los efectos de la gravedad, la expansión del universo continuaría a una velocidad cada vez superior hasta llegar a la velocidad de la luz. Como la gravedad ya no podría contenerlo, toda la materia del universo, incluidas las galaxias y los agujeros negros, e incluso el propio espacio-tiempo, se desgarraría.

Nuestro universo actual

El universo lleva en expansión constante desde su formación hace casi 14 000 millones de años. Las galaxias continúan separándose; las observaciones de supernovas distantes indican que la expansión se está acelerando. Estos datos implican la presencia de una fuerza de presión negativa, conocida como energía oscura (pp. 206-207), que contrarresta la gravedad. Si esta fuerza desempeña un papel significativo, la expansión infinita es el destino más probable de nuestro universo.

Big Change

La teoría del Big Change, o gran cambio, implica la partícula del bosón de Higgs y el campo de Higgs, algo así como un campo electromagnético omnipresente, del que se cree que no ha llegado a su estado de energía mínima o de «vacío». Cuando llegue a su estado de vacío real, el campo de Higgs podría fundamentalmente transformar la materia, la energía y el espacio-tiempo para crear un universo alternativo que crecería como una burbuja a la velocidad de la luz. Todo lo que ahora ocupa el universo desaparecería.

EL BOSÓN DE HIGGS TIENE UNAS 130 VECES LA MASA DE UN PROTÓN, POR ESO ES ALTAMENTE INESTABLE

Observar el universo

Los astrónomos han observado el espacio desde el principio de los tiempos, primero a simple vista y hoy con equipos capaces de detectar ondas de luz desde los lugares más remotos del espacio.

GALAXIA ESPIRAL

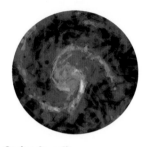

Ondas de radio

Muchos objetos emiten ondas de radio, las ondas de luz más largas, como el Sol, los planetas, muchas galaxias y las nebulosas. La mayoría cruzan la atmósfera terrestre y llegan a la superficie del planeta.

Luz infrarroja

La luz infrarroja es energía térmica, como por ejemplo el calor del Sol. Cualquier cosa del universo emite parte de su energía en forma de infrarrojos. La atmósfera de la Tierra absorbe la mayor parte.

Luz visible

Los astrónomos pueden ver objetos que emitan luz visible con telescopios desde la Tierra, pero se obtienen vistas mejores sin contaminación lumínica ni interferencia atmosférica.

Luz ultravioleta

El Sol y las estrellas emiten luz ultravioleta (UV), que bloquea casi en su totalidad la capa de ozono de la Tierra. Estudiándola podemos conocer la estructura y evolución de las galaxias.

Por todo el espectro

Un objeto complejo, como una galaxia espiral, emite radiación en todo el espectro. Para investigarla, los astrónomos utilizan todo tipo de instrumentos.

La sonda WMAP determinaba la radiación de microondas para revelar la composición del universo primigenio

El telescopio Hubble ha tomado imágenes famosas de lejanas estrellas, nebulosas y galaxias capturando la luz infrarroja, visible y ultravioleta

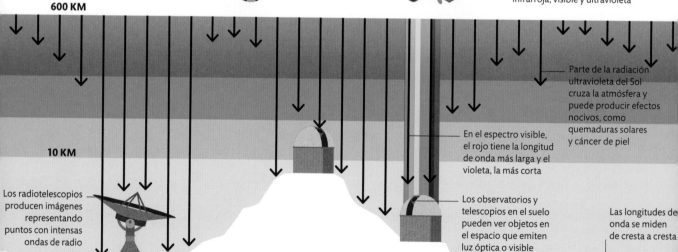

600 KM

Parte de la radiación ultravioleta del Sol cruza la atmósfera y puede producir efectos nocivos, como quemaduras solares y cáncer de piel

En el espectro visible, el rojo tiene la longitud de onda más larga y el violeta, la más corta

10 KM

Los radiotelescopios producen imágenes representando puntos con intensas ondas de radio

Los observatorios y telescopios en el suelo pueden ver objetos en el espacio que emiten luz óptica o visible

Las longitudes de onda se miden de cresta a cresta

ONDAS DE RADIO   **MICROONDAS**   **INFRARROJOS**   **VISIBLE**   **ULTRAVIOLETA**

Ver la luz

El espectro electromagnético es una serie continua de tipos de radiación, o de longitudes de onda diferentes, que se pueden describir todas como formas de luz. Incluye la luz visible, que se percibe en forma de colores según su longitud de onda, y diversas formas invisibles al ojo humano, como las ondas de radio y los rayos X. Todas cruzan el espacio a la velocidad de la luz.

Rayos X

Los agujeros negros, estrellas de neutrones, sistemas binarios de estrellas, restos de supernovas, el Sol y otras estrellas y cometas emiten rayos X. La atmósfera de la Tierra bloquea la mayor parte.

Rayos gamma

Los rayos gamma, las ondas más pequeñas y con más energía, provienen de las estrellas de neutrones, púlsares, explosiones de supernova y regiones cercanas a agujeros negros.

Los ocho espejos del observatorio de rayos X Chandra enfocan los rayos X en un único punto, donde otros instrumentos capturan las imágenes

El telescopio Fermi tiene torres de metales y láminas de silicio para detectar rayos gamma

EL TELESCOPIO HUBBLE VE OBJETOS A MÁS DE **13 400 MILLONES** DE AÑOS LUZ

Depósitos de agua ultrapura detectan cascadas electro-magnéticas que causan las explosiones de rayos gamma

RAYOS X   **RAYOS GAMMA**

Espectroscopia

Los átomos de un elemento emiten luz a unas determinadas longitudes de onda cuando se calientan. En una técnica conocida como espectroscopia, la luz de un objeto se divide y a continuación se estudia el patrón de longitudes de onda, el espectro, para saber qué tipo de átomos contiene el objeto. Así saben los científicos de qué están hechos los objetos remotos.

Las líneas corresponden a las emisiones de los átomos de neón en diferentes longitudes de onda

ESPECTRO DE EMISIÓN DEL NEÓN

500   600   700

LONGITUD DE ONDA (NANÓMETROS)

IMAGEN EN FALSO COLOR

Nuestros ojos solo detectan la luz de una pequeña parte del espectro. Para realizar imágenes con la radiación recogida fuera de esos límites, los astrónomos usan los colores que vemos para representar los niveles de intensidad de radiación, en lo que se conoce como imagen en falso color.

UV de baja energía   UV de alta energía

NEBULOSA EN ULTRAVIOLETA

¿Estamos solos?

Hemos hallado miles de planetas extrasolares, o exoplanetas: planetas fuera de nuestro sistema solar. Deben de haber decenas de miles de millones de planetas potencialmente habitables en nuestra galaxia. ¿Podríamos encontrar vida en otros mundos?

Encontrar otra Tierra

Se pueden detectar exoplanetas buscando los efectos que ejercen sobre sus estrellas. Si se detecta un planeta similar a la Tierra, podemos analizar su atmósfera para determinar la existencia de los elementos imprescindibles para la vida. Muchos de los exoplanetas descubiertos no se parecen en absoluto a la Tierra.

La zona Ricitos de Oro

La zona habitable se denomina zona Ricitos de Oro por el cuento infantil en el que Ricitos de Oro prefiere el plato de sopa que no está muy caliente ni muy fría, sino «a la temperatura perfecta». Un planeta Ricitos de Oro tendrá la temperatura perfecta para que su superficie tenga agua líquida, aunque para que evolucione la vida también deben darse otros criterios (ver abajo). Sin embargo, ahora se considera que fuera de estas zonas pueden existir grandes cantidades de agua líquida en la superficie.

GIGANTES GASEOSOS

Algunos exoplanetas son gigantes gaseosos, como Júpiter, que orbitan muy cerca de sus estrellas y presentan fenómenos meteorológicos atmosféricos extremos.

MUNDOS FUNDIDOS

Existen exoplanetas cuya superficie es de lava porque son planetas calientes nuevos, están muy cerca de sus estrellas o han sufrido una gran colisión.

MUNDOS DE HIELO

Estos mundos extraños son las versiones más grandes de las lunas de nuestro sistema solar y presentan superficies heladas de agua, amoníaco y metano.

Zonas habitables

La zona habitable cerca de una estrella está en un punto ni demasiado cerca ni demasiado lejos, sino ideal para la vida. Los astrónomos localizan estrellas candidatas con estos límites idóneos para empezar a buscar planetas semejantes a la Tierra.

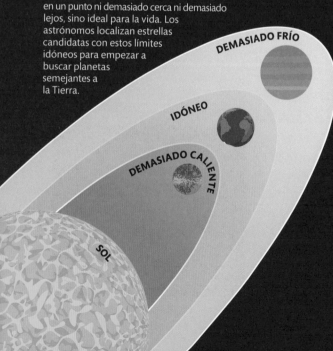

DEMASIADO FRÍO

IDÓNEO

DEMASIADO CALIENTE

SOL

¿Cuándo es habitable un planeta?

Existen varios criterios para que un planeta pueda albergar vida. La temperatura y el agua son cruciales.

 Temperatura idónea
La superficie debe tener temperatura moderada: muy cerca de la estrella, el planeta hierve; muy lejos, se congela.

 Sol constante
La estrella más cercana debe ser estable y brillar el tiempo suficiente para que evolucione la vida en un planeta rocoso.

 Giro e inclinación
Un planeta que gire sobre un eje inclinado tiene días, noches y estaciones, lo que evita temperaturas extremas regionales.

 Núcleo fundido
Un planeta con núcleo líquido puede generar un campo magnético para proteger la vida ante la radiación espacial.

 Agua en superficie
Debe haber humedad o agua líquida en superficie (o cualquier otro líquido capaz de realizar una función parecida).

 **Elementos**
Deben estar presentes las piezas básicas de la vida, como carbono, nitrógeno, oxigeno, hidrógeno y azufre.

 Atmósfera
Una atmósfera densa protegerá contra la radiación, evitará la fuga de gases y mantendrá el calor.

 Masa suficiente
Un planeta con la masa suficiente ejerce la gravedad necesaria para retener su atmósfera.

Búsqueda de vida inteligente

Una forma de detectar vida inteligente es escuchar. SETI (del inglés de búsqueda de inteligencia extraterrestre) es una organización que busca señales de radio u ópticas que demuestren una vida alienígena evolucionada. Los radiotelescopios buscan señales de radio de banda estrecha que puedan ser artificiales. También se buscan destellos de luz muy breves, de nanosegundos. Hasta hoy no se han detectado señales verificables.

Ecuación de Drake

El astrónomo Frank Drake propuso esta ecuación en 1961 para calcular el número de civilizaciones capaces de comunicarse que pueden existir en nuestras galaxias.

SETI

La matriz de telescopios Allen de SETI, en California, capta áreas concretas del cielo basándose en los datos del telescopio espacial Kepler, dedicado a la búsqueda de exoplanetas.

Antena de radio

LEYENDA

● Cálculos de Drake en 1961

● Cálculos recientes

| Número de civilizaciones alienígenas que envían señales | Tasa anual de formación de estrellas en la galaxia | Fracción de estrellas con sistemas planetarios | Media de mundos candidatos a albergar vida por sistema planetario | Fracción de esos mundos que producen vida | Fracción de esos mundos en los que aparece vida inteligente | Fracción de civilizaciones con tecnología para la comunicación | Esperanza de vida (en años) de las civilizaciones con capacidad de comunicación |

$$N = R \times f_p \times n_e \times f_l \times f_i \times f_c \times L$$

500 2100	10 7	0,5 1	1 3	0,1 0,1	0,1 0,1	1,0 1,0	10 000 10 000

¿Dónde están?

Existen miles de millones de planetas potencialmente idóneos para albergar vida; además, ha pasado tiempo suficiente desde la formación de la Vía Láctea para que una civilización colonice alguno. ¿Por qué no nos hemos puesto en contacto aún? Es posible que la vida sea de hecho tan rara que realmente estemos solos en el universo.

La paradoja de Fermi
El físico Enrico Fermi destacó la aparente contradicción entre la alta probabilidad de que existan civilizaciones extraterrestres y la ausencia de pruebas de su existencia.

Estamos demasiado lejos
Con la expansión del universo quizá estemos demasiado lejos en el espacio o el tiempo.

No estamos escuchando
Quizá no escuchemos las cosas adecuadas o el tiempo suficiente, ya que los alienígenas quizá se comunican de maneras inimaginables.

La vida inteligente se autodestruye
Es posible que las civilizaciones se destruyan al llegar a un momento concreto... o destruyan otras vidas inteligentes.

Somos incapaces de detectar vida
Las otras civilizaciones se están ocultando o no tienen la tecnología avanzada necesaria para comunicarse con nosotros.

Nos ignoran
Los alienígenas deciden no contactar con nosotros quizá porque creen que no sería beneficioso para nosotros o para ellos.

No reconocemos la vida inteligente al verla
La vida alienígena es tan diferente que no somos capaces de identificarla, aunque la descubramos.

SE HA **CONFIRMADO** LA EXISTENCIA DE **MÁS** DE 3500 EXOPLANETAS

Vuelo espacial

Las naves espaciales son proyectiles con trayectorias balísticas derivadas de una explosión inicial. Están en caída libre, a merced de la gravedad de los grandes cuerpos celestiales, aunque algunas pueden ajustar ligeramente su curso.

Caída libre por el espacio

Las naves espaciales, tras su lanzamiento, realmente no vuelan, sino que caen. Los astronautas en el espacio continúan bajo la influencia de la gravedad (de la Tierra o del Sol), pero experimentan la ingravidez mientras caen hacia estos cuerpos. Un objeto espacial en órbita cae alrededor de la Tierra pero no colisiona porque su velocidad de avance, junto con la gravedad, produce una trayectoria curvada, que sigue la curvatura de la Tierra.

Destino: Marte

Por raro que parezca, es más eficiente viajar hasta Marte cuando está en su punto más alejado, o en «oposición» respecto del Sol entre Marte y la Tierra, ya que es más fácil viajar por una elipse con la curva de la órbita terrestre en un extremo y la órbita de Marte en el otro.

Posición de la Tierra durante el despegue

Posición de la Tierra al llegar la nave espacial a Marte

Posición de Marte al llegar la nave

SOL

ÓRBITA DE LA TIERRA

Trayectoria de la nave hacia Marte

ÓRBITA DE MARTE

Marte durante el despegue

LA *VOYAGER 2* USÓ LA GRAVEDAD DE NEPTUNO PARA FRENAR Y TOMAR IMÁGENES DE SU LUNA, TRITÓN

Velocidad de escape

Cualquier objeto que llegue a la velocidad suficiente escapa de la gravedad de la Tierra y traza una curva abierta en el espacio para caer sobre otro cuerpo celestial. La trayectoria de lanzamiento y la velocidad iniciales son cruciales: por ejemplo, si se lanza hacia la Luna a demasiada velocidad, quizá no podrá frenar al llegar y la débil gravedad de la Luna será incapaz de evitar que pase de largo.

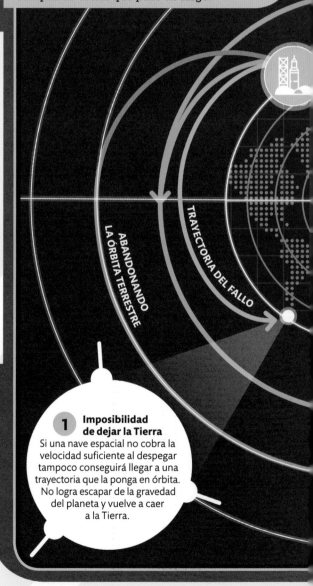

ABANDONANDO LA ÓRBITA TERRESTRE

TRAYECTORIA DEL FALLO

1 Imposibilidad de dejar la Tierra

Si una nave espacial no cobra la velocidad suficiente al despegar tampoco conseguirá llegar a una trayectoria que la ponga en órbita. No logra escapar de la gravedad del planeta y vuelve a caer a la Tierra.

3 Abandonar la órbita terrestre

Solo con la cantidad justa de potencia al despegar, la nave espacial puede escapar de la atracción de la gravedad terrestre y describir una trayectoria que la acerque a la Luna de manera controlada.

TIERRA

LUNA

ÓRBITA TERRESTRE

2 Alcanzar la órbita terrestre

Una nave espacial lanzada a la velocidad idónea llega a una trayectoria que la sitúa en órbita terrestre. Mantiene su posición al alcanzar una velocidad orbital que contrarresta la fuerza de la gravedad de la Tierra.

Hondas

Una nave que viaje por el espacio puede ahorrar tiempo y combustible con una órbita alrededor de un planeta para cambiar de dirección, acelerar o frenar. La gravedad del planeta tira de la nave; cuanto más se acerque a la superficie del planeta, mayor será la velocidad acumulada. Esta maniobra se conoce como efecto honda o asistencia gravitatoria.

Múltiples asistencias

La sonda interplanetaria *Voyager 2* aprovechó el efecto honda con Júpiter, Saturno, Urano y Neptuno para poder acabar llegando al sistema solar exterior.

VOYAGER 2

Neptuno

Urano

Saturno

Despegue

Júpiter

APARCAMIENTOS

Los cinco puntos de Lagrange (L1-L5) son puntos en el espacio en que un objeto puede mantener una posición estable en relación con dos grandes cuerpos gracias a sus fuerzas gravitatorias combinadas. Un objeto en L1 está sujeto a la misma tracción del Sol que de la Tierra. Son posiciones ideales para «aparcar» satélites en el espacio.

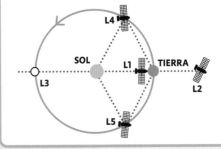

L4

SOL   L1   TIERRA

L3

L2

L5

Vida en el espacio

El espacio es un entorno hostil y extraño. En el vacío, los astronautas no tienen atmósfera protectora que los proteja de la radiación y deben lidiar con la ingravidez aparente por la caída libre. Incluso lo que se cree constante, como el tiempo, no lo es del todo.

Fuego

En el espacio el aire caliente no sube, y las llamas arden en forma de esfera. En caso de incendio, los astronautas deben ajustar en seguida la ventilación y usar extintores.

Mundo ingrávido

Los astronautas y todo lo que hay en la nave espacial está en caída libre, ya sea en órbita «cayendo alrededor» de la Tierra o en una órbita mayor cayendo alrededor del Sol. En estas condiciones, el cuerpo humano vive bajo muchas presiones (pp. 218-219) y los materiales se comportan de manera muy diferente: por ejemplo, el agua no fluye y el aire caliente no sube. Por eso la seguridad y la salud de los astronautas implica una cuidadosa preparación y una considerable adaptación de su entorno y su comportamiento habituales.

Microgravedad

Los astronautas se desplazan por la nave espacial empujándose por las superficies. La Estación Espacial Internacional (ISS) está equipada con asas y gomas para que los astronautas puedan equilibrarse.

Sacos de dormir con cintas para cabeza y cuello.

MICROGRAVEDAD

Asa para la mano o el pie

DORMIR

Vida en el espacio

El día a día a bordo de una nave espacial es complicado, pero los astronautas intentan mantener las rutinas diarias que llevaban en la Tierra para conservar la forma física y mental.

Lavabos espaciales

Los lavabos usan tubos aspiradores y convierten la orina en agua potable. Las heces se almacenan, no se tiran, para que no se conviertan en proyectiles espaciales.

Dormir en el espacio

Sin gravedad no existe la sensación de estar estirado. Los astronautas se atan dentro de sacos de dormir y fijan sus brazos. También es posible fijar la cabeza del astronauta para que descanse el cuello.

LA PARADOJA DE LOS GEMELOS

Un gemelo deja la Tierra y, tras viajar a una velocidad cercana a la de la luz o cerca de un potente campo gravitatorio, regresa y ve que su hermano ha envejecido. La relatividad especial (pp. 140-141) explica cómo la experiencia del tiempo que ha vivido el viajero espacial ha sido más lenta en relación con la de su gemelo.

ANTES DEL VIAJE ESPACIAL

DESPUÉS DEL VIAJE ESPACIAL

AIRE CALIENTE

Incendio
en forma
de esfera

Esfera
de agua

Agua inyectada
en la comida

Bolsas de agua

DEPÓSITO DE AGUA

Alimento
deshidratado

Agua potable

ALIMENTO

Aire inmóvil

Sin ventilación, el aire
no circula y el dióxido
de carbono se acumula
alrededor de la cabeza y
el cuerpo queda rodeado
de aire caliente. El sudor
no se evapora.

Agua

El agua no fluye, sino que forma
esferas por la tensión superficial.
Los astronautas se duchan en
seco y se lavan con toallitas.
Beben con pajitas o unos
vasos de diseño
especial.

¿CUÁNTO SE PUEDE VIVIR EN EL ESPACIO?

No hemos encontrado nuestro
límite aún. El récord lo tiene
Valeri Polyakov, el cosmonauta
ruso que estuvo en la estación
espacial MIR durante 437
días en 1994-1995.

Alimentos

Los astronautas añaden líquido a
los alimentos deshidratados para
poder comerlos. Bandejas y
utensilios se fijan con cintas en el
regazo; la tensión superficial
hace que los alimentos se
queden en los platos
y no floten.

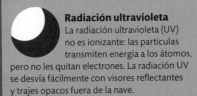

UN ASTRONAUTA
PUEDE CRECER **HASTA
UN 3 %** VIVIENDO EN
EL ESPACIO

La radiación en el espacio

La radiación son partículas cargadas
y ondas electromagnéticas (EM) que
viajan por el espacio. La atmósfera
terrestre detiene la mayoría de la
radiación, pero cuando los astronautas
viajan más allá de la órbita baja
terrestre, empieza a ser un grave
riesgo. La radiación puede ser
ionizante o no ionizante. La primera
puede restar electrones a los átomos,
lo que hace que las células mueran,
pierdan capacidad de reproducirse
o presenten mutaciones.

Radiación atrapada

Las partículas cargadas atrapadas
en el campo magnético de la Tierra
causan esta forma ionizante de
radiación. Las áreas de radiación atrapada por
encima de una órbita terrestre baja se conocen
como los cinturones de radiación de Van Allen.

Radiación de partículas solares

Las partículas energéticas que
libera la superficie del Sol causan
radiación ionizante. Es posible protegerse ante
esta radiación con materiales protectores en
los trajes de astronauta y su equipo.

Radiación ultravioleta

La radiación ultravioleta (UV)
no es ionizante: las partículas
transmiten energía a los átomos,
pero no les quitan electrones. La radiación UV
se desvía fácilmente con visores reflectantes
y trajes opacos fuera de la nave.

Radiación cósmica galáctica

Esta radiación ionizante incluye
rayos cósmicos, partículas cargadas
de alta energía, cuyo origen podría
estar en supernovas, y radiación EM de alta energía,
como rayos X de objetos como estrellas de
neutrones. Estos requieren una gruesa protección.

Viajar a otros mundos

El viaje espacial afecta de manera significativa al cuerpo y la mente: los astronautas sufren diversas incomodidades físicas y riesgos potenciales para su salud. Los viajeros que quieran colonizar un nuevo planeta deberán estar bien preparados y tomar medidas para minimizar los riesgos.

¿ACORTA LA VIDA VIAJAR POR EL ESPACIO?

La exposición a la radiación es el aspecto más peligroso de los viajes espaciales, pues puede acortar la vida por daños en el sistema inmunitario y aumentar el riesgo de cáncer.

Se reduce la densidad ósea por la falta de tensión mecánica necesaria para mantener la salud de los huesos.

Los músculos esqueléticos se atrofian sin ejercicio bajo los efectos habituales de la gravedad

MÚSCULO

HUESOS

Se debilita el sistema inmunitario, lo que aumenta el riesgo de infección o afecciones autoinmunes.

La ingravidez y la desorientación provocan el síndrome de adaptación espacial

La ausencia de día y noche altera los patrones del sueño. En la Estación Espacial Internacional el Sol sale y se pone 16 veces cada 24 horas

ESTÓMAGO

CORAZÓN

COLUMNA

El músculo cardíaco pierde fuerza debido al menor esfuerzo

La descompresión espinal provoca dolor de espalda

SANGRE

Los líquidos se acumulan en la parte superior del cuerpo por la ausencia de gravedad

Se pierde capacidad mental al alterarse el riego sanguíneo del cerebro

CEREBRO

Los cambios en la presión arterial de los ojos afectan a la vista

La salud del astronauta
Los efectos secundarios negativos de la vida en el espacio pueden afectar casi todas las partes del cuerpo humano. Una buena forma física y mental es básica para cualquier viajero espacial.

El cuerpo humano en el espacio

El cuerpo humano está diseñado para vivir con la gravedad terrestre, por eso la ingravidez lo afecta negativamente. La falta de estrés físico y de ejercicio resulta en la pérdida rápida de masa ósea y muscular y un peor funcionamiento cardiovascular. Sin gravedad, los líquidos del cuerpo quedan redistribuidos por la parte superior del cuerpo, lo que provoca problemas de vista y un aumento de la presión arterial.

REDUCIR AL MÍNIMO LOS EFECTOS NEGATIVOS

El ejercicio es fundamental para mantener la densidad ósea y la masa muscular; por eso los astronautas se ejercitan dos horas al día con sesiones cardiovasculares en bicicletas y cintas. Los astronautas ejercitan especialmente la parte inferior del cuerpo, que se deteriora más rápido en condiciones de baja gravedad.

La actividad estimula el corazón y ejercita los músculos de la parte inferior del cuerpo

Obtener agua
Marte está lleno de agua, pero congelada en campos de hielo o infiltrada en el suelo. Podría extraerse calentando el suelo; también se podría encontrar agua salada o caliente geotérmica líquida bajo tierra.

Preparar el terreno
Una nave no tripulada podría instalar un reactor nuclear para producir metano (combustible) con el dióxido de carbono del aire con hidrógeno de la Tierra. El proceso produciría agua, que podría almacenarse o dividirse en hidrógeno y oxígeno.

Cultivar alimentos
El suelo marciano es muy fértil. Se podrían cultivar plantas en cúpulas con agua y dióxido de carbono. Las plantas producirían oxígeno, y la materia vegetal no comestible se usaría como abono.

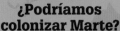

¿Podríamos colonizar Marte?
Podríamos viajar a Marte en una nave relativamente pequeña con la tecnología que nos llevó a la Luna. Aunque la autosuficiencia plena en Marte es improbable a corto plazo, los primeros colonos podrían vivir en gran parte de la riqueza del planeta, e incluso fabricar elementos para comerciar con la Tierra.

Casa de ladrillos
El primer alojamiento podría ser de metal trenzado con plástico transportado a Marte en una nave espacial. Más adelante podrían levantarse edificios de obra, pues el suelo marciano es perfecto para fabricar ladrillos y mortero.

Llegar a destino
Una nave espacial llegaría a Marte en 180 días. La tripulación tendría que quedarse allí un año y medio antes de que se abriera la ventana de lanzamiento para la vuelta. La nave aterrizaría en una zona con probabilidad de tener agua.

Terraformación de Marte
Marte es frío y seco, pero tiene los elementos necesarios para albergar vida. Se podría conseguir creando una atmósfera al subir sus niveles de dióxido de carbono para crear efecto invernadero que haría subir la temperatura.

LA ATMÓSFERA DE MARTE TARDARÍA UNOS **900 AÑOS** EN SER RESPIRABLE

LA TIERRA

Cómo es la Tierra

La Tierra es uno de los cuatro pequeños planetas rocosos que orbitan cerca del Sol. Se formó gracias a la fuerza de la gravedad, y resultó ser un mundo dinámico, formado por varias capas con un interior abrasador, una corteza rocosa fría, amplios océanos de agua líquida y una atmósfera gaseosa.

¿CÓMO PUEDE PERMANECER SÓLIDA LA ROCA CALIENTE?

Las rocas del interior de la Tierra están más calientes que la lava volcánica, pero están sometidas a una presión tan intensa que las solidifica. Si la presión bajara, se fundirían.

¿Cómo se formó?

El Sol se formó hace 4600 millones de años; estaba rodeado de una nube de escombros de roca y hielo en forma de disco que orbitaban a su alrededor. Los fragmentos se atraían entre sí gracias a la gravedad y se unieron en un proceso conocido como acreción hasta formar grandes masas, que crecieron hasta convertirse en la Tierra y el resto de los planetas del sistema solar. El calor de este proceso creó la estructura de capas de la Tierra.

Los escombros rocosos se acumulan y forman objetos más grandes

Objetos del tamaño de la Luna chocan y se unen para formar el planeta

Los impactos de cometas aportaron hielo a la Tierra

Volcanes colosales emanaban vapor de agua y otros gases

Gran parte del hierro fundido se hundió hasta el núcleo

Al principio, el planeta estaba muy caliente

El material más ligero quedó en la superficie

1 Planeta en crecimiento
Cualquier objeto físico tiene gravedad y atrae a otros objetos. Los grandes objetos que formaron la Tierra se atrajeron con tanta fuerza que la energía del impacto se convirtió en calor, hasta el punto de que los fundió y soldó juntos.

2 Fusión y capas
Al crecer la Tierra por acreción, la energía del impacto generó suficiente calor para fundir el planeta entero. El material más pesado se hundió hasta el centro para formar su núcleo metálico, envuelto por capas profundas de rocas más ligeras.

Océanos y continentes

La corteza oceánica consiste principalmente en basalto y gabro, rocas densas y ricas en hierro parecidas a las rocas aún más densas del manto inferior. Con el tiempo, los volcanes y otros fenómenos han acumulado gruesas capas de roca rica en silicio, como el granito, que han formado los continentes. Esta gruesa corteza continental es menos densa que las rocas del manto y por eso flota en su superficie igual que los icebergs en los océanos polares. Por eso los continentes están muy por encima del lecho oceánico.

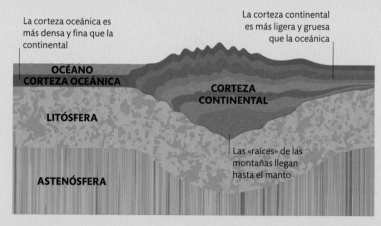

La corteza oceánica es más densa y fina que la continental

La corteza continental es más ligera y gruesa que la oceánica

OCÉANO
CORTEZA OCEÁNICA

CORTEZA CONTINENTAL

LITÓSFERA

Las «raíces» de las montañas llegan hasta el manto

ASTENÓSFERA

3 **Tierra actual**
Tras la fusión inicial, el planeta y sus capas se enfriaron lo suficiente para tener océanos de agua líquida. Gran parte de la roca se solidificó, pero el núcleo externo se mantuvo líquido.

Bajo el lecho oceánico se encuentra la fina corteza oceánica, compuesta por roca densa rica en hierro

La gruesa corteza continental consiste en roca relativamente ligera y rica en silicio

La fría corteza y el manto superior forman la rocosa litosfera

Los gases, como el oxígeno, forman la atmósfera

ATMÓSFERA

ASTENÓSFERA

Bajo la litósfera reposa la astenósfera, caliente y fundida en parte

Unas corrientes de calor denominadas plumas mantélicas suben por el manto desde la frontera entre este y el núcleo

MANTO INFERIOR

El profundo manto inferior está compuesto de rocas calientes sólidas en movimiento

NÚCLEO EXTERNO

El núcleo interno, metálico, se compone de hierro y níquel sólidos

NÚCLEO INTERNO

El núcleo externo líquido se compone de hierro, níquel y azufre fundidos

Las rocas eruptadas del lecho oceánico formaron los continentes

Es probable que el agua cubriera todo el planeta en algún momento

5500 °C
TEMPERATURA DEL NÚCLEO INTERNO DE LA TIERRA Y DE LA SUPERFICIE DEL SOL

POLOS EN MOVIMIENTO

El núcleo externo metálico fluido se mueve gracias a las corrientes de calor y la rotación terrestre. Este movimiento genera electricidad y crea un campo magnético alrededor del planeta, más o menos alineado con el eje de la Tierra. Sin embargo, su posición no es fija y puede oscilar hasta 50 km por año.

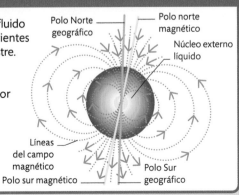

Polo Norte geográfico

Polo norte magnético

Núcleo externo líquido

Líneas del campo magnético

Polo Sur geográfico

Polo sur magnético

Tectónica de placas

La litósfera terrestre (su frágil corteza y la capa superior del manto) se divide en secciones denominadas placas tectónicas. El calor del núcleo terrestre mantiene estas placas en movimiento constante, separándolas o juntándolas para mover continentes, levantar montañas y provocar volcanes espectaculares.

Fosas, rifts y montañas

En las profundidades del planeta los elementos radiactivos generan calor (pp. 36-37) que, junto con el calor que escapa del núcleo, hace que el manto circule con corrientes de convección muy lentas. Este movimiento separa las placas en algunos puntos y forma largos rifts. En otros sitios las hace juntar y crea zonas de subducción donde el extremo de una placa se hunde en el manto. Casi todos los rifts y las zonas de subducción se producen en los lechos oceánicos. La tectónica de placas hace que algunos océanos crezcan y otros se encojan; incluso ha hecho que colisionen los continentes.

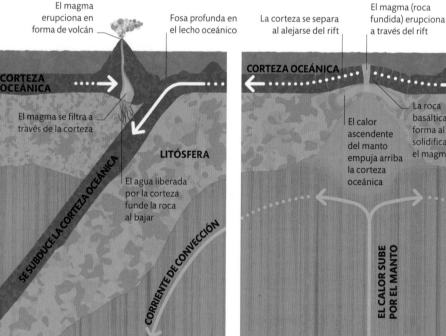

El magma erupciona en forma de volcán

Fosa profunda en el lecho oceánico

CORTEZA OCEÁNICA

El magma se filtra a través de la corteza

LITÓSFERA

El agua liberada por la corteza funde la roca al bajar

SE SUBDUCE LA CORTEZA OCEÁNICA

CORRIENTE DE CONVECCIÓN

La corteza se separa al alejarse del rift

El magma (roca fundida) erupciona a través del rift

CORTEZA OCEÁNICA

El calor ascendente del manto empuja arriba la corteza oceánica

La roca basáltica se forma al solidificarse el magma

EL CALOR SUBE POR EL MANTO

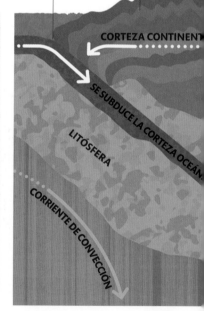

Fosa profunda en el lecho oceánico

Las montañas suben por compresión

CORTEZA CONTINENT

SE SUBDUCE LA CORTEZA OCEÁN

LITÓSFERA

CORRIENTE DE CONVECCIÓN

Zona de subducción oceánica
Cuando coinciden dos placas de corteza oceánica, la placa más pesada pasa por debajo de la otra y se funde en el manto. Así se forman las profundas fosas del océano, como la fosa de las Marianas en el Pacífico.

Zona de dorsal mediooceánica
Se forman largos rifts en el lecho oceánico cuando se separan dos placas, lo que libera algo de presión de las calientes rocas que quedan por debajo y pueden fundirse, erupcionar y formar nueva corteza oceánica, como en la dorsal mesoatlántica.

Subducción oceánica-continental
Cuando chocan placas con corteza oceánica y continental, la corteza oceánica, más pesada, baja. La corteza continental se comprime y forma montañas, como los Andes.

CONTINENTES A LA DERIVA

Como los continentes están sobre placas tectónicas móviles, su movimiento sin pausa los desplaza por el globo, lo que significa que los continentes se separan y se juntan constantemente de diferentes maneras. En un momento concreto existió un supercontinente conocido como Pangea. Se creó hace unos 300 millones de años y se rompió al cabo de 130 millones de años. Los continentes continuarán moviéndose y volviéndose a formar.

Supercontinente Pangea

Se abre el Atlántico

Australia deriva hacia el norte

HACE 300 MILLONES DE AÑOS

HACE 170 MILLONES DE AÑOS

ACTUALIDAD

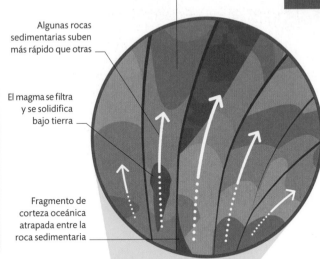

La antigua roca sedimentaria se dobla bajo la presión de la colisión entre placas continentales

Algunas rocas sedimentarias suben más rápido que otras

El magma se filtra y se solidifica bajo tierra

Fragmento de corteza oceánica atrapada entre la roca sedimentaria

Erupciones volcánicas

El magma surge por la corteza

La corteza se separa y crea un rift

Caen estos masivos bloques y se forman una serie de precipicios

Las rocas sedimentarias del antiguo lecho oceánico forman montañas

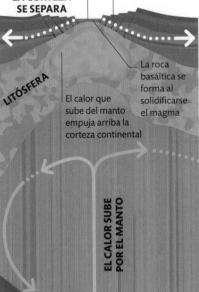

LA CORTEZA SE SEPARA

La roca basáltica se forma al solidificarse el magma

LITÓSFERA

El calor que sube del manto empuja arriba la corteza continental

EL CALOR SUBE POR EL MANTO

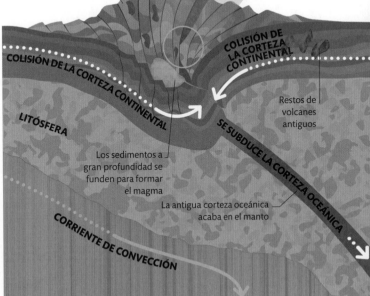

COLISIÓN DE LA CORTEZA CONTINENTAL

COLISIÓN DE LA CORTEZA CONTINENTAL

Restos de volcanes antiguos

LITÓSFERA

SE SUBDUCE LA CORTEZA OCEÁNICA

Los sedimentos a gran profundidad se funden para formar el magma

La antigua corteza oceánica acaba en el manto

CORRIENTE DE CONVECCIÓN

La placa subducida se funde

Zona de rift continental
Los procesos geológicos tras los rifts continentales son los mismos que los de las dorsales oceánicas. Los bloques de corteza se separan y crean largos valles de rift rodeados por precipicios (como en el valle del Rift en África oriental).

Zona de colisión
Cuando la subducción oceánica-continental empuja dos bloques de corteza continental entre sí, desaparecen los antiguos océanos y volcanes y se comprimen los sedimentos del lecho oceánico para formar cordilleras. El Himalaya reposa sobre este tipo de borde.

¿Qué es un terremoto?

Cuando las placas se empujan entre sí, se acumula tensión en la falla que se forma entre ellas. Esta tensión distorsiona el borde de las placas hasta que las rocas ceden y rebotan hasta su posición anterior. Si pasa a menudo, el rebote es pequeño y solo provoca leves temblores. No obstante, si la falla está bloqueada durante más de un siglo, las rocas podrían cambiar varios metros en cuestión de segundos y desatar así un violento terremoto.

La falla forma una gran cicatriz en el paisaje

Movimiento de la placa

Línea de vegetación sobre la falla

1 En la línea de falla
Esta falla transformante marca el límite entre dos placas que rozan entre sí. Cada placa avanza tan solo 2,5 cm por año.

La placa continúa moviéndose muy lentamente

La vegetación revela la distorsión

La placa pierde su forma

2 Rocas bajo presión
Al cabo de varias décadas las placas siguen moviéndose igual, pero la falla ha quedado bloqueada, lo que ha distorsionado las placas y acumulado tensión.

Terremotos

Las placas tectónicas están en movimiento constante, pero a veces sus irregulares bordes se enganchan hasta que se acumula la tensión suficiente para separarlos y generar las ondas de choque que provocan los terremotos.

¿CUÁL ES EL TERREMOTO MÁS FUERTE QUE SE HA REGISTRADO?

El terremoto más fuerte registrado hasta la fecha tuvo lugar el 22 de mayo de 1960 en Chile: llegó hasta 9,5 en la escala de Richter y el tsunami que provocó alcanzó Hawái, Japón y Filipinas.

Desatar un tsunami

Cuando una placa tectónica roza con otra en el lecho oceánico, la capa superior se distorsiona y su borde se desplaza abajo. Cuando las rocas ceden, la placa distorsionada se estira de repente y empuja una gran ola que cruza rápidamente el océano. En el mar abierto la ola es larga y baja, pero al llegar a aguas poco profundas puede crecer hasta convertirse en un devastador tsunami.

La placa oceánica empuja hacia el este

La placa continental empuja hacia el oeste

Falla bloqueada

PLACA OCEÁNICA

PLACA CONTINENTAL

1 Falla bloqueada
Una profunda fosa oceánica cerca de tierra es una zona de subducción donde el lecho oceánico avanza bajo el continente, pero la falla entre las placas está bloqueada.

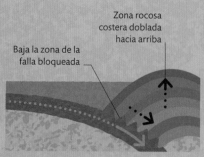

Zona rocosa costera doblada hacia arriba

Baja la zona de la falla bloqueada

2 Placa distorsionada
Al quedar atrapado por la falla bloqueada, el borde sumergido de la placa continental también se desplaza abajo, lo que distorsiona la placa, y la región costera sube.

3 **Rotura y rebote**
Al cabo de un siglo, la falla cede ante la presión. En cuestión de minutos ambas placas pueden ceder hasta 2,5 m y generar ondas de choque que parten desde puntos bajo el suelo (el foco) y en la superficie (el epicentro).

Ambas placas siguen moviéndose igual que antes

La vegetación no está alineada sobre la falla

La placa sigue moviéndose muy lentamente

Las rocas en el margen de la placa cambian rápido

La onda de choque parte del epicentro

El epicentro es el punto de la superficie terrestre directamente sobre el foco

4 **Tras el terremoto**
Tras el terremoto principal y sus réplicas, las rocas ya no están bajo presión. Sin embargo, las placas siguen moviéndose y, por lo tanto, vuelve a empezar el ciclo.

onda de choque parte del foco

El punto de fractura bajo tierra es el foco del terremoto

500 000
TERREMOTOS
TIENEN LUGAR
CADA AÑO, PERO
MENOS DE UN
CENTENAR
PROVOCAN
DAÑOS

El tsunami recibe un empujón por debajo

El borde de la placa rebota hacia arriba

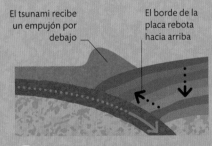

3 **Liberación y subida**
Cuando la falla se rompe, el borde de la placa continental rebota arriba y provoca un tsunami, que aparece en la costa, más baja porque la placa se ha estirado.

MEDICIÓN DE TERREMOTOS

Los destructivos terremotos se miden con la escala de magnitud de momento, que ha sustituido a la antigua escala de Richter porque las mediciones realizadas aportan a los científicos una imagen más precisa de la energía liberada en los casos más potentes. Los datos se recogen con unos instrumentos, los sismógrafos, que producen sismogramas para ilustrar el grado de movimiento de las placas.

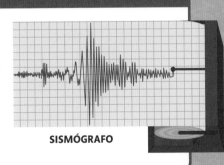

SISMÓGRAFO

Volcanes

La roca fundida y el gas salen a la superficie por grietas conocidas como chimeneas volcánicas, normalmente encerradas en un cráter cóncavo. La mayoría se producen cerca de los bordes de placas tectónicas, pues son producto de las fuerzas que las rompen o las hacen chocar.

Puede formarse en el aire una enorme nube de diminutas partículas de cristal y roca

Llueve ceniza volcánica de la nube; las partículas más pesadas se quedan cerca del cráter

A veces surge lava de las chimeneas laterales del volcán

¿Por qué se forman los volcanes?

Existen tres tipos principales de volcán: algunos erupcionan en rifts entre placas continentales u oceánicas divergentes. Otros, con diferentes tipos de lava, erupcionan sobre zonas de subducción, donde una placa roza por debajo contra otra. El tercer tipo es producto de puntos calientes del manto que provocan una fusión local de la roca justo por debajo de la corteza, normalmente lejos de los bordes de placa.

¿QUÉ VOLCANES SON LOS MÁS PELIGROSOS?

No lo son los más activos, sino los que apenas presentan erupciones: pues acumulan una inmensa presión en su interior que puede causar unas explosiones catastróficas.

Las coladas de lava forman un cono de poca pendiente que parece un ancho escudo abombado

La lava líquida fluye a gran velocidad y cubre gran distancia

El cráter erupciona roca fundida y gas

Bloques de corteza fracturada bajan hacia el manto

Movimiento de la placa

CORTEZA

El magma surge por la corteza

La caliente roca del manto se funde y forma basalto fundido

LITÓSFERA

MANTO

Este tipo de volcanes emiten enormes nubes de ceniza

Este tipo de lava viscosa produce volcanes de gran pendiente

CORTEZA OCEÁNICA

El magma surge a través de fracturas en la corteza

CORTEZA CONTINENTAL

Placa subducida saturada de agua de mar

LITÓSFERA

MANTO

El agua hierve en las rocas superiores y las funde

Volcán de rift
Cuando las placas se separan entre sí, el manto sufre menos presión y parte de su caliente roca se funde y erupciona en forma de lava basáltica fluida, encargada de formar anchos volcanes en escudo al salir.

Volcán de zona de subducción
La corteza oceánica que baja en las zonas de subducción contiene agua que altera la naturaleza de la roca caliente y la funde. En estos volcanes la roca fundida erupciona en forma de espesa lava viscosa.

¿Cómo es un volcán por dentro?

Un volcán de zona de subducción tiene un cono muy inclinado, denominado estratovolcán, compuesto por capas de lava y ceniza volcánica, que erupciona lava pegajosa que a menudo bloquea el cráter y provoca erupciones explosivas que expulsan roca y ceniza al aire que caen en la ladera del volcán.

Bombas volcánicas, bolas de roca fundida, salen despedidas por el aire desde el cráter

La mayor chimenea forma el cráter en la cumbre del volcán

La lava viscosa de las erupciones de estos volcanes no fluye muy lejos

Las capas de ceniza y lava endurecida forman el estratovolcán

La roca fundida (magma) se acumula en la cámara magmática en las profundidades del volcán

Tipos de erupción

Los volcanes erupcionan de diferentes maneras según la naturaleza de su lava. La lava fluida de los volcanes de rift y puntos calientes causa fisuras relativamente silenciosas y erupciones hawaianas. La lava más pegajosa es más explosiva y provoca erupciones estrombolianas, vulcanianas, peleanas y plinianas.

La lava se esparce por el suelo

DE FISURA

La lava puede formar una fuente de fuego

HAWAIANA

El gas escape la lava al aire

ESTROMBOLIANA

Lava más pegajosa que sube aún más

VULCANIANA

Avalancha de ceniza, gas y escombros de rocas calientes

Masiva nube de ceniza en el cielo

PELEANA

PLINIANA

El volcán extinto se hunde bajo las olas cuando se enfría la corteza sobre la que reposa

El antiguo volcán se extingue al alejarse del punto caliente

El volcán erupciona y emite lava

CORTEZA OCEÁNICA

Movimiento de la placa sobre el punto caliente

LITÓSFERA

PLUMA MANTÉLICA

MANTO

Volcanes de punto caliente

Este tipo de volcanes se deben a corrientes aisladas de calor, o plumas mantélicas bajo la corteza. El movimiento de las placas por encima del punto caliente puede crear cordilleras volcánicas, como las de Hawái y las islas Galápagos.

El calor que sube por el manto forma un punto caliente bajo el lecho oceánico

EL **90%** DE LA **ACTIVIDAD VOLCÁNICA** TIENE LUGAR **BAJO EL AGUA**

DATAR ROCAS

Se puede saber la edad de algunas rocas ígneas si se analizan cristales con elementos muy radiactivos, pues se descomponen en elementos más ligeros a una velocidad conocida (p. 37) y su proporción indica el tiempo transcurrido desde la formación del cristal. Si el cristal forma parte de una roca sedimentaria, esta técnica data el cristal, y no la roca. Por suerte estas rocas se pueden fechar por la edad de cualquier fósil que contengan.

Los átomos de uranio de un cristal se descomponen en plomo a una velocidad constante.

La proporción entre átomos de plomo y de uranio indica la edad del cristal

CRISTAL DE CIRCIÓN

Se forman pequeños cristales

ROCA ÍGNEA EXTRUSIVA

El magma que surge de un volcán se conoce como lava. Se enfría rápidamente y forma pequeños cristales de mineral dentro de una masa sólida. La lava de los volcanes de zonas de subducción suele formar riolita, compuesta sobre todo por cristales de cuarzo y feldespato. La riolita es muy dura, igual que otras rocas ígneas extrusivas con cristales pequeños, como la andesita y el basalto.

RIOLITA

Se forman grandes cristales

Enfriamiento rápido

Enfriamiento lento

En general, la roca caliente de las profundidades es sólida, pero los cambios químicos o la reducción de la presión pueden fundirla y formar roca líquida caliente (magma). Como es menos densa que la roca sólida, sube y se filtra hacia la superficie. Al enfriarse empieza a formar cristales.

Los minerales pierden su forma

CRISTALIZACIÓN

Fusión

Ciclo de las rocas

Las rocas se componen de mezclas de minerales, como cuarzo o calcita. Algunas son muy duras, otras más blandas, pero con el tiempo todas se erosionan y se transforman en tipos diferentes de roca en lo que se conoce como el ciclo de las rocas.

Transformación constante

Cuando la roca fundida se enfría, sus minerales se cristalizan (solidifican) y forman varios tipos de dura roca ígnea sólida. Con el tiempo, la erosión las descompone en finos sedimentos que formarán las capas de las rocas sedimentarias. El calor y la presión las transforma en rocas metamórficas, más duras. Si quedan enterradas a una gran profundidad se funden y vuelven a enfriar para formar más rocas ígneas.

¿CUÁL ES LA ROCA MÁS ANTIGUA DE LA TIERRA?

La edad de unos cristales de circión de la región de Jack Hills, en Australia occidental, se ha datado en 4400 millones de años, ¡casi tanto como la edad de la Tierra (4500 millones de años)!

Las fuerzas de la tectónica de placas que levantan montañas pueden fracturar y doblar rocas para dejarlas expuestas al aire, donde quedarán vulnerables al desgaste (descomposición en partículas más pequeñas) y la erosión (recogida por parte de ríos, glaciares o viento).

SOLEVANTAMIENTO

Presión

Congelación

Lluvia

Glaciares

Viento

Ríos

El agua en las grietas de la roca se expande al congelarse y la rompe. La lluvia disuelve el dióxido de carbono del aire para formar el débil ácido carbónico, corrosivo para muchos minerales. El viento erosiona las rocas blandas. Ríos o glaciares transportan fragmentos pequeños de roca.

DESGASTE Y EROSIÓN

Deposición

Compactación

El sedimento (las partículas de roca producto del desgaste) que transportan ríos y glaciares, o el viento, se deposita y entierra. Las partículas se compactan por el peso de más sedimentos y forman capas. Los minerales disueltos en el agua cristalizan y quedan unidos en un proceso denominado litificación.

LITIFICACIÓN

Cementación

ROCA ÍGNEA INTRUSIVA

El magma que no sale a la superficie se enfría lentamente bajo tierra y forma grandes cristales minerales, en un proceso que puede durar millones de años. De este modo se forman descomunales masas de roca ígnea intrusiva, como el granito. El granito tiene los mismos ingredientes minerales que la riolita, pero sus cristales son mucho mayores.

GRANITO

Presión

Presión

Presión

Granos de roca en capas

ROCA METAMÓRFICA

La arenisca se puede transformar en cuarcita, un tipo de roca metamórfica muy dura. La roca sedimentaria con capas también se puede comprimir (en forma de pizarra, esquisto o gneis); cuando pasa, la estructura mineral se dobla y pierde su forma. Estas rocas también contienen nuevos minerales formados por solución y recristalización.

Presión

Calor

Cuando se entierra una roca bajo presión y calor intensos, se altera su carácter en un proceso denominado metamorfismo. Suele suceder cuando la tectónica de placas deforma los límites de los continentes y forma cordilleras.

METAMORFISMO

ROCA SEDIMENTARIA

Los fragmentos de roca unidos forman rocas sedimentarias como la arenisca, compuesta por granos de arena cementados en capas. Otras rocas sedimentarias se componen de partículas más pequeñas de barro o lodo, o incluso los restos microscópicos de plancton marino. La roca, cuanto más antigua y comprimida, más dura será.

CUARCITA

ARENISCA

Océanos

La Tierra es un planeta predominantemente azul: la mayor parte de su superficie está cubierta por océanos: Pacífico, Atlántico, Índico, Ártico y Antártico. Sin embargo, el agua circula por todos ellos sin distinción alguna.

EN LA **FOSA DE LAS MARIANAS** DEL OCÉANO PACÍFICO **CABRÍA EL EVEREST,** Y AÚN **QUEDARÍAN 2000 M HASTA LA SUPERFICIE**

¿POR QUÉ EL AGUA DEL MAR ES SALADA?

El agua de lluvia que ha caído sobre la tierra durante millones de años ha llevado sales minerales hacia el mar, que le dan su gusto salado al agua de mar.

OCÉANO ABIERTO

¿Qué es un océano?

Los océanos son algo más que grandes masas de agua, sino que son producto de las fuerzas de la tectónica de placas (pp. 224-225). Cuando las placas de la corteza terrestre se separan, se forma nueva corteza. La corteza oceánica está mucho más abajo que la corteza continental (p. 222), más gruesa y ligera, y forma el lecho oceánico. Si las placas se unen bajo el agua, una se subduce bajo la otra y aparecen profundas fosas oceánicas. Los mares de la plataforma continental, los mares costeros situados sobre placas continentales, son mucho menos profundos que los verdaderos océanos.

El lecho oceánico auténtico, la llanura abisal, está a 3000-6000 m por debajo de las olas

Los escombros y partículas de roca erosionados de los continentes se acumulan en la base de la corteza continental y a lo largo de la llanura abisal

LLANURA ABISAL

OCÉANOS EN MOVIMIENTO

Los vientos crean las potentes corrientes de superficie por los océanos que llevan agua fría a los trópicos y agua cálida hacia los polos, y se vinculan con corrientes de agua profunda impulsadas por el agua fría y salada bajando hacia el lecho oceánico. Juntas, estas corrientes transportan el agua oceánica por todo el mundo en una red denominada a veces la cinta transportadora global.

El agua es más fría y más salada, se hunde y crea una corriente de aguas profundas

El agua profunda y fría desplazada sube por fuerza a la superficie, donde se une a las corrientes más cálidas

CORRIENTES OCEÁNICAS

¿POR QUÉ SUBEN Y BAJAN LAS MAREAS?

La gravedad de la Luna tira del agua de los océanos hasta convertirla en un óvalo con dos mareas. Con la rotación de la Tierra, las mareas suben y bajan en las costas marinas, que experimentan a diario las mareas altas y bajas. Cuando la Luna se alinea con el Sol en luna nueva y luna llena, la gravedad combinada de ambos provoca mareas más grandes. En Luna creciente y menguante, la tracción gravitatoria de la Luna está en ángulo recto con el Sol y las mareas son más suaves.

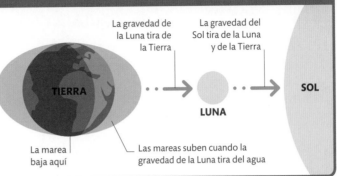

La gravedad de la Luna tira de la Tierra

La gravedad del Sol tira de la Luna y de la Tierra

TIERRA

LUNA

SOL

La marea baja aquí

Las mareas suben cuando la gravedad de la Luna tira del agua

MAR DE PLATAFORMA CONTINENTAL

LÍNEA DE COSTA

El lecho marino se solapa con la barrera continental al bajar hasta el lecho oceánico

Lecho del mar de la plataforma continental, normalmente a menos de 150 m bajo de la superficie

PLATAFORMA CONTINENTAL

El borde del continente forma el talud continental, que se desploma hasta una profundidad mínima de 2500 m

TALUD CONTINENTAL

EMERSIÓN CONTINENTAL

SEDIMENTOS

CORTEZA OCEÁNICA

CORTEZA CONTINENTAL

Olas

El viento sopla sobre el océano y crea olas en su superficie. Cuanto más potente sea el viento y más tiempo dure, mayores serán las olas, igual que lo serán cuanto más lejos viajen. Las moléculas de agua describen una ruta circular, por eso las olas nos empujan hacia arriba y adelante cuando nos atrapan y después bajamos y vamos atrás cuando la ola pasa.

Las moléculas de agua describen una ruta circular

Las moléculas de agua rebotan en el lecho marino

AGUAS POCO PROFUNDAS

DIRECCIÓN DE LA OLA

AGUAS PROFUNDAS

Los bucles de circulación no bajan más de esta profundidad

La ruta de las moléculas de agua pasa a ser elíptica y la ola se desploma

1 **Aguas abiertas**
En el mar, las olas hacen que el agua se mueva hacia arriba y adelante, y abajo y atrás. El agua describe una ruta circular.

2 **Las olas crecen**
Las moléculas de agua rebotan en el lecho marino y hacen que la ola sea más corta e inclinada al acercarse a la orilla.

3 **Rompen las olas**
Cuando el lecho marino es menos profundo, las rutas son más elípticas y la cresta de la ola se hace tan alta que acaba tumbándose y rompiendo.

Atmósfera terrestre

La Tierra está rodeada por gases que protegen su superficie de la perniciosa radiación solar y retienen el calor por la noche, lo que hace posible la vida. La circulación del aire por la atmósfera inferior causa los fenómenos meteorológicos.

Qué es la atmósfera?

La atmósfera está compuesta por gases, principalmente nitrógeno, oxígeno, argón y dióxido de carbono. Se divide en capas definidas por su temperatura: algunas capas se enfrían con la altura, mientras que otras se calientan por la capacidad que tienen algunos gases de absorber los rayos del Sol. La mayor parte del aire se concentra en su capa inferior, la troposfera; su densidad disminuye con la altura: a tan solo 10 km por encima del nivel del mar hay tan poco aire que es imposible vivir.

La atmósfera es una capa relativamente fina alrededor de la Tierra

ATMÓSFERA TERRESTRE

¿POR QUÉ LA ATMÓSFERA NO SE VA HACIA EL ESPACIO?

La gravedad mantiene las partículas de gas cerca de la superficie de la Tierra. La Luna, mucho más pequeña, tiene menos gravedad y es incapaz de retener su atmósfera.

CAPAS DE LA ATMÓSFERA

TEMPERATURA

80-600 KM

600-10 000 KM

Exosfera
La capa más exterior de la atmósfera se funde con el espacio, no tiene un borde definido. Las partículas del aire están tan dispersas que ni interactúan.

Muchos satélites artificiales orbitan el planeta por la exosfera

Termosfera
Por encima de la mesosfera, la termosfera cubre una descomunal distancia. Su temperatura aumenta con la altura hasta un máximo de 2000 °C, porque los gases de esta capa absorben los rayos X y la luz ultravioleta del Sol.

Las moléculas absorben rayos X y luz ultravioleta e irradian calor

Los átomos de oxígeno y nitrógeno cargados de radiación solar brillan y provocan auroras

LA TERMOSFERA PUEDE LLEGAR HASTA LOS 2000 °C

Mesosfera

En la mesosfera la temperatura del aire es estable al principio, pero disminuye con la altura. En su punto más frío puede estar por debajo de –100 °C. Los gases de esta capa son lo bastante espesos para frenar los meteoritos y hacer que se incendien.

Los fragmentos de rocas espaciales que cruzan la mesosfera se incendian en forma de meteoritos

RADIACIÓN DEL SOL

El calor absorbido por la capa de ozono se irradia y crea un espacio cálido

La temperatura baja con la altura

Las nubes se forman en la troposfera

Estratosfera

Esta región de fino aire seco tiene una temperatura estable hasta unos 20 km de altura; después cada vez es más cálida porque absorbe la energía solar. La estratosfera contiene la capa de ozono.

Una capa de gas ozono absorbe la radiación solar ultravioleta

CAPA DE OZONO

Los globos meteorológicos llegan hasta la estratosfera inferior, más arriba que cualquier avión o ave

Los aviones suelen volar por la troposfera, pero a veces suben hasta la estratosfera para evitar turbulencias

Troposfera

La capa baja es el aire que respiramos; es donde se producen los fenómenos meteorológicos. Su temperatura y densidad disminuyen con la altura.

Giros y desvíos

En la troposfera el aire cálido sube, se desplaza hacia los lados, se enfría y baja. Estos patrones de circulación distribuyen el calor por todo el globo (pp. 240-241). La rotación terrestre hace que el aire en circulación se desvíe y no vaya recto. Al norte del ecuador el flujo de aire se desvía hacia la derecha, mientras que al sur lo hace hacia la izquierda. Esto se conoce como el efecto Coriolis y tiene como resultado que el aire de cada patrón de circulación viaje en espiral por el globo.

En los trópicos, los vientos alisios del norte soplan por el nordeste

Vientos sobre el Atlántico norte templado

La rotación causa los vientos polares del este

La Tierra gira sobre su eje polar

NORTE

Los vientos de los océanos templados del sur soplan por el noroeste

Los vientos alisios del sur soplan por el sudeste

ECUADOR

Espirales globales

La circulación del aire en espiral que sopla cerca de la superficie de la Tierra provoca los vientos constantes. Estos vientos se dejan notar más sobre los océanos.

SUR

La meteorología

La meteorología es el estado de la atmósfera en un lugar y momento concretos. Cambia constantemente porque el Sol evapora la humedad en el aire caliente, que sube y forma nubes. Este proceso crea los sistemas giratorios de baja presión, o ciclones, que provocan viento y lluvia, contrarrestados por la calma de los anticiclones.

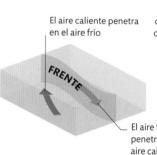

El aire caliente penetra en el aire frío

El aire frío penetra en el aire caliente

FRENTE

El aire caliente se curva y forma una cuña en el aire frío

El aire frío se mueve más rápido y empuja la cuña de aire caliente por detrás

1 **Frío y calor**
A menudo los ciclones se forman sobre océanos templados donde las masas de aire caliente húmedo y tropical chocan con el aire frío polar. Un frente es la región donde chocan ambas masas.

2 **Empieza la rotación**
Ambas masas se mueven en rutas curvadas debido a la rotación terrestre en un fenómeno conocido como efecto Coriolis. Estas rutas curvadas siguen un patrón giratorio y las masas de aire giran en espiral.

Nacimiento de un ciclón

Cuando el húmedo aire caliente sube, crea una zona de baja presión que tira del aire a su alrededor en una espiral denominada ciclón, o depresión. El aire sube y pasa por encima del aire más frío y denso que hace que su humedad se condense en forma de nubes y lluvia. El aire, que percibimos como viento, es más potente cuando el aire caliente sube con mucha energía. En los trópicos genera las potentes tormentas conocidas como ciclones tropicales, huracanes o tifones.

NIEVE

Si las gotitas de las nubes suben lo bastante, forman microscópicos cristales de hielo. El agua que se congela en los cristales los agrupa en copos de nieve, que forman esponjosas masas más grandes que caen en forma de nieve.

¿CÓMO PUEDE GRANIZAR EN KENIA?

Las nubes de los trópicos son tan altas que la humedad llega a la fría atmósfera superior, se congela y cae en forma de granizo (pp. 238-239).

Las nubes bajas y densas cerca de frentes cálidos causan lluvia continua

FRENTE CÁLIDO

El aire caliente sube por encima del aire frío, porque este es más denso y pesado

 LA **PRECIPITACIÓN FUERA DE LOS TRÓPICOS** ES CASI SIEMPRE EN FORMA DE **NIEVE** Y **SE FUNDE AL CAER**

Cuando los frentes chocan, se combinan para formar un único frente ocluido y la cuña de aire caliente abandona el suelo

Los ciclones giran en el sentido de las agujas del reloj en el hemisferio sur (y al contrario en el norte)

El aire sube en espiral

Los cirros, nubes tenues y altas, son el primer signo del avance de un frente cálido

Aire absorbido de las áreas de alta presión

Los símbolos indican la dirección en la que se mueve el frente

CICLÓN
(SISTEMA DE BAJA PRESIÓN)

Los vientos transportan todo el sistema meteorológico entero en esta dirección

4 **El aire caliente abandona el suelo**
El frente frío se suele mover más rápido que el caliente, lo asalta y levanta el aire caliente del suelo: esto es una oclusión, que se percibe en forma de nube en espiral. A partir de este momento el ciclón empieza a perder energía y deshincharse.

3 **Frentes cálidos y fríos**
Al ampliar la sección transversal lateral del ciclón se observa que el avance del aire caliente lo sitúa por encima del aire frío para formar un «frente cálido» móvil con un gradiente poco inclinado. El aire más frío que avanza por detrás empuja el aire caliente por debajo y lo obliga a formar un «frente frío» más pronunciado.

FRENTE FRÍO

DIRECCIÓN DEL VIENTO

Anticiclones

Cuando baja el aire frío y crea una zona de alta presión del aire, este gira hacia el exterior en forma de espiral: es un anticiclón. El descenso del aire no deja subir el vapor de agua ni formar nubes, por eso el cielo suele ser azul y soleado. Las diferencias de presión son muy bajas en un anticiclón, por eso el viento sopla poco y el tiempo es suave y estable.

Los anticiclones giran suavemente en espiral en la dirección contraria a los ciclones

La cuña de aire frío obliga al aire caliente y húmedo a subir y crear nubes altas

El aire frío se calienta al bajar

Las nubes altas provocan aguaceros

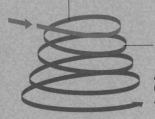

ANTICICLÓN
(SISTEMA DE ALTA PRESIÓN)

Meteorología extrema

Los fenómenos meteorológicos más extremos se producen por la acumulación de humedad en el aire en forma de enormes nubes de tormenta, los cumulonimbos. Las poderosas corrientes de aire dentro de estas nubes desatan rayos, granizo e incluso tornados.

Supernubes

Los cumulonimbos son mucho más grandes que las otras nubes, cubren casi desde el suelo hasta la parte superior de la troposfera (p. 235). Son producto de la intensa evaporación de la humedad del suelo o la superficie del océano. Cuando el vapor sube y se enfría, se condensa en forma de gotitas de agua para formar nubes gigantes y liberar energía en forma de calor (p. 117).

El calor calienta el aire, que sube aún más, recoge más vapor de agua que se condensa y libera todavía más energía... y así continúa el ciclo. Al final la nube puede llegar a más de 10 km de altura.

Las fuertes corrientes ascendentes pueden elevar el núcleo de la nube hasta la estratosfera

Gran parte de la nube deja de subir y se reparte por los lados, empujada por el viento

La nube descarga su electricidad, que cruza el aire en forma de rayo

El calor generado por el rayo hace que el aire se expanda de manera explosiva y provoque las ondas de choque que captamos en forma de trueno

Las corrientes de aire caliente ascendente pueden capturar los cristales de hielo que caen y volver a subirlos

1 Cargada

Las potentes corrientes ascendentes del interior de la nube, rodeadas por aire frío descendente, desplazan arriba las gotitas de agua y los cristales de hielo (pp. 78-79) que generan electricidad estática y carga a la nube como si fuera una batería gigante.

AIRE FRÍO DESCENDENTE

La humedad adicional vuelve a congelarse a mayor altura

¿QUÉ ES UN HURACÁN?

La intensa evaporación de los océanos tropicales forma colosales sistemas de nubes alrededor de las zonas de baja presión (p. 236). El aire gira en su interior a gran velocidad y causa el potente viento del huracán.

El granizo capturado por las corrientes ascendentes acumula más humedad

AIRE CALIENTE ASCENDENTE

TORNADOS

En algunos lugares del mundo, las masas giratorias de aire frío y caliente crean descomunales cumulonimbos arremolinados conocidos como supercélulas. El aire ascendente en rotación a gran velocidad puede concentrarse en un pequeño vórtice, o tornado, con la potencia suficiente para destruir una casa.

2 Cómo se forma el granizo
Las potentes corrientes ascendentes hacen subir de nuevo a los cristales de hielo. Acumulan más humedad, que se congela en forma de capa superior a mayor altura. Este fenómeno se repite varias veces; el granizo se forma por la acumulación de capas de hielo.

3 Caída del granizo
Al final el granizo es demasiado grande y pesado para las corrientes ascendentes y acaba cayendo al suelo.

El desplome del aire frío hace caer el granizo, más pesado

EL GRANIZO PUEDE TENER EL **TAMAÑO** DE UN **PUÑO**

El clima y las estaciones

La luz solar y el calor se concentran en los trópicos y se dispersan cerca de los polos. El calor causa las corrientes de aire de la atmósfera que crean las zonas climáticas.

Células de circulación

En los trópicos, el fuerte calor evapora el agua de los océanos. Cuando el aire cálido y húmedo sube, crea una banda de baja presión conocida como zona de convergencia intertropical (ZCI) y se enfría. El vapor de agua se condensa en gigantescas nubes y provoca lluvia intensa. El aire, ahora seco y frío, fluye hacia las zonas subtropicales, baja y causa la alta presión que impide la lluvia. Esta célula de circulación es la célula de Hadley. Hay dos células más, la de Ferrel y la polar, con efectos similares en regiones más frías.

TIERRA

PARTE SUPERIOR DE LA TROPOSFERA

ZONA DE CONVERGENCIA INTERTROPICAL

Se forman enormes nubes altas por la condensación del vapor de agua

El aire tropical se aleja del ecuador y se enfría

El aire cálido y húmedo sube

CÉLULA DE HADLEY

El aire frío y seco baja y se calienta

El aire seco del desierto fluye hacia el ecuador

Baja presión

ZONA SUBTROPICAL

El aire frío y seco baja y se calienta

El aire cerca del suelo se aleja del ecuador

ECUADOR

TRÓPICOS

SUBTRÓPICOS

Alta presión

REGIONES TEMPLADAS

Las áreas de la ZCI tienen lluvia abundante

Los árboles son muy altos por la lluvia casi constante

Paisajes yermos y rocosos por la falta de lluvia

Los cactus se adaptan a los climas áridos

Las áreas cerca de la zona subtropical suelen tener el cielo despejado

Trópicos
El aire húmedo ascendente cerca del ecuador propicia grandes nubes de tormenta que provocan intensas lluvias diarias, magníficas para el crecimiento de las selvas tropicales. Los árboles producen vapor de agua, así que hasta cierto punto son responsables de crear su propio clima.

Subtrópicos
El aire ecuatorial ascendente llega a la parte superior de la troposfera y fluye plano hasta que se enfría y baja sobre los subtrópicos. Este aire descendente no permite la formación de nubes y la aparición de la lluvia. Así se crean desiertos como el Sahara.

LOS SATÉLITES CAPTARON **70,7 °C** EN EL **DESIERTO DE LUT,** IRÁN: LA **MAYO** **TEMPERATURA** REGISTRADA

Ciclos estacionales

El eje de rotación de la Tierra está inclinado, por eso las latitudes polares y templadas se acercan y se alejan del Sol y tienen verano e invierno. Cerca de los polos las estaciones son más extremas. La ZCI también se desplaza hacia el norte y el sur para cambiar entre estaciones tropicales húmedas y secas. Las estaciones monzónicas se producen por el cambio de la dirección del viento que aporta aire húmedo de los océanos, acompañado de lluvias intensas.

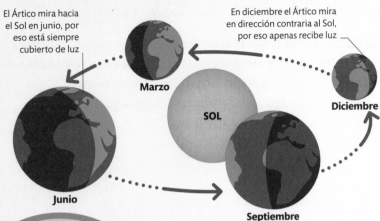

El Ártico mira hacia el Sol en junio, por eso está siempre cubierto de luz

En diciembre el Ártico mira en dirección contraria al Sol, por eso apenas recibe luz

Marzo

Diciembre

SOL

Junio

Septiembre

¿CUÁL ES EL LUGAR MÁS SECO DE LA TIERRA?

Los valles secos de McMurdo, en la Antártida, llevan sin lluvia ni nieve unos dos millones de años. Su paisaje es de roca pelada y grava.

Las áreas cerca del frente polar suelen presentar nubes

El aire frío y seco fluye hacia el ecuador

ULA DE FERREL

El aire cálido y húmedo sube

FRENTE POLAR

Baja presión

El aire cálido y húmedo sube

Regiones polares
El aire frío seco cae sobre las regiones polares y forma desiertos fríos. Se aleja de los polos a baja altura, se calienta y recoge humedad. En las regiones templadas, el aire ascendente subtropical lo arrastra arriba y vuelve a volar hacia los polos a gran altura.

CÉLULA POLAR

El aire frío baja y se aleja del polo

Alta presión

Regiones templadas
En las regiones templadas, el aire cálido de los subtrópicos a baja altura choca con el aire polar más frío, lo que lo hace subir, formar nubes y lluvia, especialmente cerca de los océanos. La lluvia crea bosques y praderas.

LA MAYOR PRECIPITACIÓN EN UN **DÍA** FUE EN LA ISLA **REUNIÓN:** SE REGISTRARON **1870 MM** EN 1952

CÍRCULO POLAR

El ciclo del agua

El agua es la fuerza vital del planeta. La vida no existiría sin el agua porque es esencial para todos los procesos bioquímicos que mantienen a los seres vivos. Sin el ciclo del agua, los continentes serían desiertos sin vida. El agua también da forma al planeta erosionando su superficie.

Sistema circulatorio de la Tierra

El Sol es el motor del ciclo del agua, ya que calienta los océanos, en cuya superficie se produce una evaporación constante. El viento empuja las nubes que llevan el agua hacia tierra firme en forma de lluvia. Esta penetra en el suelo. Las plantas absorben parte del agua y la devuelven al aire para que forme más nubes. Casi todo el resto abandona la tierra por los ríos y acaba volviendo al mar para volver a empezar el ciclo.

Condensación

Temperatura

VAPOR DE AGUA

El agua cuando se evapora se convierte en un gas invisible en el aire, el vapor de agua. El aire cálido puede contener mucho vapor de agua, que experimentamos en forma de humedad. Cuanto más frío es el aire, menos vapor de agua puede contener.

Evaporación

Respiración celular

Transpiración

Plantas

Animales

Durante la transpiración se evapora agua de las hojas de las plantas. Las raíces obtienen el agua de este proceso absorbiendo más líquido del suelo. Los animales y las plantas también liberan vapor de agua cuando convierten alimento en energía (respiración celular).

Evaporación

Océanos

CALOR DEL SOL

SOL

SE CALIENTA LA SUPERFICIE MARINA

AGUA SALADA

El agua oceánica es rica en sales minerales disueltas de los sedimentos de tierra que llevan los ríos. Un proceso de destilación natural purifica el agua evaporada de la superficie del océano calentada por el Sol y la separa de las sales.

VIDA TERRESTRE

Vuelve al océano

Se filtra hacia el océano

LA TIERRA TIENE 1400 MILLONES DE KILÓMETROS CÚBICOS DE AGUA

NUBES

El aire cálido ascendente que transporta el vapor de agua se enfría a mayores alturas, lo que provoca que el vapor se condense en microscópicas gotas de agua y cristales de hielo, visibles en forma de nubes que pueden cubrir enormes distancias según el viento.

HAY ZONAS DE LA **CAPA DE HIELO ANTÁRTICA** CON MÁS DE **2,5 MILLONES DE AÑOS**

Altura

Vientos

Ríos

Lagos

Nieve

PRECIPITACIÓN

Al enfriarse una nube, sus gotitas y cristales de hielo crecen y se combinan para formar gotas de lluvia o copos de nieve más grandes, tan pesados que caen de la nube. Los copos de nieve suelen agruparse y formar masas más grandes y esponjosas.

Lluvia

HIELO

En los climas fríos la nieve no se funde, sino que se acumula y se comprime bajo el peso de más nieve para convertirse en hielo. En las montañas, el hielo baja lentamente por los glaciares y acaba fundiéndose, pero las capas de hielo polar quizá nunca se fundan. Con el paso de miles de años los glaciares crean profundos valles.

Glaciares

AGUA DULCE

La precipitación que queda en la superficie del suelo y la nieve fundida se conoce como escorrentía superficial y acaba en ríos y lagos, y más tarde de nuevo en el océano. La lluvia reacciona con el dióxido de carbono del aire y forma el ácido carbónico que erosiona las rocas y descompone los minerales disueltos en el agua.

Escorrentía superficial

Escorrentía superficial

Fusión

Se filtra bajo tierra

¿DÓNDE ESTÁ EL AGUA?

Los océanos cubren dos tercios del planeta y contienen el 97,5 % del agua del mundo. Tan solo el 2,5 % de toda el agua es dulce y la mayoría está atrapada en forma de hielo en las regiones polares y en montañas elevadas, u oculta a mucha profundidad bajo tierra. Solo una pequeña fracción forma ríos y lagos.

Los océanos contienen el 97,5 % del agua del mundo

Solo el 0,3 % del agua dulce es líquida y está en la superficie

En glaciares, nieve y casquetes polares hay el 68,9 % del agua dulce

El 30,8 % del agua dulce es subterránea

El resto del agua del planeta es agua dulce

Agua salada

Agua dulce

TODA EL AGUA DE LA TIERRA

La lluvia y la nieve fundida se filtran bajo la superficie. En los niveles inferiores la roca queda saturada y forma acuíferos, o depósitos subterráneos. Puede que la piedra caliza se disuelva y aparezcan cuevas. El agua subterránea se filtra hasta llegar al océano.

Cuevas

AGUA SUBTERRÁNEA

El efecto invernadero

La vida depende del efecto invernadero, la forma en que algunos gases de la atmósfera absorben parte de la radiación infrarroja que emite la superficie de la Tierra. Igual que los cristales de un invernadero, estos gases retienen el calor.

1 Radiación entrante
La energía radiada por el Sol llega en forma de radiación lumínica y ultravioleta, además de infrarroja y otras longitudes de onda.

Equilibrio energético del planeta

Históricamente el efecto invernadero ha sido algo bueno: sin la manta que supone la atmósfera, la temperatura media de la Tierra sería de unos −18 °C. Sin embargo, aunque es esencial que se conserve parte de la energía térmica de la Tierra, si la radiación que entra supera por mucho la que sale, sube la temperatura global.

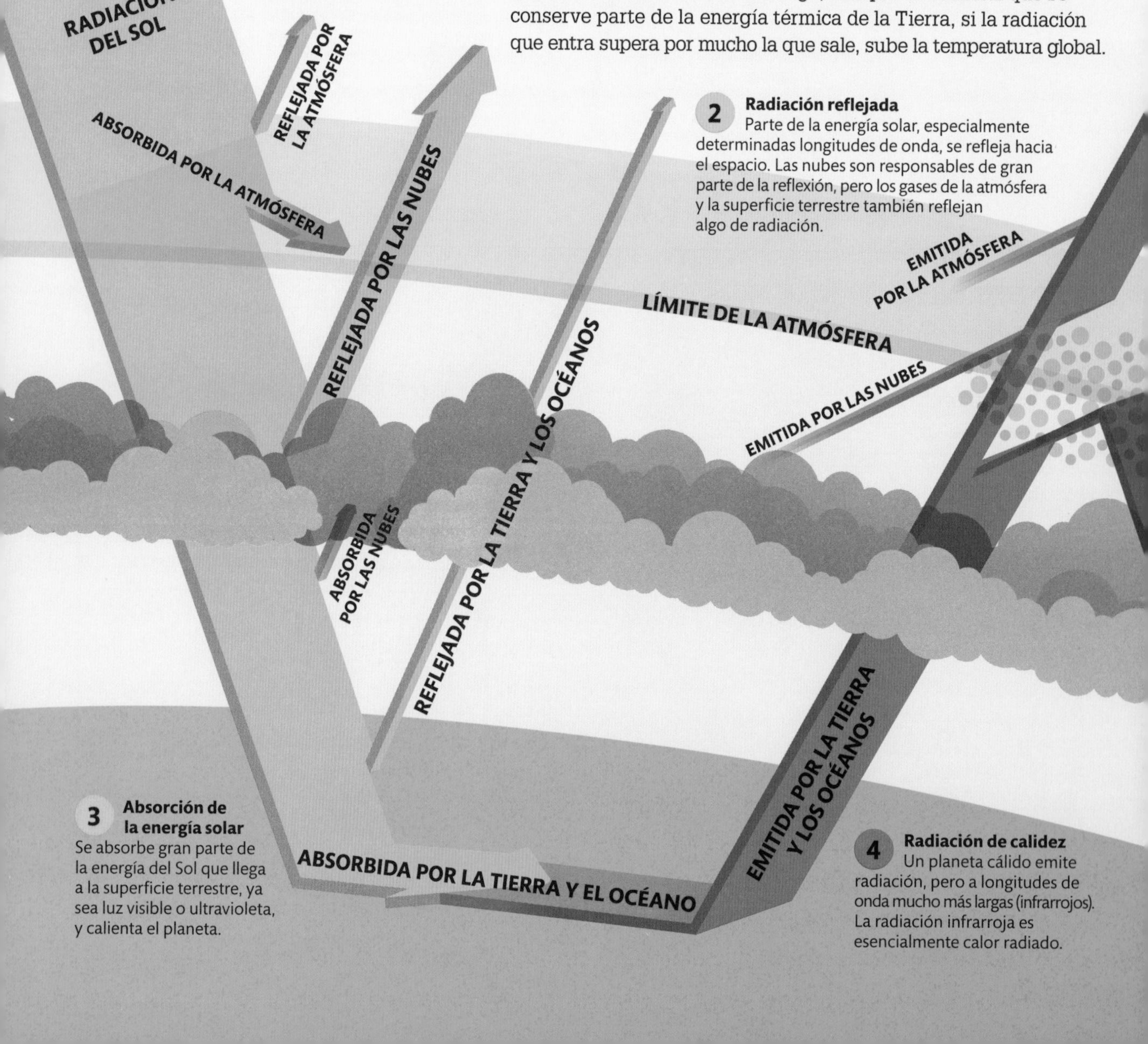

2 Radiación reflejada
Parte de la energía solar, especialmente determinadas longitudes de onda, se refleja hacia el espacio. Las nubes son responsables de gran parte de la reflexión, pero los gases de la atmósfera y la superficie terrestre también reflejan algo de radiación.

RADIACIÓN DEL SOL

REFLEJADA POR LA ATMÓSFERA

ABSORBIDA POR LA ATMÓSFERA

REFLEJADA POR LAS NUBES

EMITIDA POR LA ATMÓSFERA

LÍMITE DE LA ATMÓSFERA

EMITIDA POR LAS NUBES

ABSORBIDA POR LAS NUBES

REFLEJADA POR LA TIERRA Y LOS OCÉANOS

EMITIDA POR LA TIERRA Y LOS OCÉANOS

3 Absorción de la energía solar
Se absorbe gran parte de la energía del Sol que llega a la superficie terrestre, ya sea luz visible o ultravioleta, y calienta el planeta.

ABSORBIDA POR LA TIERRA Y EL OCÉANO

4 Radiación de calidez
Un planeta cálido emite radiación, pero a longitudes de onda mucho más largas (infrarrojos). La radiación infrarroja es esencialmente calor radiado.

EL EFECTO INVERNADERO EN OTROS PLANETAS

Venus tiene un efecto invernadero mucho más potente que la Tierra: su espesa atmósfera de dióxido de carbono retiene casi toda la energía solar que llega a la superficie y su temperatura es capaz de fundir el plomo. En cambio, Titán, la mayor luna de Saturno, tiene un efecto antiinvernadero creado por una espesa niebla naranja que bloquea el 90 % de la luz solar. Este mismo efecto, pero mucho más suave, puede aparecer en la Tierra por el gas y el polvo emitidos por volcanes.

VENUS

RADIACIÓN EMITIDA HACIA EL ESPACIO

5 **Escape de radiación**
Gran parte de la radiación absorbida y reemitida por la atmósfera, las nubes y la superficie terrestre escapa hacia el espacio.

¿ALGUNA VEZ HIZO MÁS CALOR EN LA TIERRA QUE EN LA ACTUALIDAD?

Cerca del final de la era mesozoica (la época de los dinosaurios), la Tierra estaba tan caliente que en verano los polos no conservaban el hielo y el nivel del mar era 170 m superior al actual.

GASES DE EFECTO INVERNADERO

GASES DE EFECTO INVERNADERO EN LA ATMÓSFERA EN 2013 (EN PARTES POR MILLÓN, O PPM)

¿Quién tiene la culpa?

Los principales gases de efecto invernadero en la atmósfera terrestre son vapor de agua, dióxido de carbono, metano, óxido nitroso y ozono, cuya estructura molecular les permite absorber la energía de la radiación infrarroja, calentarse y volver a emitir la radiación para mantener templado el planeta. Algunos gases absorben mejor el calor que otros por la manera en que sus moléculas interactúan con la radiación térmica. Es decir, algunos gases, aunque la atmósfera contenga poca cantidad, provocan un efecto invernadero más potente que otros.

395 PPM
No es muy potente, pero su nivel es tan alto que su efecto de calentamiento es grave

Dióxido de carbono (CO_2)

0,000080 PPM
Un gas de efecto invernadero artificial extremadamente potente

REEMITIDA DE VUELTA POR LOS GASES DE EFECTO INVERNADERO

6 **Reemisión hacia abajo**
Los gases de efecto invernadero atrapan parte de la energía infrarroja reemitida por la Tierra. Los gases se calientan, radian el calor de nuevo hacia la superficie y sube la temperatura global.

1,8 PPM
Potente, aunque sus niveles permanecen relativamente bajos

0,00007 PPM
Un gas de efecto invernadero artificial de potencia leve

Gases artificiales

Tetrafluoro de carbono (CF_4)

Tetrafluoroetileno (CF_2FCF_3)

Triclorofluorometano (CCl_3F)

Óxido nitroso (N_2O)

Metano (CH_4)

0,325 PPM
Muy potente, aunque sus niveles permanecen relativamente bajos

0,000235 PPM
Un potente gas de efecto invernadero artificial

Cambio climático

El clima cambia constantemente de manera natural. Se trata de cambios lentos, a lo largo de miles o millones de años. No obstante, vivimos un período de rápido cambio climático, causado por la contaminación de la atmósfera con gases que aumentan el efecto invernadero (pp. 244-245).

¿CUÁNTO PODRÍA SUBIR EL MAR?

Si la capa de hielo polar se funde, el nivel del mar podría subir hasta 25 m e inundar ciudades costeras como Barcelona, Londres, Nueva York, Tokio y Shanghái.

¿Qué está pasando?

El mundo cada vez es más cálido. La temperatura sube desde, como mínimo, 1910; 16 de los 17 años más cálidos que se han registrado se han producido después de 2001. Mientras tanto, el análisis de la atmósfera desde 1958 muestra un aumento constante de dióxido de carbono (CO_2), el más importante de los gases de efecto invernadero. Este CO_2 adicional es producto de nuestro estilo de vida moderno, ávido de energía.

Más gases de efecto invernadero
La principal fuente de CO_2 son los combustibles fósiles, como el carbón o el petróleo. También producimos otros gases de efecto invernadero: metano y óxido nitroso, liberados por la agricultura moderna, y gases F artificiales, usados en aerosoles y sistemas de refrigeración.

Al alza
Registramos la temperatura global del aire desde finales del siglo XIX. Desde entonces, ha habido subidas y bajadas, pero la tendencia es al alza. Coincide especialmente con el CO_2 atmosférico.

71 %
Dióxido de carbono (CO_2) derivado del consumo de combustibles fósiles

2 %
CO_2 de la deforestación y la descomposición

1 %
Gases F (gases artificiales con flúor)

21 %
Metano (CH_4)

5 %

Óxido nitroso (N_2O)

LEYENDA
Se registra la temperatura media desde 1880. Los niveles históricos de CO_2 se determinan analizando anillos de los árboles y testigos de hielo.

● Temperatura global media de la superficie

● Niveles de CO_2 atmosféricos

⦙ Datos previstos

Las temperaturas bajaron de manera natural a finales del siglo XIX

En 1880 la industria ya había hecho aumentar los niveles de CO_2 gracias al consumo de carbón

DIÓXIDO DE CARBONO ATMOSFÉRICO (PARTES POR MILLÓN)

400

380

360

340

320

300

280

AÑO

1880   1900   1920   1940

Círculos viciosos

Si la temperatura sigue subiendo podría provocar un efecto dominó que empeoraría la situación. Por ejemplo, con la deforestación de las selvas tropicales se pierden árboles que procesan el CO_2 de la atmósfera. Los mayores niveles de CO_2 atmosférico contribuyen al calentamiento global y alteran los sistemas de circulación atmosférica, lo que provoca sequías prolongadas y más pérdida de selva tropical. Otros efectos implican la liberación del metano del lecho marino y la fusión del hielo del Ártico.

En todas las situaciones previstas se espera que suban los niveles de CO_2 atmosféricos

Suben las temperaturas de la atmósfera y el océano

Se calientan los sedimentos de mares poco profundos

Se libera el metano en la atmósfera

Se funde el metano del sedimento

LIBERACIÓN DEL METANO DEL LECHO MARINO

Al desaparecer el hielo reflectivo, los océanos más oscuros absorben más calor

Se funde el océano Ártico

FUSIÓN DEL HIELO DEL ÁRTICO

2016: EL AÑO MÁS CÁLIDO REGISTRADO

En casi todas las situaciones previstas se espera que suba la temperatura global media de la superficie

PROYECCIÓN DE PÉRDIDA DE HIELO DEL ÁRTICO 1970-2030

1970
1980
1990
2000
2012
2007
2030

TEMPERATURA GLOBAL MEDIA DE LA SUPERFICIE

El aumento del CO_2 coincide con el aumento de la temperatura global

Impacto global

El hielo polar se funde rápidamente. En marzo de 2017, el hielo marino invernal del Ártico llegó a su mínimo histórico. El agua que se funde del hielo glaciar llega a los océanos y hace subir el nivel del mar. Mientras tanto, los océanos, cada vez más calientes, desatan violentas tormentas y llevan a la extinción de los arrecifes tropicales de coral. En tierra, los desiertos crecen cada vez más.

Efectos adversos del calentamiento global

Las temperaturas más cálidas provocan tormentas violentas por la evaporación rápida del agua del mar.

Las inundaciones súbitas barren la tierra por el aumento de precipitaciones más intensas.

La sequía provoca problemas con los cultivos, hambruna, migraciones masivas y malestar político.

14,8 °C
14,6 °C
14,4 °C
14,2 °C
14,0 °C
13,8 °C
13,6 °C
13,4 °C

1960
1980
2000
2020

Índice

Los números en **negrita** remiten a las entradas principales.

Agradecimientos

DK agradece la colaboración de las siguientes personas:
Michael Parkin, por las ilustraciones; Suhel Ahmed y David Summers,
por su asistencia editorial; Briony Corbett, por su asistencia de diseño;
Helen Peters, por el índice; y Katie John, por la corrección.